高职高专教育“十二五”规划教材

C#程序设计

主　编　杨克玉　阮进军

副主编　付贤政　吕立新

中国水利水电出版社
www.waterpub.com.cn

内 容 提 要

本书详细介绍如何使用 C#面向对象程序设计语言进行软件项目开发的相关知识和技术。全书共分为 10 章，主要内容包括：Microsoft Visual Studio 2008 介绍、数据类型、运算符和表达式、C#基本流程控制语句、数组、面向对象程序设计、Windows 窗体、菜单栏、工具栏和状态栏、常用基本控件、ADO.NET 数据库访问技术、三层架构及水晶报表设计与产品发布等。其中前 5 章通过完成一些简单的任务，使读者能够迅速掌握 C#的基础知识和技术；第 6 章至第 9 章以一个学生信息管理系统为主线，按照循序渐进、由浅入深的原则，使读者能够逐渐掌握 C#项目开发的基本方法和技能；第 10 章由来自软件企业的工程师和教学第一线的骨干教师共同编写，以一个企业进销存管理系统开发过程为例，使读者能够了解一个软件项目从"需求分析→系统数据库设计→功能模块设计→测试与发布"的开发全过程，并能根据本书提供的项目源代码进行模仿和练习。

本书内容丰富、重点突出，可读性和适用性强，适合作为高职高专院校计算机和相关专业教材及项目开发人员的参考书。

本书配有免费电子教案，读者可以从中国水利水电出版社网站以及万水书苑下载，网址为：http://www.waterpub.com.cn/softdown/或 http://www.wsbookshow.com。

图书在版编目（CIP）数据

C#程序设计 / 杨克玉，阮进军主编. -- 北京 : 中国水利水电出版社，2011.3（2017.2 重印）
高职高专教育"十二五"规划教材
ISBN 978-7-5084-8425-9

Ⅰ. ①C… Ⅱ. ①杨… ②阮… Ⅲ. ①C语言－程序设计－高等学校：技术学校－教材 Ⅳ. ①TP312

中国版本图书馆CIP数据核字(2011)第023952号

策划编辑：雷顺加　责任编辑：李　炎　加工编辑：李　刚　封面设计：李　佳

书　　名	高职高专教育"十二五"规划教材 **C#程序设计**
作　　者	主　编　杨克玉　阮进军　副主编　付贤政　吕立新
出版发行	中国水利水电出版社 （北京市海淀区玉渊潭南路 1 号 D 座　100038） 网址：www.waterpub.com.cn E-mail：mchannel@263.net（万水） sales@waterpub.com.cn 电话：（010）68367658（营销中心）、82562819（万水）
经　　售	北京科水图书销售中心（零售） 电话：（010）88383994、63202643、68545874 全国各地新华书店和相关出版物销售网点
排　　版	北京万水电子信息有限公司
印　　刷	三河市鑫金马印装有限公司
规　　格	184mm×260mm　16 开本　20.75 印张　525 千字
版　　次	2011 年 3 月第 1 版　2017 年 2 月第 5 次印刷
印　　数	13001—14000 册
定　　价	35.00 元

凡购买我社图书，如有缺页、倒页、脱页的，本社营销中心负责调换

版权所有·侵权必究

高职高专教育“十二五”规划教材
编委会

主 任 委 员 孙敬华 刘甫迎

副主任委员 刘晶璘 李 雪 胡学钢 丁亚明 孙 湧

王路群 蒋川群 丁桂芝 宋汉珍 安志远

委 员（按姓氏笔画排序）

卜锡滨 方少卿 王伟伟 邓春红 冯 毅

刘 力 华文立 孙街亭 朱晓彦 佘 东

吴 玉 吴 锐 吴昌雨 张兴元 张成叔

张振龙 李 胜 李 锐 李京文 李明才

李春杨 李家兵 杨圣春 杨克玉 苏传芳

金 艺 姚 成 宫纪明 徐启明 郭 敏

钱 峰 钱 锋 高良诚 梁金柱 梅灿华

章炳林 黄存东 傅建民 喻 洁 程道凤

项目总策划 雷顺加

前　言

C#吸收了 Java 语言的特点和精华，同时具备“快速应用程序开发（RAD）”语言的高效率和 C++固有的强大能力。其智能化代码助手、可视化设计器、强劲的调试器和良好的程序发布升级功能使程序员能够更加快速和高效地开发出企业级应用程序。

目前关于 C#编程方面的书籍和教程很多，但是适合高职教育的教材却很少，大部分教材采用了传统教材的编写方法，以介绍 C#基础知识和简单应用为主。本教材内容是以实践为主线，以应用为目标，是一本校企合作教材，是与软件公司合作共同编写，是按软件企业对软件编码人员的技能要求进行编写。

本书主要特色如下：

（1）以任务驱动设计教材内容，培养学生应用 C#编程语言解决实际问题的能力，突出高职教育特色。

本书在编写过程中以要完成的工作任务来整合相应的知识、技能，将所有学习内容分成若干个小的教学案例和任务，每个教学案例和任务首先提出一个实际问题，然后分析该问题，再给出解决问题的方法和操作步骤，最后对要掌握的相关知识点进行解释和讲解。全书共由 43 个工作任务、2 个项目组成。整本教材以理论够用为度，突出能力本位的思想，侧重应用能力培养。

全书共 10 章，其中前 5 章通过完成一些简单的工作任务，讲解 C#编程的基础知识和基本技术；第 6～9 章以设计一个学生信息管理系统为主线，按照循序渐进、由浅入深的原则，让学生逐步掌握 C#项目开发的基本方法和技能；最后第 10 章则是将一个企业项目案例——“企业进销存管理系统”引入教材，将需求分析→系统数据库设计→功能模块设计→测试与发布的开发全过程展示给学生，教会学生如何应用 C#编程语言来完成软件项目开发，达到实战演练的目的。

（2）实用性强，编程技术先进。

本书采用目前软件企业前沿的编程技术、方法和编程规范来组织编写。编程工具使用目前最新的 Visual Studio 2008 编程工具和 SQL Server 2005 数据库；编程中涉及到的命名全部采用企业规范的命名方法；特别值得一提的是从第 8 章开始还介绍了企业常用的三层架构应用程序设计方法和开发过程。这些大大提高了本书的实用性和应用性，使学生学完后更加贴近软件企业职业岗位实际，使学生到软件企业从事软件开发工作上手快、适应力强。

（3）教材内容丰富、重点突出，可读性和适用性强。

本书由在高职高专院校从事 C#教学第一线工作的教师和具有丰富软件开发经验的企业项目工程师、项目经理参加编写，并且其中大部分教师有到软件企业进行半年以上顶岗实践的经历，因此教材内容丰富、重点突出，可读性和适用性强，编者主要是想借本书将企业的软件开发经验、开发方法、开发过程与读者共享。

本书由杨克玉、阮进军任主编，负责全书的统稿、修改、定稿工作，付贤政、吕立新任副主编。其中第 1、4 章由付贤政编写，第 2 章由杨琦编写，第 3、5 章由杨克玉编写，第 6、

7 章由阮进军编写，第 8、9 章由吕立新编写，第 10 章由吕立新和软件公司陈亮总经理共同编写。参加本书程序调试、素材收集、校对等工作的还有汪伟、秦晓安、方生、赵思琪、王彩霞、软件公司王文斌技术总监和肖静工程师等。

本书所有案例及任务都已在真实环境中验证调试通过，读者可以从中国水利水电出版社和万水书苑网站下载。

由于时间仓促，书中难免有错误和不足之处，恳请广大读者和专家给予指正。

编 者

2011 年 1 月

目　　录

第 1 章　认识 Visual C#

C#是一门完全面向对象的编程语言，用于在.NET 平台上开发应用程序。本章将介绍.NET 平台、Microsoft Visual Studio 2008 的安装、简单的控制台应用程序和可视化 Windows 窗体程序。

本章要点

- Microsoft Visual Studio 2008 的软件安装
- 什么是.NET
- 什么是 WinForm
- 编写简单控制台程序
- 创建简单的 Windows 应用程序
- 初步认识和了解窗体、控件、事件和方法

- 能编写简单控制台应用程序
- 能编写简单 Windows 应用程序

1.1　Microsoft Visual Studio 2008 介绍

C#是 Visual Studio.NET 的一部分，同其他的.NET 语言一样，都必须在.NET 框架环境下运行。Microsoft Visual Studio 2008 是一个全面集成的开发环境，它集开发、调试和部署应用程序于一体。它给开发人员提供了良好的开发环境，它强大的功能大大提高了软件开发效率。

任务一　Microsoft Visual Studio 2008 的安装

任务描述

安装 Microsoft Visual Studio 2008 软件。

任务解决方案

Visual Studio 2008 有几个主要版本：Express、Standard、Professional 以及 Team System（它

们的核心 Visual Studio 功能都是一样的）。本书主要介绍 Visual Studio 2008 的专业版本，下面介绍它的安装方法。

（1）将 Microsoft Visual Studio 2008 软件安装光盘放入光驱，系统将自动启动安装程序，打开“Visual Studio 2008 安装程序”对话框，对话框中有 3 个选项，如图 1-1 所示。

图 1-1 “Visual Studio 2008 安装程序”对话框

（2）单击“安装 Visual Studio 2008”，安装程序加载安装组件，如图 1-2 所示。

图 1-2 加载安装组件

（3）加载组件完成后，单击对话框中的“下一步”按钮，如图 1-3 所示。

图 1-3　加载完成窗口

（4）在弹出的“Microsoft Visual Studio 2008 安装程序－起始页”对话框中选择“我已阅读并接受许可条款”单选按钮，并在“名称”文本框中输入用户姓名，然后单击“下一步”按钮，如图 1-4 所示。

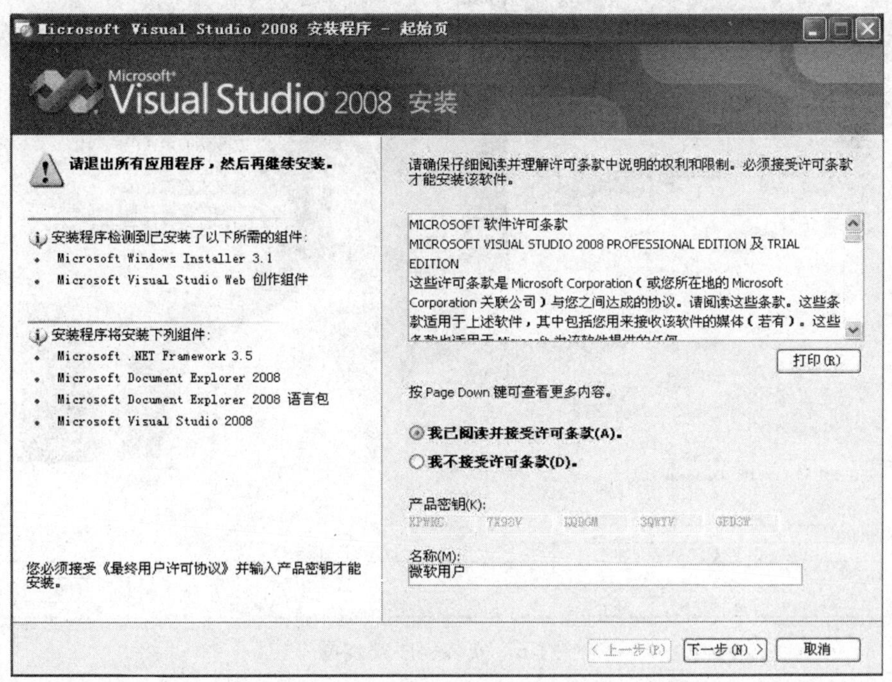

图 1-4　安装程序起始页

（5）选择需要安装的功能单选按钮，并且确定安装目标文件夹，如图 1-5 所示。

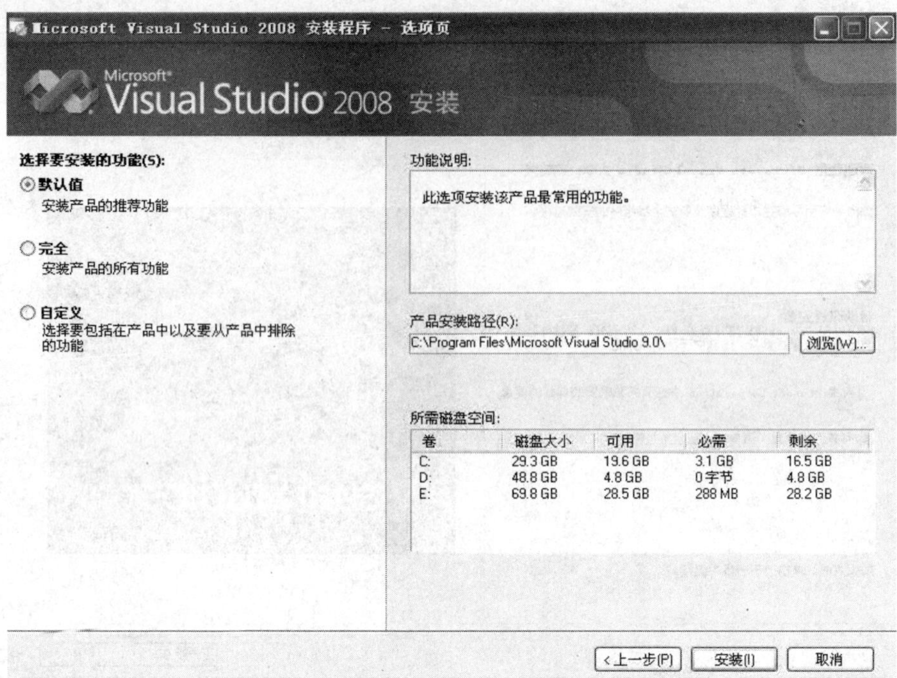

图 1-5　安装程序选项页

（6）单击“安装”按钮，进入安装程序安装页，如图 1-6 所示。

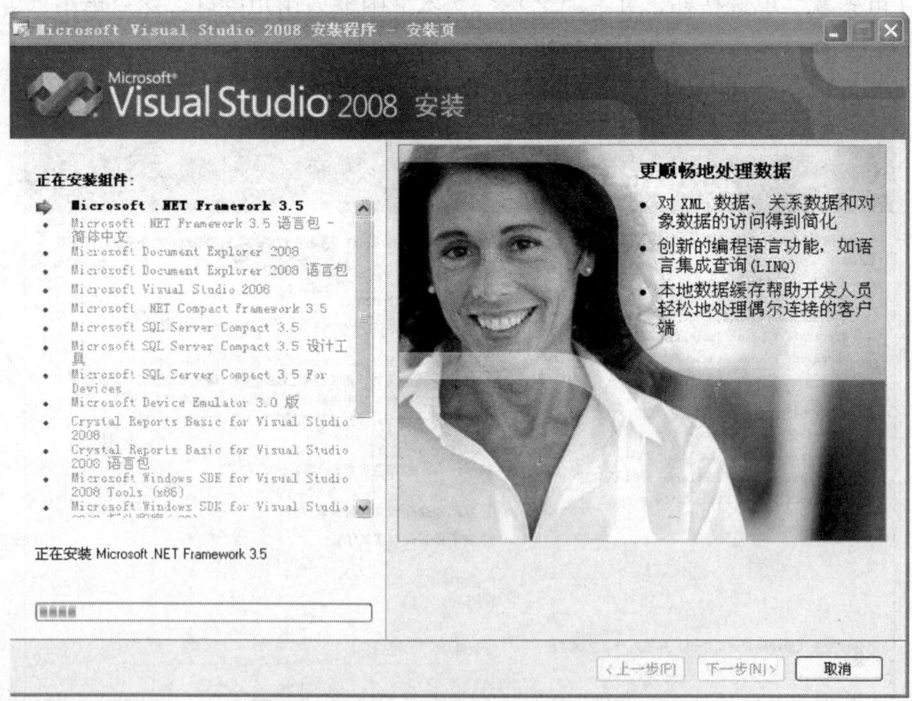

图 1-6　安装程序安装页

（7）安装完成后，打开对话框，单击“完成”按钮，弹出“Visual Studio 2008 安装程序”对话框，如图 1-7 所示。

图 1-7　安装程序对话框

（8）此时如需安装产品文档，单击对话框中的“安装产品文档”，安装程序将安装 MSDN Library，其中包括 Visual Studio 帮助。

分析描述

安装程序结束后，需要进行使用环境的设置。第一次启动 Visual Studio 2008，会弹出“选择默认环境设置”对话框，如图 1-8 所示，选择“Visual C#开发设置”后单击“启动 Visual Studio”按钮，即可使用 C#编程环境。

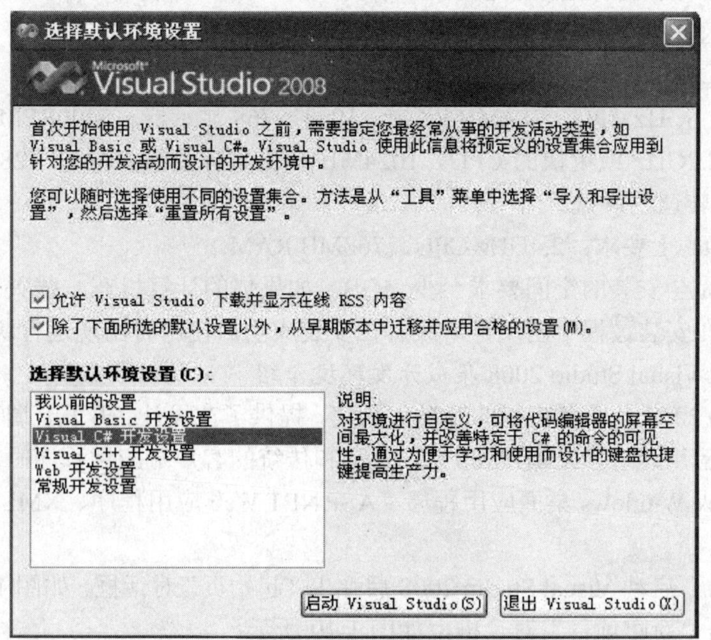

图 1-8　“选择默认环境设置”对话框

相关知识

1. 什么是.NET

（1）.NET 平台。对于.NET 平台，微软官方的描述是："Microsoft .NET 是 Microsoft XML Web Services 平台。XML Web Services 允许应用程序通过 Internet 进行通讯和共享数据，而不管所采用的是哪种操作系统、设备或编程语言。Microsoft .NET 平台提供创建 XML Web Services，并将这些服务集成在一起之所需。对个人用户的好处是无缝的、吸引人的体验。"简言之，.NET 是一个平台，一个未来 IT 产业中软件业主流发展方向的平台。

（2）Visual C#.NET 的特点。与 C 和 C++相比，C#具有以下特点：

①语法更简单；

②保留了 C++的强大功能；

③快速应用开发功能；

④语言的自由性；

⑤强大的 Web 服务器控件；

⑥支持跨平台；

⑦与 XML 相融合。

2. Microsoft Visual Studio 2008 的安装环境

Visual Studio 2008 对计算机各方面要求比较高，Visual Studio 2008 自述文件中提到的配置要求：

（1）支持的操作系统。

- Microsoft Windows XP
- Microsoft Windows Server 2003
- Windows Vista

（2）硬件要求。

最低要求：1.6GHz CPU、384MB RAM、1024×768 显示器、5400RPM（转/分钟）硬盘。

建议配置：2.2GHz 或更快的 CPU、1024MB 或更大容量的 RAM、1280×1024 显示器、7200RPM 或更高转速的硬盘。

Windows Vista 上要求：2.4GHz CPU、768MB RAM。

对于硬盘，完全安装的空间要求至少 4GB。如果你的计算机在一些关键位置不能满足以上标准，则可能在安装过程中出现异常或者在安装成功后使用时出现运行缓慢等现象。

3. Microsoft Visual Studio 2008 集成开发环境介绍

Visual Studio 2008 是一套完整的开发工具集，提供了在设计、开发、调试和部署 Windows 应用程序、Web 应用程序、XML Web Services 和传统的客户端应用程序时所需的工具，可以快速、轻松地生成 Windows 桌面应用程序、ASP.NET Web 应用程序、XML Web Services 和移动应用程序。

（1）启动 C#。启动 Visual Studio 2008 后弹出"起始页"对话框，如图 1-9 所示，选中"创建：项目"，弹出"新建项目"对话框，如图 1-10 所示。

在"新建项目"对话框的"项目类型"框中选择"Visual C#"下的"Windows"项，在"模板"框中选择"Windows 窗体应用程序"。在"名称"文本框中输入要新建的项目文件名称，在“位置”处通过“浏览”按钮选择相应的文件存放位置，单击“确定”按钮，即打开 C#的集成开发环境，如图 1-11 所示。

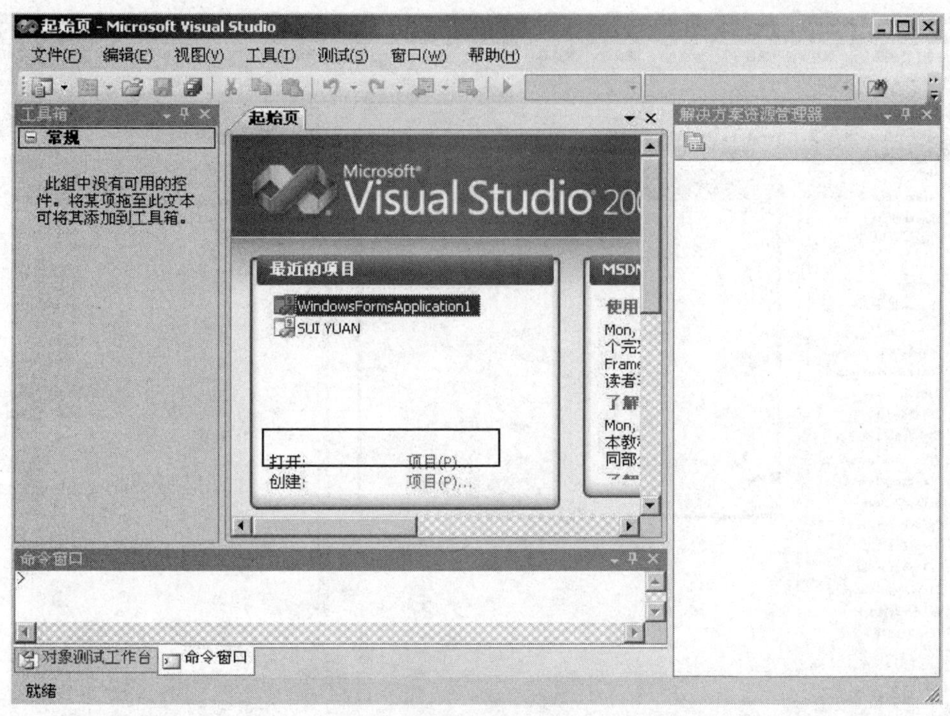

图 1-9　Visual Studio 2008 起始页

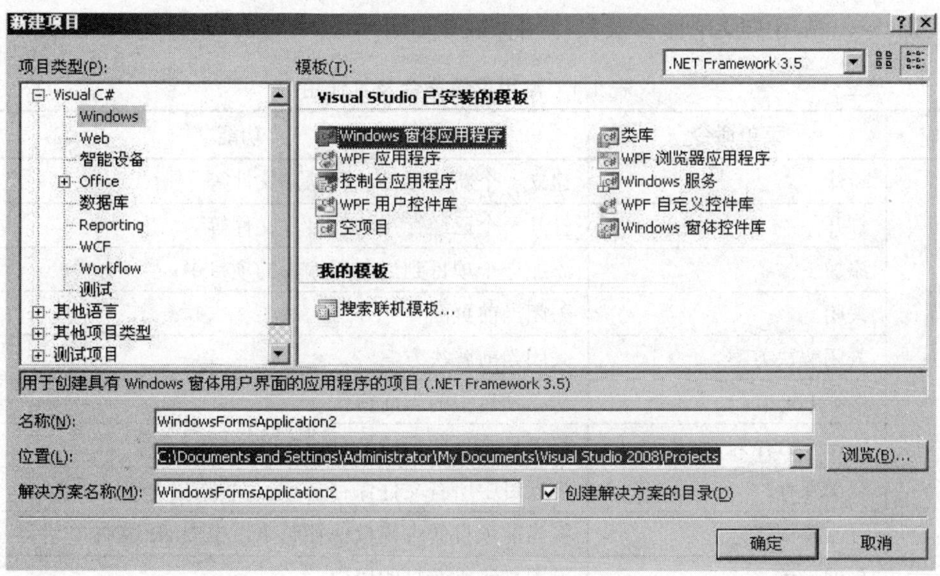

图 1-10　“新建项目”对话框

（2）Visual Studio.NET 开发环境。Visual Studio.NET 开发环境集成了设计、开发、编辑、测试和调试等多种功能，程序开发人员可以方便快捷地开发应用程序。启动 Visual Studio.NET，可以看到如图 1-11 所示的 Visual Studio.NET 的开发环境。从图 1-11 中可看到，整个窗体主要由标题栏、菜单栏、工具栏、资源管理器、工具箱、主窗口、解决方案资源管理器、属性窗口、状态栏等区域构成。

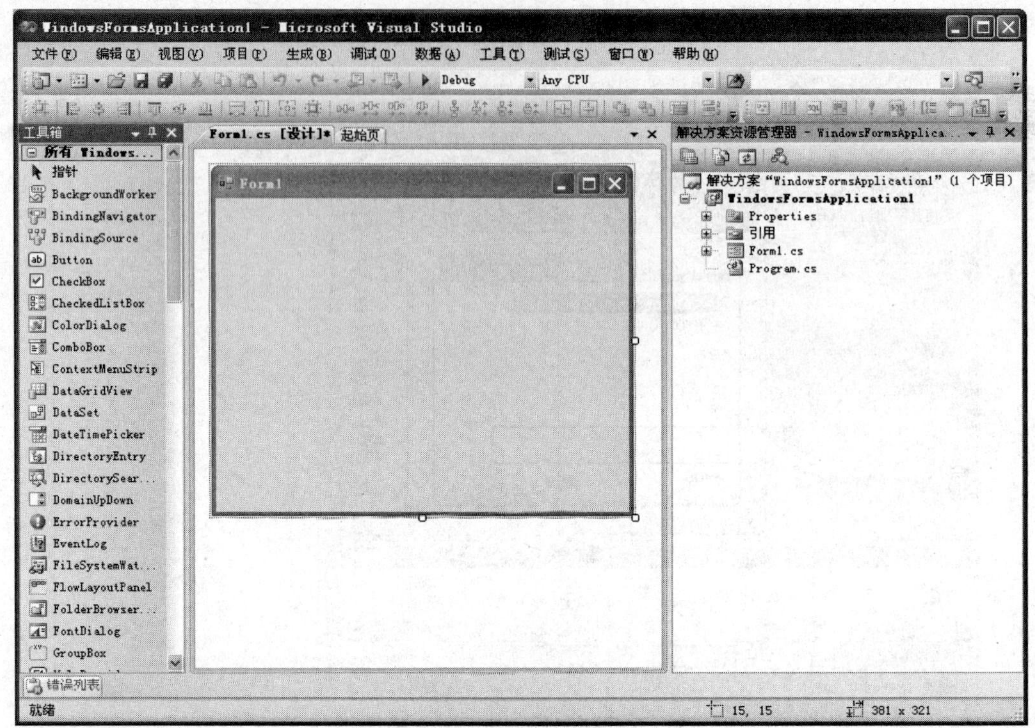

图 1-11 C#集成开发环境

① 菜单栏。常用的菜单命令及其作用如表 1.1 所示。

表 1.1 常用菜单命令及其作用

菜单项	菜单命令	功能
文件	新建	建立一个新的项目、网站、文件等
	打开	打开一个已经存在的项目、文件等
	添加	添加一个项目到当前所编辑的项目中
	关闭	关闭当前页面
	关闭解决方案	关闭当前解决方案
	保存 Form1	保存项目中的当前窗体
	Form1 另存为	将项目中当前窗体换名或者改变路径保存
	全部保存	将项目中所有文件保存
	导出模板	将当前项目作为模板保存起来，生成.zip 文件
	页面设置	设置打印机及打印属性
	打印	打印选择的指定内容
	最近的文件	打开最近操作的文件（例如类文件）
	最近的文档	打开最近操作的文件（例如解决方案）
	退出	退出集成开发环境

续表

菜单项	菜单命令	功能
编辑	撤销	撤销上一步操作
	重复	重做上一步所作的修改
	撤销上次全局操作	撤销上一步全局操作
	重复上次全局操作	重做上一步所作的全局修改
	剪切	将选定内容放入剪贴板，同时删除文档中所选的内容
	复制	将选定内容放入剪贴板，但不删除文档中所选的内容
	粘贴	将剪贴板中的内容粘贴到当前光标处
	删除	删除所选内容
	从数据库删除表	将表从数据库中删除
	全选	选择当前文档中全部内容
	查找和替换	在当前窗口文件中查找指定内容，可将查找到的内容替换为指定信息
	转到	选择定位到“结果”窗格的哪一行
	书签	显示书签功能菜单
视图	代码	显示代码编辑窗口
	设计器	打开设计器窗口
	服务器资源管理器	显示服务器资源管理器窗口
	解决方案资源管理器	显示解决方案资源管理器窗口
	类视图	显示类视图窗口
	代码定义窗口	显示代码定义窗口
	对象浏览器	显示对象浏览器窗口
	错误列表	显示错误列表窗口
	输出	显示输出窗口
	属性窗口	显示属性窗口
	任务列表	显示任务列表窗口
	查找结果	显示查找结果
	其他窗口	显示其他窗口（例如命令窗口、起始页等）
	工具栏	打开工具栏菜单（例如标准工具栏、调试工具栏）
	显示窗格	用于“查询”和“视图设计器”中的显示窗格
	工具箱	显示工具箱
	全屏显示	将当前窗体全屏显示
	向后定位	将控制权移交给下一任务
	向前定位	将控制权移交给上一任务
	属性页	为用户控件显示属性页

② 工具栏。工具栏一般放在菜单栏的下面，由一条或多条工具条组成，每个工具条又由

多个工具图标按钮构成，可提供对常用命令的快速访问，每一个工具条都可用悬挂方式拖放至任意位置。标准工具条如图 1-12 所示，除此以外还有各种特定功能的其他工具条，如布局、查询、调试、设计、视图、文本编辑器等工具条。右击菜单栏空白处，可选取所需的工具条。

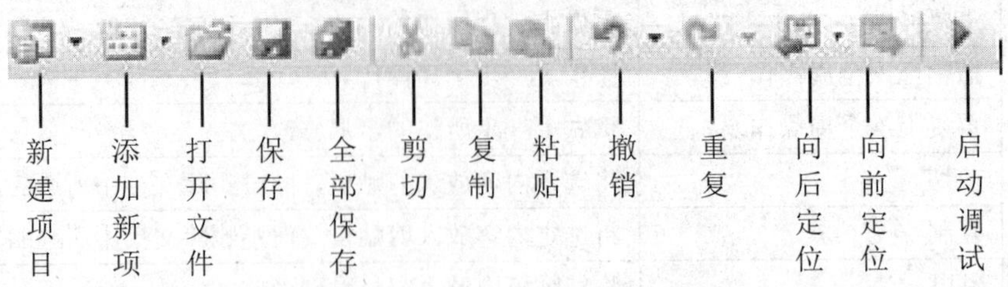

图 1-12 常用工具栏

③“工具箱”面板。工具箱是 Visual Studio 2008 的重要工具，它提供了进行 Windows 窗体应用程序开发所必需的控件，通过工具箱开发人员可以方便地进行可视化的窗体设计，简化了程序设计的工作量，提高了工作效率。根据控件功能的不同，Visual Studio 2008 将工具箱划分成 12 个栏目，如图 1-13 所示。

单击某个栏目，即可显示栏目下的所有控件，如图 1-14 所示。当需要某个控件时，可以通过双击所需要控件直接将其添加到窗体上；也可以先单击选择需要的控件，再将其拖曳到设计窗体上。

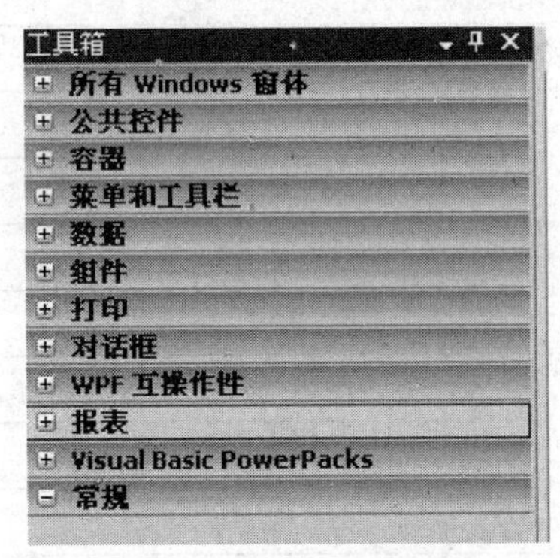

图 1-13 “工具箱”面板

图 1-14 展开后的“工具箱”面板

④“属性”面板。为开发 Windows 窗体应用程序提供了全面的属性修改方式，窗体应用程序开发中的各个控件属性都可以通过“属性”面板来设置；此外，“属性”面板还提供了针对控件的事件管理功能，方便编程时对事件的处理，“属性”面板如图 1-15 所示。

“属性”面板采用两种方式来管理属性，分别为按分类方式和按字母顺序方式，开发人员可以根据自己的习惯采用不同的方式。“属性”面板的左侧是属性名称，右侧是对应的属性值。面板的下方还有简单的帮助，方便开发人员对控件的属性进行操作和修改。

⑤解决方案资源管理器。解决方案资源管理器提供了项目及文件的视图，并且提供对项目和文件相关命令的便捷访问。要访问解决方案资源管理器，可选择“视图”→“解决方案资源管理器”命令。

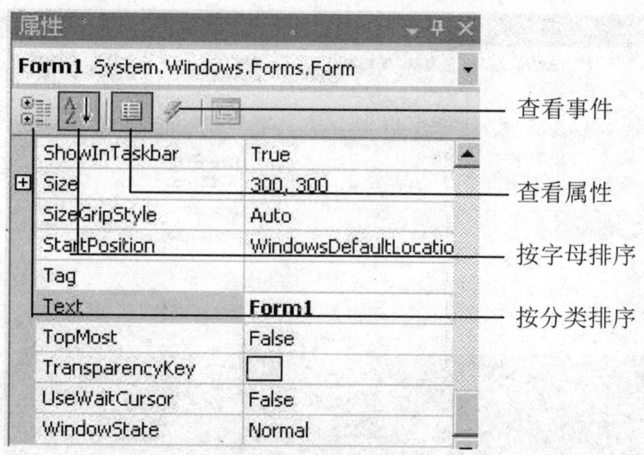

图 1-15　“属性”面板

4. 使用 Microsoft Visual Studio 2008 集成开发环境开发 WinForm 应用程序

Visual Studio 2008 集成开发环境提供了用于创建不同类别应用程序的多种项目模板，这些模板包括 Microsoft Windows 窗体、控制台、ASP.NET 网站、ASP.NET Web 服务以及其他类型的应用程序。它为软件开发人员提供了从设计、开发、调试到部署 Windows 应用程序、Web 应用程序、XML Web Services 和传统的客户端应用程序时所需的各种工具。

由于使用 Microsoft Visual Studio 2008 集成开发环境可以快速、轻松地生成 WinForm 应用程序（Windows 桌面应用程序），本书后续章节中将利用该集成开发环境的各种工具，开发一个完整的“学生信息管理系统”，贯穿 WinForm 应用程序开发的各个知识点，系统部分主要功能如图 1-16～图 1-18 所示。

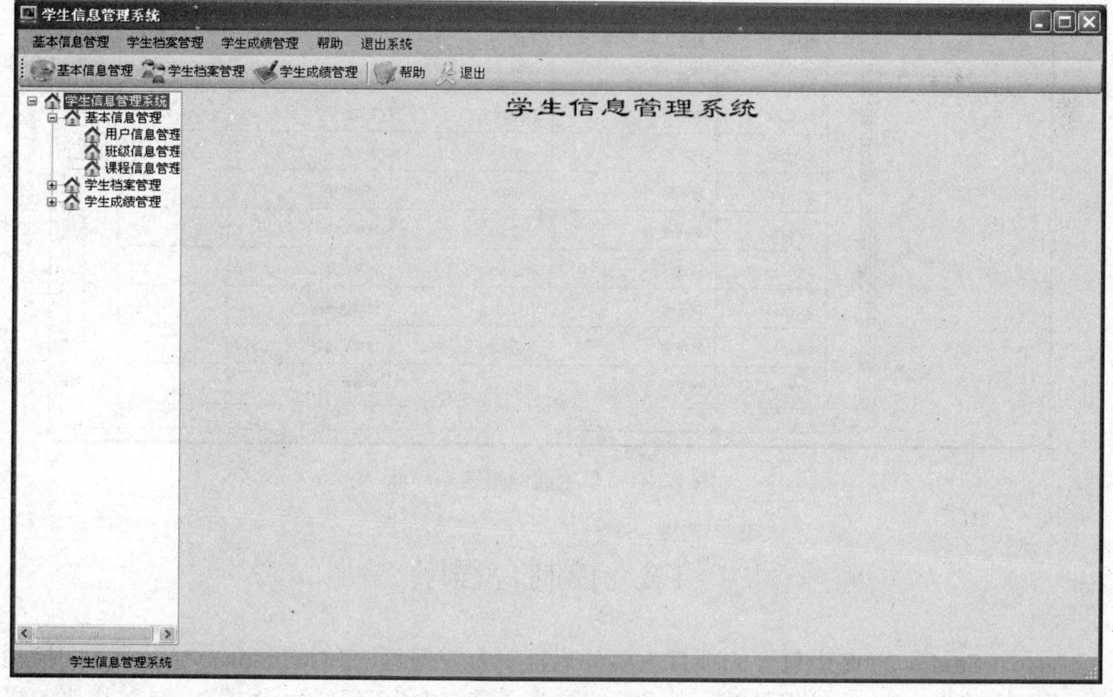

图 1-16　“学生信息管理系统”主界面

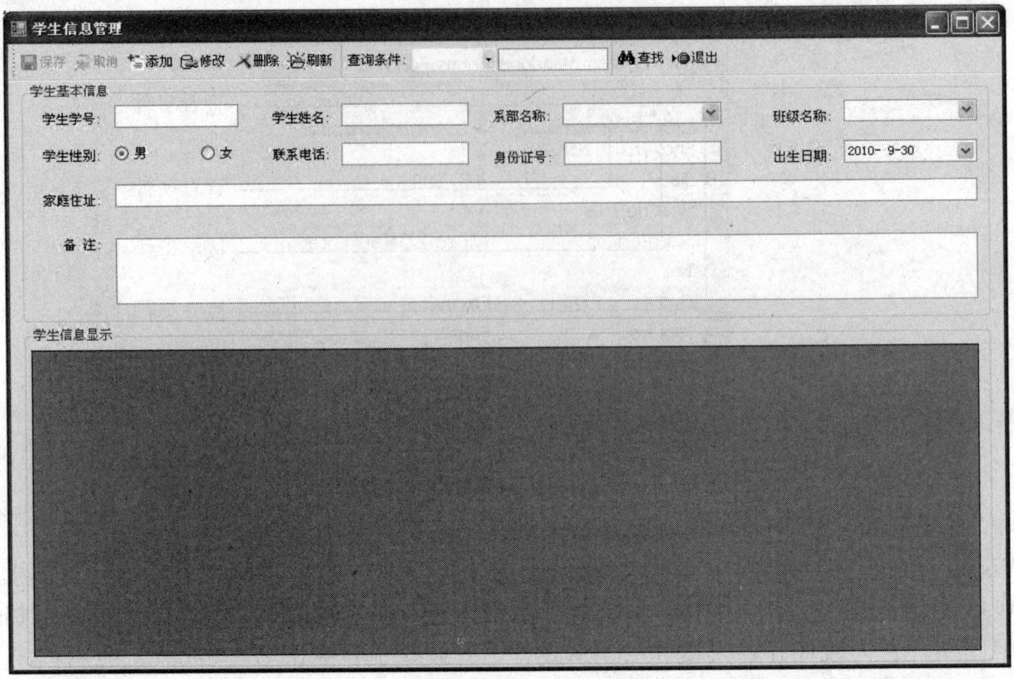

图 1-17 “学生信息管理”界面

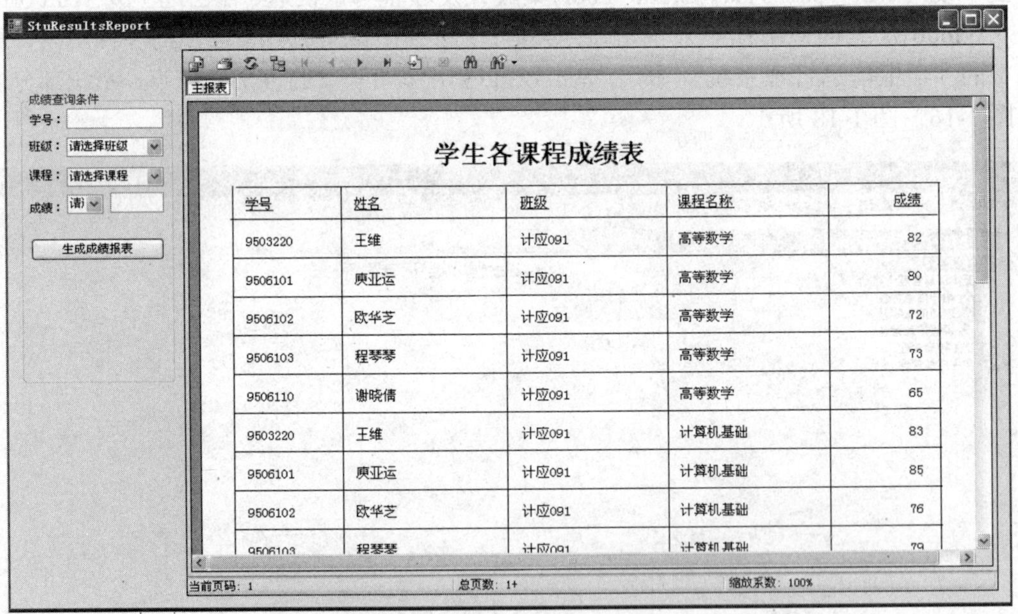

图 1-18 “学生成绩报表”界面

1.2 控制台程序

Visual Studio 2008 中包含的项目主要分为控制台应用程序和 Windows 应用程序，控制台应用程序是 Windows 系统组件的一部分，它是为了兼容 DOS 程序而设立的，这种程序的执行就好像在一个 DOC 窗口中执行一样。

任务二　编写简单的控制台输出程序

任务描述

利用控制台输出“C_SHARP 欢迎你！”，如图 1-19 所示。

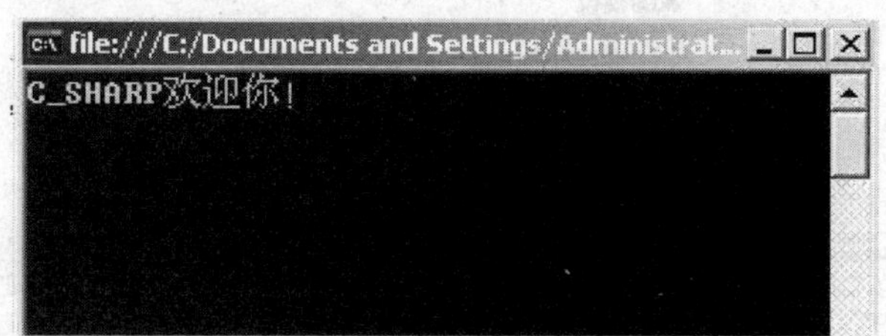

图 1-19　用控制台输出

任务解决方案

（1）选择“开始”→“程序”→“Microsoft Visual Studio 2008”→“Microsoft Visual Studio 2008”命令，即可进入 Visual Studio 2008 开发环境起始页，如图 1-20 所示。

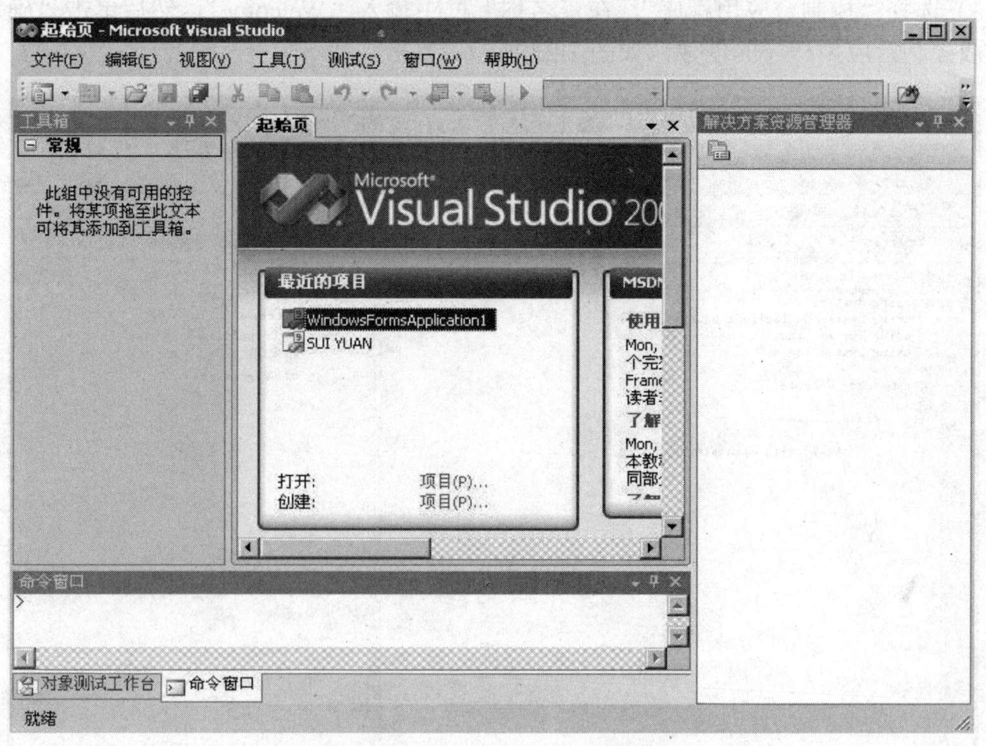

图 1-20　Visual Studio 2008 起始页

（2）启动 Visual Studio 2008 开发环境之后，在菜单栏中选择“文件”→“新建”→“项目”命令，弹出如图 1-21 所示的“新建项目”对话框。

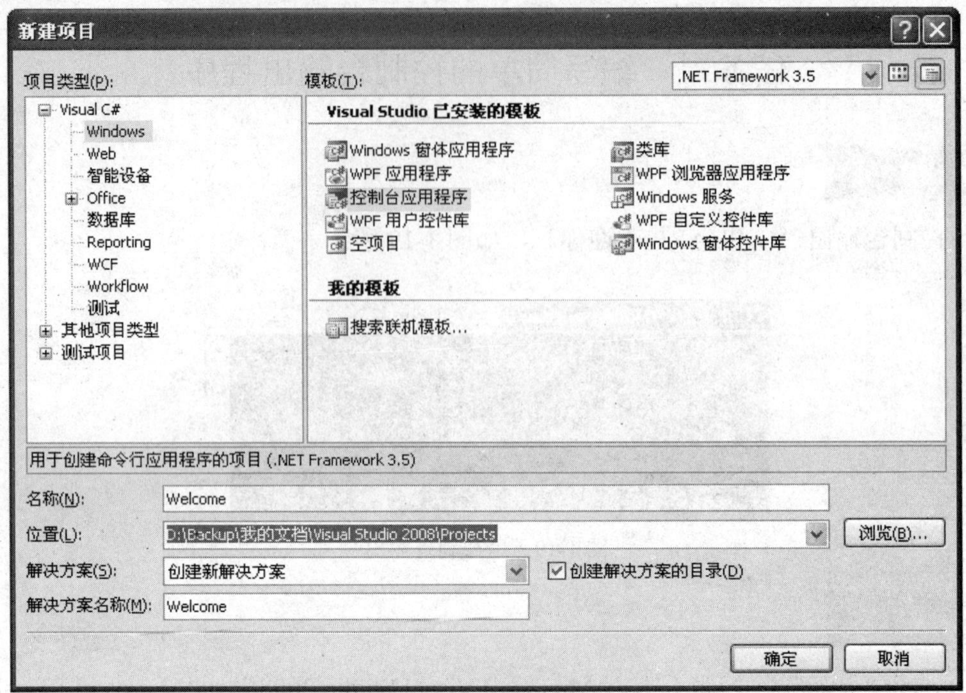

图 1-21　“新建项目”对话框

（3）选择“控制台应用程序”，在“名称”框中输入“Welcome”，然后单击“确定”按钮，完成控制台应用程序的创建，如图 1-22 所示。

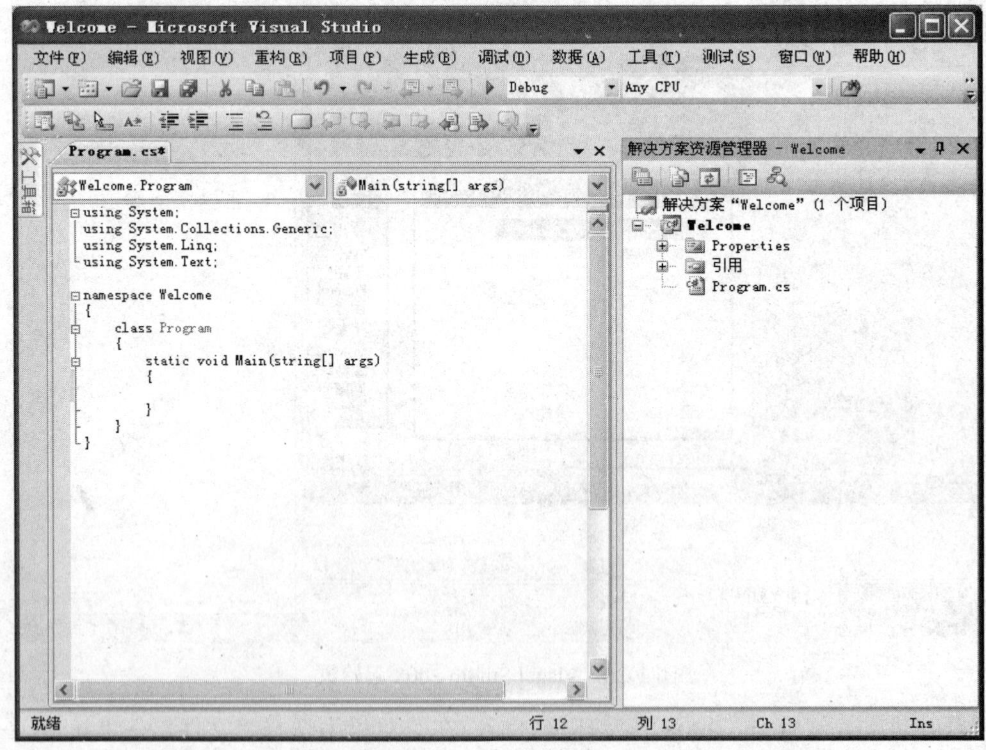

图 1-22　代码输入窗口

（4）输入代码。在如图 1-22 所示位置添加代码：

```
using System;
using System.Collections.Generic;
using System.Linq;
using System.Text;
namespace Welcome
{
    class Program
    {
        static void Main(string[] args)
        {
            Console.WriteLine("C_SHARP 欢迎你！");//输出“C_SHARP 欢迎你！”语句
            Console.ReadKey();
        }
    }
}
```

（5）单击“调试”→“启动调试”，或按 F5 键运行，观察程序运行结果，结果如图 1-19 所示。

分析描述

该程序 Main 方法中代码“Console.WriteLine("C_SHARP 欢迎你！")”的作用是用 Console 类的 WriteLine 方法输出“C_SHARP 欢迎你！”，“Console.ReadKey()”的作用是为了使调试时能看到输出结果，等待用户用键盘输入任何语句，退出程序。

相关知识

1.2.1　C#项目的创建、编译和执行

1. C#项目的创建

在 Visual Studio 2008 开发环境中可以通过两种方法创建项目，一种是在菜单栏中选择“文件”→“新建”→“项目”命令，另一种是在“起始页”的“最近的项目”中选择“创建：项目”命令，如图 1-23 所示。

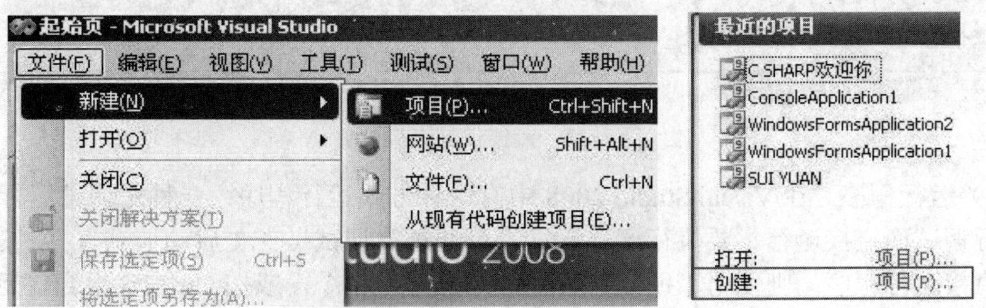

图 1-23　创建项目

在弹出的“新建项目”对话框中选择要使用的项目类型和对应模板后，用户再对要创建的控制台应用程序进行命名、选择存放位置、是否创建解决方案目录等操作。这里需要注意的是，解决方案名称与项目名称一定要统一。

2. 编写代码

在 Program.cs 源文件中添加代码。要注意以下几点：

（1）C#源文件。C#源文件以.cs 作为扩展名，保存在外存储器中（如：硬盘），现在的编程执行环境是 Visual Studio.NET。当调试成功生成可执行文件（.exe 文件）后可以脱离 Visual Studio.NET 环境直接运行。

C#源文件用 Unicode 编码编写，也可使用其他的编辑器，如 Windows 的记事本等进行程序编辑，以扩展名.cs 保存。

（2）C#基本语法。在 C#中，与其他 C 类语言一样，语句以一个分号"；"结尾，一条语句可以写在多个代码行上，也可以多条语句写在一个代码行上。

结构语句用花括号"{…}"组合为语句块，也可以将多条语句用花括号"{…}"括在一起组成一个语句块。任务二中有一个类 Program 块，一个方法 Main()块。

（3）注释行。注释行是程序设计的重要组成部分，计算机在程序运行时不执行注释行，注释行用于帮助源程序的阅读。注释行可以提高程序的可读性，使程序易于阅读和理解。以"//"开始的注释叫"单行注释"，它只对当前行从"//"位置开始的文字作注释。如有较多的文字说明，可采用多行注释。多行注释以"/*"开始至"*/"结束。

（4）Main()方法。每个 C#可执行的控制台应用程序和 Windows 应用程序都必须有一个入口点 Main()方法（注意 M 为大写）：

```
Static void Main()
{
    //…
}
```

Main()方法是程序的入口点，也是出口点。程序执行从该方法中第一句开始至该方法结尾结束，该方法在类或结构的内部声明。

3. 项目编译和运行程序

（1）编译程序。选择"生成"→"生成解决方案"命令或按 F6 键，C#编译器将开始编译、链接程序，并生成可执行文件。如果编译过程中出现错误，Visual Studio 2008 会打开如图 1-24 所示的"错误列表"窗口，并在其中列出出现的错误，用户可以双击窗口中的错误项直接跳转到对应的代码行。如果没有错误，编译器将会生成可执行文件。

图 1-24 "错误列表"窗口

（2）运行程序。在 Visual Studio 2008 中有两种方式运行程序：一种是调试运行，另一种是不进行调试而直接运行。要执行调试运行，可通过"调试"→"启动调试"，或按 F5 键运行；要直接运行程序，则使用"调试"→"开始执行"命令，或按 Ctrl+F5 组合键运行。

1.2.2 输入和输出

C#没有提供用于输入和输出的内置关键字，而是完全依赖于 Visual Studio.NET 类。通过类方法执行输入输出。

例如：

```
Console.WriteLine("C_SHARP 欢迎你！");
```

是一句输出语句，其目的是要将字符串“C_SHARP 欢迎你！”显示到屏幕上。其中 Console 是程序集 System 命名空间下的一个类，WriteLine()则是 Console 类的一个用于将字符串信息显示到屏幕上的方法。

程序中的输出功能是通过 Console 类完成的，Console 类是在命名空间 System 中预定义的一个类，用于实现计算机的标准输入输出。Console 类中常用的输入输出方法见表 1.2。

表 1.2　Console 类的常用方法

名称	接受参数	返回值类型	用途
Read	无	int	从输入流读入下一个字符，至换行符结束
ReadKey	无	ConsoleKeyInfo	从输入流读入一个字符
ReadLine	无	string	从输入流读入一行文本，至换行符结束
Write	string	void	输出一行文本
WriteLine	string	void	输出一行文本，并在结尾处自动换行

1．Write 和 WriteLine 的常用参数

Write 和 WriteLine 两个方法既可以接受多种类型的参数，包括字符串、字符、整数、浮点数等，也可以对输入的参数进行格式化输出。例如，下面的语句都是合法的：

```
Console.Write(123);              //输出整数
Console.WriteLine(123);          //输出整数并换行
Console.WriteLine(15.25);        //输出浮点数并换行
```

2．格式化输出

在 Write 和 WriteLine 两个方法中提供了很有用的参数格式化输出方法，即将形如{0}、{1}的指代标记包含在方法的参数中，其后的变量列表则分别用以取代这些标记。例如：

```
string s="Mike"
Console.Write("Hello,{0}",s);
```

格式化之后 Write 方法的指代标记{0}被参数 s 的值“Mike”所替换，所以输出为：

```
Hello,Mike
```

而下面代码：

```
Console.WriteLine("Project:{0},Language:{1},Version:{2}","Console","C#",2008);
```

输出为：

```
Project:Console,Language:C#,Version:2008
```

3．Console.Read()方法

Read 方法可以从标准输入流中读取下一个字符，且只能读取一个字符，如果输入的是数字字符时，要注意输入的是数字字符的 ASCII 码值，例如执行以下程序段：

```
static void Main(string[] args)
{
    int i;
    i = System.Console.Read();
    System.Console.WriteLine(i);
}
```

当输入“1”时，输出的值是 49。这是因为输入的是字符“1”，实际赋值给整型变量 i 的值是它的 ASCII 码值 49。

4. Console.ReadLine()方法

ReadLine 方法可以从标准输入流读取下一行字符，例如执行以下程序段：

```
static void Main(string[] args)
{
    string s;
    System.Console.WriteLine("请输入姓名：");
    s =System.Console.ReadLine();
    System.Console.WriteLine("您的输入的姓名是：{0}",s);
}
```

当输入“张三”后，程序输出如图 1-25 所示。

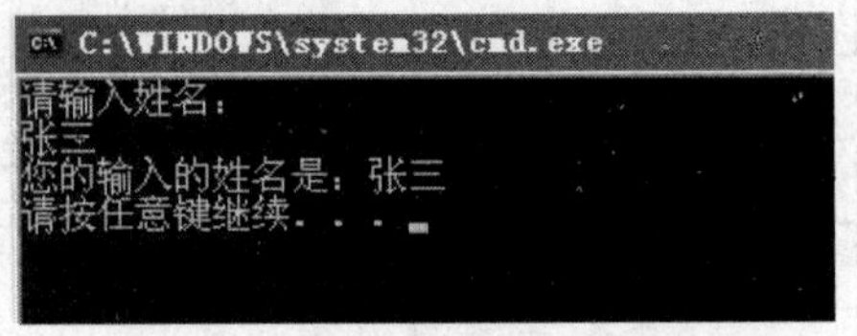

图 1-25　用控制台输入和输出

5. Console.ReadKey()方法

ReadKey 方法可以获取用户按下的下一个字符或功能键，很多情况下在程序的最后加上调用该方法的语句，使程序执行到该语句时暂停，当用户从键盘上输入字符时退出，这样可以使用这一功能查看程序调试时的输出结果，例如在任务二中就使用了这一技巧。

```
static void Main(string[] args)
{
    Console.WriteLine("C_SHARP 欢迎你！");//输出“C_SHARP 欢迎你！”语句
    Console.ReadKey();
}
```

1.3　Windows 应用程序

在前面的任务二中介绍的是控制台应用程序，程序在控制台窗口中运行。编写控制台应用程序对学习计算机高级语言比较合适，而实际商业应用中的软件大多数都提供了丰富的图形用户界面（Graphical User Interface，GUI）。Windows 操作系统本身就是一个图形界面操作系统，因此学习 Windows 应用程序尤为重要。每个基于.NET 平台的 Windows 应用程序至少应包含一个 Windows 窗体，用户可以通过窗体提供的可视化操作方式与程序进行交互，使设计出来的应用程序界面美观、操作简单直观。

任务三　制作一个欢迎界面

任务描述

制作如图 1-26 所示的界面，要求在文本框中输入姓名，单击“确定”命令按钮后，在文本框中显示欢迎语句，结果如图 1-27 所示。

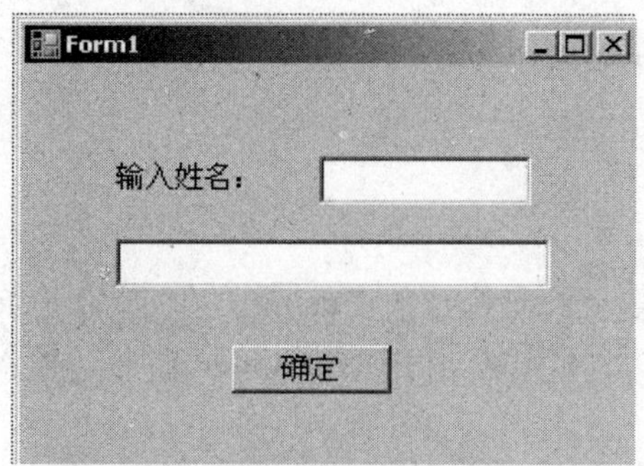

图 1-26　欢迎界面

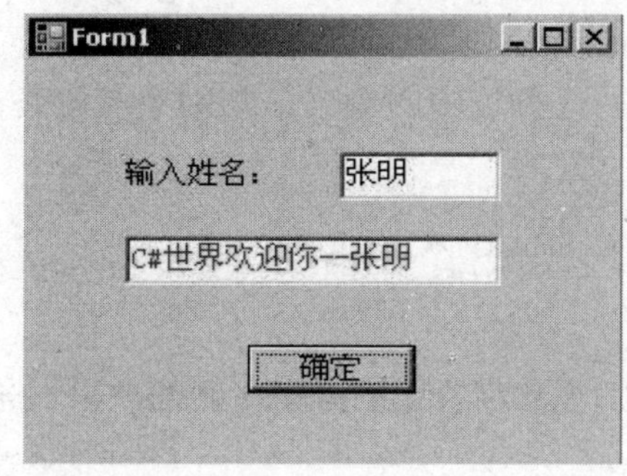

图 1-27　欢迎界面运行结果

任务解决方案

（1）选择“文件”→“新建”→“项目”命令，弹出“新建项目”对话框。

（2）在“新建项目”对话框中选择 Visual C#项目类型下的 Windows 项目类型，在右边列表框中选择 Windows 应用程序，然后输入该项目的名称“Welcome_w”后，单击“确定”按钮。

（3）在“视图”菜单中选择“工具箱”命令。分别在工具箱中选择 Label 控件、TextBox 控件和 Button 控件，并将其按图 1-26 所示的布局方式，放置在窗体 Form1 上。

（4）在属性窗口中分别修改 Label1 控件和 Button1 控件的属性值，将标签 Label1 的 Text 属性值修改为“输入姓名:”，将命令按钮 Button1 的 Text 属性值修改为“确定”。

（5）在窗体上双击命令按钮 Button1，进入代码编辑窗口，在其 Click 事件的响应方法 button1_Click()中，插入下列代码：

```
private void button1_Click(object sender, EventArgs e)
{
    textBox2.Text = "C#世界欢迎你--" + textBox1.Text;/*使用文本框 Text 属性输出，“+” 的作用是将
    两个字符串连接起来。*/
}
```

（6）运行程序。选择“调试”菜单下的“开始执行(不调试)”菜单项或按 Ctrl+F5 组合键，运行结果如图 1-26 所示，输入姓名后，单击“确定”命令按钮，运行结果如图 1-27 所示。

分 析 描 述

首先在“输入姓名:”处输入姓名“张明”，当用户单击“确定”命令按钮时，会触发“确定”命令按钮的 Click 事件，执行 button1_Click 事件处理程序，执行程序的结果是在 TextBox2

中显示“C#世界欢迎你--张明”。

相关知识

1. using 语句

一般每个程序的头部都有一条或若干条“using…”，如第一条语句“using System;”，作用是导入命名空间，该语句类似于 C 和 C++中的#include 命令。导入命名空间之后，就可以自由地使用其中的元素了。

using 语句是为数极少的可以写在类外面的语句。例如：“using System;”语句表示可以直接使用 System 命名空间内的资源，注意不能写成“using System.Console;”，因为 Console 是命名空间 System 下的类，不是命名空间，所以不能指示。

若不用 using System 语句，任务二中的输出语句则不能省略 System，应修改为：

```
static void Main(string[] args)
{
    System.Console.WriteLine("C_SHARP 欢迎你！");
    System.Console.ReadKey();
}
```

（1）定义命名空间。命名空间是为了避免程序命名的冲突而采取的措施。使用“namespace”关键字定义命名空间。

格式：namespace 命名空间名

```
        {           }
```

花括号中的所有代码都被认为是在这个命名空间中。编译器将可以使用在 using 指令指定的命名空间中的资源。命名空间之间用“.”分隔，例如：在 C#中建立 Windows 应用程序，系统将自动添加一个命名空间“System.Windows.Forms”：

```
using System.Windows.Forms;
```

这表示命名空间 System 里有子命名空间 Windows，子命名空间 Windows 中还有子命名空间 Forms。用户将可以使用子命名空间 Forms 中的所有资源。

（2）指定别名。using 关键字的另一个用途是给类和命名空间指定别名。如果命名空间的名称非常长，又要在代码中使用多次，就可以给该命名空间指定一个别名，其语法如下：

```
using alias=NamespaceName;
```

例如：

```
using UseForm=System.Windows.Forms;
```

以后使用 UseForm 与使用 System.Windows.Forms 命名空间将完全相同。

2. 控件、事件的使用

窗体及控件都是对象，因此可以直接定义其外观属性、行为方法以及编写与用户交互的事件代码，以满足不同需求。

在程序运行中可以发现，Windows 应用程序在很长的时间里是什么都不做的。例如在前面介绍的任务三中，一旦窗口被初始化，控件被绘制，应用程序就开始等待用户输入姓名，当用户单击“确定”命令按钮时，一个表明命令按钮被按下的消息将发生，它就可以立即响应。.NET Framework 将这种动作定义为事件。因此事件可以理解成预先定义的可能发生的情况。

这看上去可能有点复杂，不过结果很简单：当用户单击鼠标或按下按键，程序可以被激活并且做一些事情。例如：程序员只需要对用户单击“确定”命令按钮定义执行的操作，即为 Button 按钮定义了一个 Click 事件的响应方法 button1_Click()。

习题一

一、选择题

1．using namespace 的作用是表示（　）。

A．引入名字空间　　B．使用数据库

C．使用一个文件　　D．使用一段程序

2．要使程序不调试运行，需要按（　）键。

A．F5　　B．Ctrl+F5

C．F10　　D．F11

3．假设变量 x 的值为 25，要输出 x 的值，下列正确的语句是（　）。

A．System.Console.writeline("x")

B．System.Console.WriteLine("x")

C．System.Console.WriteLine("x={0}",x)

D．System.Console.WriteLine("x={x}")

4．（　）窗口可用于浏览解决方案中的文件。

A．解决方案资源管理器　　B．动态帮助

C．属性　　D．工具箱

5．将光标置于（　）窗口的某一项时，它将立即显示与之相关的文章。

A．解决方案资源管理器　　B．动态帮助

C．属性　　D．工具箱

6．所有程序集信息都放置在（　）文件中。

A．bin　　B．类

C．App.ico　　D．AssemblyInfo.cs

二、填空题

1．为便于管理多个项目，在 Visual Studio.NET 集成环境中引入了________，用来对企业级解决方案涉及的多个项目进行管理。

2．要使 Label 控件显示给定的文字“您好。”，应在设计状态下设置它的________属性值。

3．在 C#程序中，程序的执行总是从________方法开始的。

4．在 C#中，进行注释有两种方法：使用“//”和使用“/* */”符号对，其中________只能进行单行注释。

5．要在控制台程序运行时输入信息，可使用 Console 类的________方法。

三、程序设计题

1．编写一个 C# Windows 应用程序，程序的设计界面如图 1-28 所示。程序运行时单击“显示姓名”按钮将在文本框中显示姓名，单击“清除”按钮可以清除文本框内容。

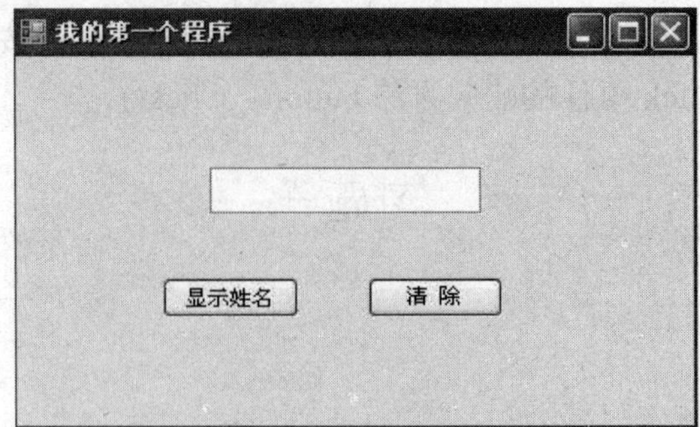

图 1-28 程序设计界面

2. 找出下列程序中的错误，并用 Visual Studio.NET 中的命令行编译器 CS.EXE 进行编译。

```
using System;
class Example1
{
    Public Static Void main()
    {
        string a;
        a=System.Console.ReadLine();
        System.Console.Writeline("a={1}",a);
    }
}
```

第 2 章　C#编程基础

本章通过两个实际任务——“加法计算器”和“工资所得税计算器”，介绍了 C#的基本语法，包括 C#的数据类型、运算符、格式化输出以及程序编写规范。

本章要点

- 常数与变量
- 基本数据类型
- 数据类型转换
- 格式化输出
- 运算符及表达式
- 运算符及表达式优先级、结合律
- 程序编写规范

学习目标

- 能正确使用 C#的常量与变量
- 能正确读取数据
- 能正确格式化输出数据
- 能正确使用算术运算符及表达式
- 能正确使用逻辑运算符及表达式
- 能按照程序编写规范书写程序代码

2.1　变量与数据类型

程序设计中，数据是程序的必要组成部分，是程序处理的基本内容。C#的数据类型采用了类似于 C 和 C++语言的数据类型表示形式，但又有所不同。

任务一　制作简单加法计算器

任务描述

用户分别在文本框中输入加数和被加数，单击“计算”按钮后，显示加法运算结果，如图 2-1 所示。

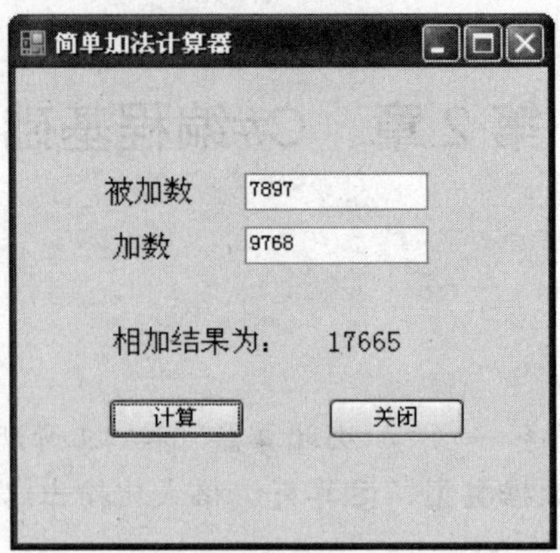

图 2-1　简单加法计算器

任务解决方案

（1）创建名为 summator 的 Windows 项目，从“工具箱”的“公共控件”选项卡中分别选择 Label、TextBox 和 Button 等控件，按照图 2-1 所示的界面布局，用鼠标拖放到窗体的适当位置，并根据表 2.1 设置控件属性。

表 2.1　属性表

控件	属性	设置	控件	属性	设置
Form1	Name	frmsum	Label4	Name	lblResult2
				Text	
	Text	简单加法计算器	TextBox1	Name	txtSum1
Label1	Name	lblSum1	TextBox2	Name	txtSum2
	Text	被加数			
Label2	Name	lblSum2	Button1	Name	btncalc
	Text	加数		Text	计算
Label3	Name	lblResult1	Button2	Name	btnClose
	Text	相加结果为:		Text	关闭

（2）编写应用程序代码。

①双击“计算”按钮，在其 Click 事件的响应方法 btncalc_Click()中，插入下列代码：

```
private void btncalc_Click(object sender, EventArgs e)
{
    int op1;
    int op2;
    int result;
    op1 = Int32.Parse(txtSum1.Text);
    op2 = Int32.Parse(txtSum2.Text);
    result = op1 + op2;
    lblResult2.Text = result.ToString();
}
```

②双击“关闭”按钮，在其 Click 事件的响应方法 btnClose_Click()中，插入下列代码：

```
private void btnClose_Click(object sender, EventArgs e)
{
    this.Close();
}
```

（3）测试程序。按 F5 键运行程序，输入测试数据，运行结果如图 2-1 所示。

分析描述

（1）单击“计算”按钮时，执行其 Click 事件的处理方法，在方法中分别定义了 3 个整型变量 op1、op2 和 result。

```
int op1;
int op2;
int result;
```

（2）由于文本框 txtSum1 中的值是字符型，因此必须将文本框的值转换为 32 位有符号整数后赋给整型变量 op1，使用语句如下：

```
op1 = Int32.Parse(txtSum1.Text);
```

有关数据类型转换的具体内容见 2.1.3 节。

（3）用于显示结果的标签控件其 Text 属性值是字符型，因此需要将计算结果 result 的值转换为字符型输出，使用语句如下：

```
lblResult2.Text = result.ToString();
```

相关知识

2.1.1　常数与变量

1．变量的定义

（1）变量。变量从用户的角度看，就是在程序执行过程中值会发生改变的数据。程序要对数据进行读、写等操作，当需要保存特定的值或计算结果时，就需要用到变量（variable）。在上面介绍的任务一中，用来存放加数、被加数以及结果的 op1、op2 和 result，这些都是变量。

从计算机的角度来看，变量代表存储地址，而变量的类型决定了存储在变量中的数值的类型。变量有 3 个属性，存储变量值的存储位置、存储位置中数据的数据类型和用来引用该存储位置的名称。

例如：假设某个整型变量 x 值为 100，内存状态如图 2-2 所示，x 表示该变量在内存中的地址。当 x 值改为 50 时，内存状态如图 2-3 所示。

图 2-2　整型变量 x 在内存中的状态　　　图 2-3　x 改变值后在内存中的状态

（2）变量的命名规则。当需要访问变量时，只需要提供它的变量名。变量名是一个标志符，其命名方式必须符合 C#命名规则。

①变量名必须以字母或下划线“_”开头；

②变量名只能由字母、数字、下划线、连接字符、组合字符、格式设置符组成，不能包含空格等其他字符；

③变量名不能与C#中的关键字同名，如有同名的情况，可在变量名前加@以示区别；

④变量名不能与C#中的库函数同名；

⑤变量名区分大小写。

虽然C#变量名可以使用下划线，但这个做法不符合微软的命名规则，所以不推荐使用。

例如：

```
abc_123        //合法变量名
name           //合法变量名
_abc           //合法变量名
123abc         //非法变量名，以数字开头
name  1        //非法变量名，含有空格
no.1           //非法变量名，含有非法字符
@use           //合法变量名
```

（3）变量的命名规范。规范的命名有利于程序的设计和维护，命名原则是使名称具有一定的意义，但要避免冗长。常见的命名方法有Pascal表示法、Camal表示法、匈牙利表示法等。

对类名、类的属性、类的方法采用Pascal命名法，Pascal表示法将标识符的首字母和后面连接的每个单词的首字母都大写。

例如：BackColor、ForeColor。

对变量、对象采用Camal命名法，也叫驼峰命名法，Camal表示法以小写字母开头，以后的单词都以大写字母开头。

例如：redValue、myBook、sizeOfChar。

匈牙利表示法中变量名由变量的属性、类型及对象的描述三部分组成。

例如：iMyCar、cMyCar。

2. 变量的声明

由于变量表示一个值在内存中的存储地址，因此在使用变量前必须先声明变量名和数据类型，声明变量的一般格式为：

数据类型　变量名表；

例如：在任务一中使用的语句。

```
int op1;
int op2;
int result;
```

以上语句分别声明op1、op2、result是int型（整型）变量。这里由于是同一类型变量，因此也可以用一个语句声明，变量之间以逗号隔开。

```
int op1,op2,result;
```

3. 变量的赋值

变量在使用前必须赋值，赋值运算符“=”可以将运算符右侧的值赋予左侧的变量。

例如：

```
S=100;
```

赋值运算要求赋值号“=”右边和左边的数据类型完全一致，否则会编译出错。例如在任务一中将文本框中输入的数据赋值给op1：

```
op1 = Int32.Parse(txtSum1.Text);
```

其中txtSum1.Text值是string类型，而变量op1是整型，因此在赋值之前必须要将赋值号“=”右边的类型转换成整型，再赋值给变量op1。

此外，还可以在变量声明的同时给变量赋初值。

例如：

```
int b=100;
string c1="abc";
```

4. 变量的作用域

变量的作用域，也叫变量的生命周期，变量只有在它的生命周期内才可以被访问，超过生命周期，任何对它的访问和使用都会产生编译错误。变量的作用域一般由变量声明的位置决定，在作用域内声明的变量对于作用域外的代码是不可见的。

变量的作用域大致包括以下几种：静态变量作用域、实例变量作用域、方法参数作用域、局部变量作用域和异常处理作用域。

例如：

```
public class DomainTest
{
    private int a;                    //变量 a 的作用域为实例变量作用域
    static int b;                     //变量 b 的作用域为静态变量作用域
    public int GetA()
    {
        return a;
    }
    public void SetA(int c)           //变量 c 的作用域为方法参数作用域
    {
        int d;
        …                             //变量 d 的作用域为局部变量作用域
    }
    public void TryFunction()
    {
        …
        try
        {
        …
        }
    catch (Exception e)               //变量 e 的作用域为异常处理作用域
    {
        …
    }
  }
}
```

静态变量作用域：静态变量使用 static 修饰符声明，它的生存期为整个源程序。在上面的例题中整型变量 b 的作用域就是静态变量作用域。

实例变量作用域：当一个类的实例被创建时，其实例成员变量的生命周期开始，当该实例不再被使用，实例所占内存空间将被释放时，实例成员变量的生命周期结束。在上面的例题中变量 a 的作用域即为实例变量作用域，它可以在 DomainTest 类的实例化对象中使用。

方法参数作用域：方法参数变量的作用域仅限于该方法内，方法被调用时，它的生命周期开始，方法执行完毕，它的生命周期结束。在上面的例题中，方法 SetA 的整型参数变量 c

的作用域就是方法参数作用域。

局部变量作用域：局部变量作用域仅限于它被定义的语句块内，当该语句块结束后，其生命周期结束。在上面的例题中变量 d 的作用域就是局部变量作用域，它只能在它被定义的 SetA 方法中使用，当 SetA 方法执行完毕，它也会自动释放。

异常处理参数作用域：异常处理参数变量的生命周期只在错误处理语句块内（即 catch 语句块内）存在。具体见 2.1.3 节。

这里需要注意的是，变量只有在被声明后才有效，如果在代码块的结尾处声明了一个变量，由于没有任何代码可以访问它，它将没有任何作用。

5. 常量

（1）常量的定义。常量即值不会发生改变的量，在程序执行过程中经常有某些常数值出现，可以将这些常数值定义为常量，通过使用常量可以提高代码的可读性和可维护性。

常量分为直接常量和符号常量，直接常量是指在程序中直接给出数值或字符串的常量，例如：12345、"name"。

符号常量是经过声明的常量，包括常量的名称和它的值。声明常量的一般格式如下：

const　数据类型　表达式

例如：

```
const int yearmonth=12;
const double conpi=3.1415926;
```

分别声明了 int 型常量 yearmonth 和 double 型常量 conpi，虽然常量和变量的声明方法很相似，但是用户不能像变量一样更改它的值或给它们赋新值。

例如：

```
const int yearmonth=12;
yearmonth=22;           //错误
const double conpi=3.1415926;
conpi=3.14;             //错误
```

但是利用表达式形式声明常量是允许的。

例如：

```
const int c1=10;
const int c2=c1+100;
```

此外，与变量的声明语句类似，还可以在 const 前加上访问标识符，用于规定常量的作用域，格式如下：

访问标识符 const 数据类型 表达式

例如：

```
private const int WordDays=200;          //私有常量
public const int DaysInYear=365;         //公有常量
```

（2）使用常量的优点。

①常量用易于理解的名称替代了含义不明确的数字或字符串，使程序更易于阅读。

②常量使程序更易于修改。例如：在程序中定义了一个表示速度的 speed 常量，该常量的值为 120。如果以后速度发生变化，只需要在程序中找到 speed 常量的定义语句，直接将常量的值修改为 120，就可以修改所有的计算结果，而不必查找整个程序，修改每个值。

③常量更易于避免程序出现错误。如果要给程序中的常量再次赋值，编译器立刻就会报告错误。

2.1.2　基本数据类型

应用程序总是需要处理数据，而现实世界中的数据类型多种多样，必须让计算机了解需要处理什么样的数据，以及采用哪种方式进行处理，按什么格式保存数据等。

对于程序中的每一个用于保存数据的变量，使用时都必须声明它的数据类型，以便编译器为它分配内存空间。C#的数据类型可以分为两大部分：值类型和引用类型。

1. 值类型

值类型主要由简单类型、枚举类型和结构类型这三类组成，见表 2.2。

表 2.2　值类型

种类		描述
值类型	简单类型（Simple types）	有符号整数：sbyte、short、int、long
		无符号整数：byte、ushort、uint、ulong
		Unicode 字符：char
		IEEE 浮点数：float、double
		十进制数：decimal
		布尔值：bool
	枚举类型（Enum type）	enum E {...}
	结构类型（Struct type）	struct S {...}

（1）整型类型。C#定义了 8 种整型变量。这 8 种整型类型数据在内存中占用的内存位数各不相同。表 2.3 列出了这 8 种整数类型以及它们的取值范围。

表 2.3　整型类型

描述	位数	数据类型	取值范围
有符号整数	8	sbyte	–128~127
	16	short	–32 768~32 767
	32	int	–2 147 483 648~2 147 483 647
	64	long	–9 223 372 036 854 775 808~9 223 372 036 854 775 807
无符号整数	8	byte	0~255
	16	ushort	0~65 535
	32	uint	0~4 294 967 295
	64	ulong	0~18 446 744 073 709 551 615

对所有整型类型变量赋值都默认是十进制数，如果要使用十六进制的值，则需要添加 0x 前缀。

例如：

```
int x=0x1ab;
```

如果对一个整数没有任何显式的声明，则该变量默认为 int 类型。若将数据指定为其他整型类型，则必须加上后缀。

例如：

```
ulong x=1234U;
long y=1234L;
ulong z=1234UL;
```

（2）浮点类型。C#支持 2 种浮点类型：单精度（float）和双精度（double），如表 2.4 所示。它们的差别在于取值范围和精度不同。计算机对浮点数的运算速度大大低于对整数的运算。如果是精度要求不是很高的浮点数计算，可以采用 float 类型，而采用 double 类型获得的计算结果将更为精确。如果精度很重要，或者要进行一系列数学运算，且一个运算结果要作为下一个运算的数据，则应用 double 类型，当然，如果在程序中大量使用双精度浮点类型进行计算，意味着内存占用更多，计算机负担也更加繁重。

表 2.4 浮点类型

描述	位数	数据类型	取值范围
单精度浮点型	32	float	1.5×10^{-45}~3.4×10^{38}，7 位精度
双精度浮点型	64	double	5.0×10^{-324} ~1.7×10^{308}，15 位精度

如果希望变量被定义为非整型类型，可以加上标志字符，用 F 表示 float，M 表示 decimal，D 表示 double，如果没有标志字符则默认为 double 类型。

例如：

```
float   f1=5.18F ;
double d1=5.18D ;
```

例 2.1 浮点数相加。在任务一的基础上，将操作数的数据类型由整型改为浮点型，实现浮点数相加。

具体操作如下：

①修改应用程序代码。在窗体设计器中双击“计算”按钮，将其 Click 事件处理程序修改如下：

```
private void btncalc _Click(object sender, EventArgs e)
{
    float op1,op2, result;
    op1 = Single.Parse(txtSum1.Text);
    op2 = Single.Parse(txtSum2.Text);
    result = op1 + op2;
    lblResult2.Text = result.ToString();
}
```

②测试程序。按 F5 键运行程序，按图 2-4 所示输入测试数据，单击“计算”按钮，观察运行结果；再按图 2-5 所示输入测试数据，观察运行结果。

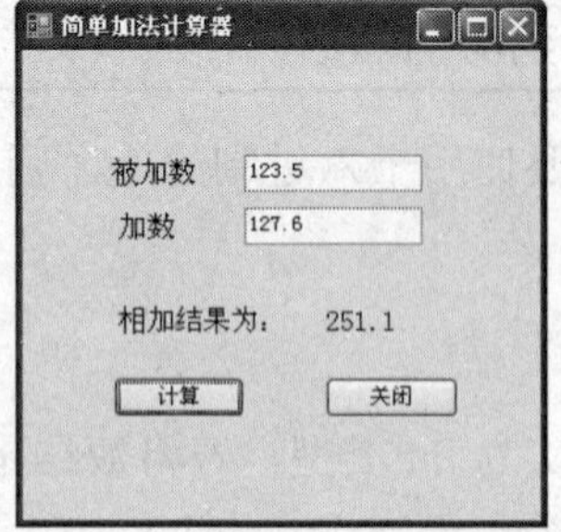

图 2-4 浮点数运算结果 1

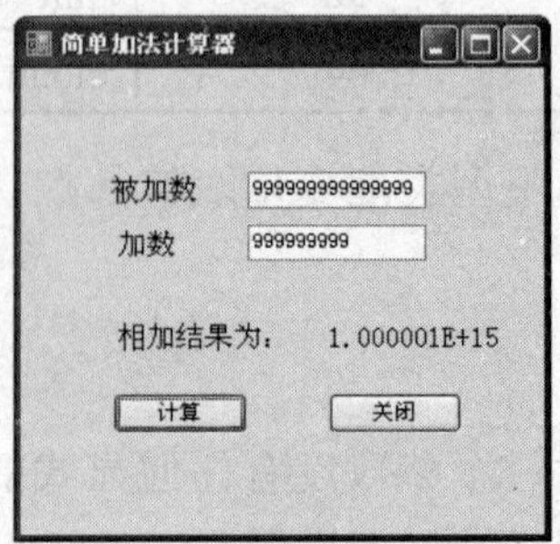

图 2-5 浮点数运算结果 2

在上例中，将 op1、op2、result 三个变量改为单精度浮点型，并将 txtSum1.Text 数据类型转为单精度浮点型，如语句 op1 = Single.Parse(txtSum1.Text);。float 类型可表示精度为 7 位，它表示的数据范围为 7 位有效数字，如图 2-5 所示。

（3）小数类型。数据类型不仅可以是浮点类型，还可以是小数类型，如表 2.5 所示。

表 2.5　小数类型

描述	位数	数据类型	取值范围
小数类型	128	decimal	1.0×10^{-28}~7.9×10^{28}，29 位有效位

decimal 类型适合金融和货币方面的运算，是一种高精度、128 位数据类型，它所表示的范围从大约 1.0×10^{-28}~7.9×10^{28} 的 28~29 位有效数字，运算结果准确到 28 个小数位。decimal 类型的取值范围比 double 类型的范围要小得多，但它更精确，十进制小数数字可以用 decimal 类型来表示。

例 2.2　修改数据类型为 decimal 型。

将上例程序中的数据类型由 float 型修改为 decimal 型。

在窗体设计器中双击“计算”按钮，将其 Click 事件处理程序修改如下：

```
private void btncalc _Click(object sender, EventArgs e)
{
    decimal op1,op2, result;
    op1 = decimal.Parse(txtSum1.Text);
    op2 = decimal.Parse(txtSum2.Text);
    result = op1 + op2;
    lblResult2.Text = result.ToString();
}
```

按 F5 键运行程序，输入测试数据，运行结果如图 2-6 所示。

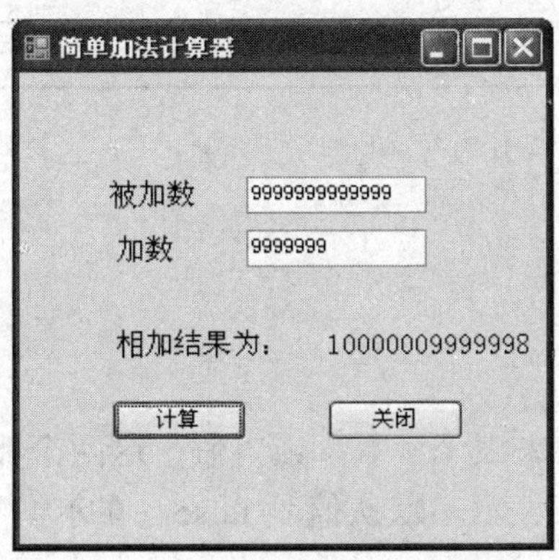

图 2-6　小数运算结果

从上例中可以看到，变量 op1、op2、result 数据类型由 float 类型改为 decimal 类型后，可以更精确地表示运算结果。但是 decimal 运算范围比浮点型小，从浮点型转换成小数型可能产生溢出异常，从小数型转换成浮点型则可能有精度上的损失。

（4）字符类型。字符类型按照国际上公认的标准，采用 Unicode 字符集。Unicode 是一种国际字符集，可表示多个国家的字符。字符变量以无符号 16 位（2 个字节）数字的形式存储，取值范围为 0～65535，见表 2.6，因此在 C#中可以直接在一个字符型变量中存储一个汉字。给字符变量赋值可以使用单引号，也可以使用字符的 ASCII 码。

例如：

```
char c= 'A';
```

或

```
char c= (char)65;
```

表 2.6　字符类型

描述	位数	数据类型	取值范围
字符类型	16	char	在 0~65535 范围内以双字节编码的任意符号

另外，还可以通过转义符或 Unicode 表示法指代特殊的控制字符，见表 2.7。

表 2.7　转义符

转义序列	字符名称	Unicode 编码
\'	单引号	0x0027
\"	双引号	0x0022
\\	反斜杠	0x005C
\0	空	0x0000
\a	警报	0x0007
\b	退格符	0x0008
\f	换页符	0x000C
\n	换行符	0x000A
\r	回车	0x000D
\t	水平制表符	0x0009
\v	垂直制表符	0x000B

例如：向控制台输出一个单引号字符。

```
char c='\'';
Console.WriteLine("{0}",c);
```

或

```
char c='\x0027';
Console.WriteLine("{0}",c);
```

（5）布尔型。布尔型是用来表示“真”或“假”这两个概念的。在 C#中，“真”和“假”分别采用 true 和 false 两个值来表示，默认值是 false，布尔型和其他类型之间不能互相转换。

例如：

```
bool   x=1   //错误。只能写成 x=true 或 x=false
```

（6）结构类型。以上几种数据类型都是简单的数据类型，使用这几种数据类型可以完成基本的数据运算。但在程序执行过程中，往往需要使用更为复杂的数据结构。例如，编写“学生信息管理系统”，需要对学生信息进行处理，学生信息包括学号、姓名、性别、年龄等，如果使用简单类型存储数据，很难反映这些数据之间的联系，为此，C#中提供了结构类型以解决这个问题。结构类型一般定义形式为：

```
struct  结构名
{结构值表};
```

例如：

```
struct Student
{
    public int Id;
    public string Name;
    public char Sex;
    public int Age;
    public int Score;
    public string Address;
};
```

结构类型可以由不同类型的数据组成，上例中定义的 Student 结构体包含了 6 个简单数据类型变量，这 6 个变量称为结构的成员。

如果只定义一个结构类型，该结构类型不包含具体的数据，系统也不会自动给其分配内存。为了在程序中使用结构类型数据，还需要为其定义结构类型变量，并对结构类型变量的各成员赋值。为了访问每一个成员，则需要使用成员访问运算符“.”，格式如下：

结构类型变量.成员变量

例如：定义 Student 结构类型变量 std，并为其中的各个成员赋值。

```
Student std; // 定义结构类型变量 std
std.Id=20081215;
std.Name="王华";
std.Sex="女";
std.Age=21;
std.Score=435;
std.Address="合肥";
```

例如：输出结构类型变量 std 的 Id 值。

```
Console.WriteLine("学号:"+std.Id);
```

结构类型的成员数据类型没有限制，它可以是简单数据类型、复杂数据类型，甚至是结构类型。

例如：Student 结构类型嵌套一个结构类型的 Address 成员。

```
struct   Student
{
    public   int   ID;
    public   string   Name;
    public   char     Sex;
    public   int      Age;
    public   int      Score;
    public   string   Address
    {
        public string city;
        public string street;
        public int no;
    };
};
```

2. 引用类型

C#中的另一类数据类型是引用类型。引用类型存储的是数据的地址，而不是具体的数据。C#提供了类类型、字符串类型、数组类型、接口类型、委托类型等几种引用类型，这里主要介绍字符串类型。

字符串是由作为一个整体处理的一系列字符组成，字符串可以包含英文字母、汉字、数字及符号等，定界符用双引号表示。C#中字符串可分为规则字符串和逐字字符串，这里只介绍规则字符串，它可以包括简单转义序列、十六进制转义序列和 Unicode 转义序列。

例如：

定义规则字符串：String a="hello,world"; // hello,world

使用转义符：String b = "hello \t world"; // hello world

声明字符串：String c="\"hello,world\""; //"hello,world"

逐字字符串也称作 verbatim 型字符串，编译器会严格按照原样对 verbatim 字符串进行解释，不处理简单转义序列以及十六进制和 Unicode 转义序列。

逐字字符串由@字符开始，定界符也是双引号，此外逐字字符串可以跨多行，也就是说，编译器会保留该字符串的换行信息，语句中引号之间的字符（包括空格、换行符等）也会逐字符保留。

例如：

```
string c = @"one
            two
            three";
```

2.1.3 数据类型转换

在前面介绍的任务一中包含下列语句：

```
op1 = Int32.Parse(txtSum1.Text);
op2 = Int32.Parse(txtSum2.Text);
```

其中 txtSum1.Text 和 txtSum2.Text 的值均为字符型，而 op1、op2 为整型变量，因此必须进行数据类型转换。C#有两种转换方式：隐式转换方式和显式转换方式。

1. 隐式数据转换

隐式数据转换就是系统默认的、不需要加以声明就可以进行的转换。在隐式转换过程中，编译器无需对转换进行详细检查就能够安全地执行转换，转换过程中数据一般不会丢失。C#中可以进行的隐式数据转换见表 2.8。

表 2.8 隐式数据转换

转换前数据类型	转换后数据类型
sbyte	short、int、long、float、double 或 decimal
byte	short、ushort、int、uint、long、ulong、float、double 或 decimal
short	int、long、float、double 或 decimal
ushort	int、uint、long、ulong、float、double 或 decimal
int	long、float、double 或 decimal
uint	long、ulong、float、double 或 decimal
long	float、double 或 decimal
ulong	float、double 或 decimal
char	ushort、int、uint、long、ulong、float、double 或 decimal
float	double

例 2.3 编写一个简单的控制台程序，实现隐式数据转换并输出。

程序代码如下：

```
namespace 2_3
{
    class Program
    {
        static void Main(string[] args)
        {
            char a = 'A';
            float b = 99.9F;
            int c;
            c = a;
            Console.WriteLine(c);
            float d = b+c;
            Console.WriteLine(d);
        }
    }
}
```

程序运行结果如图 2-7 所示。

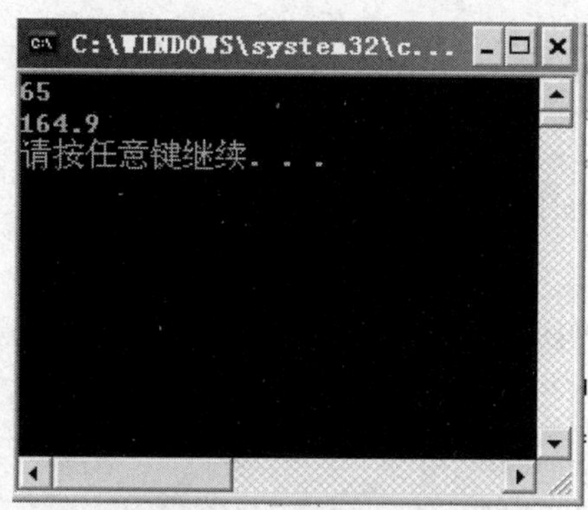

图 2-7　隐式数据转换运算结果

语句 c=a;中变量 a 是 char 类型，变量 c 为 int 型，因此编译器将变量 a 隐式转换为 int 型，再赋值给变量 c；语句 float d=b+c;中变量 b 是 float 类型，变量 c 为 int 型，编译器将变量 c 隐式转换为 float 类型，再计算 b+c，最后结果为 float 类型，并赋值给变量 d。

另外，语句 float b=99.9F; 中如果省略 F，也会出现编译错误，这是因为实数默认的是 double 类型，而 double 类型不能隐式转换成 float 类型。

2. 显式数据转换

显式数据转换是指当不存在相应的隐式数据转换时，从一种数据类型到另一种数据类型的转换，见表 2.9。与隐式转换相反，显式转换需要用户明确地指定转换的类型，格式如下：

(类型)(表达式)

例如：

```
decimal a=99;
float b=(float)a;
```

表 2.9 显式数据转换

转换前数据类型	转换后数据类型
sbyte	byte、ushort、uint、ulong 或 char
byte	sbyte 或 char
short	sbyte、byte、ushort、uint、ulong 或 char
ushort	sbyte、byte、short 或 char
int	sbyte、byte、short、ushort、uint、ulong 或 char
uint	sbyte、byte、short、ushort、int 或 char
long	sbyte、byte、short、ushort、int、uint、ulong 或 char
ulong	sbyte、byte、short、ushort、int、uint、long 或 char
char	sbyte、byte 或 short
float	sbyte、byte、short、ushort、int、uint、long、ulong、char 或 decimal
double	sbyte、byte、short、ushort、int、uint、long、ulong、char、float 或 decimal
decimal	sbyte、byte、short、ushort、int、uint、long、ulong、char、float 或 double

例 2.4 修改例 2.3，实现显式数据转换，并输出转换后的结果。

程序代码如下：

```
namespace li6_3
{
    class Program
    {
        static void Main(string[] args)
        {
            char a = 'A';
            float b = (float)99.9;
            int c;
            c = a;
            Console.WriteLine(c);
            decimal d = (decimal)b+c ;
            Console.WriteLine(d);
        }
    }
}
```

程序运行结果如图 2-8 所示。

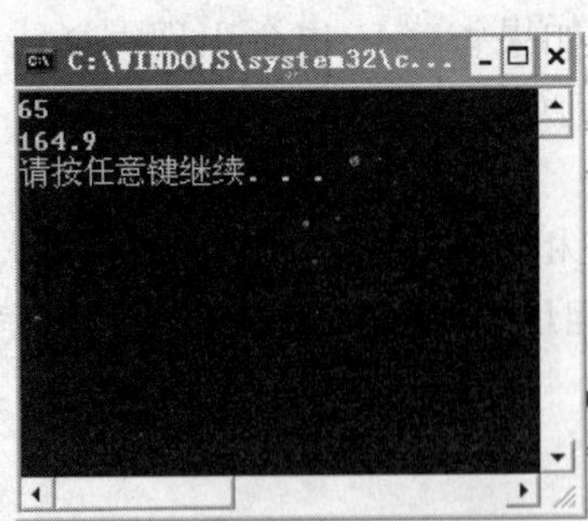

图 2-8 显式数据转换运算结果

从上例中可以看出，实数默认的数据类型是 double 类型，语句 float b = (float)99.9;将 double 类型显式转换成 float 类型。语句 decimal d = (decimal)b+c;中变量 b 是 float 类型，c 为 int 类型，因此首先将 b 显式转换为 decimal 类型，将 c 隐式转换成 decimal 类型，再计算 b+c，其值为 decimal 类型，赋给变量 d。

3. 使用方法进行数据类型的转换

（1）Parse 方法。Parse 方法可以实现将字符串型表达式转换成数值型，转换格式如下：

数值类型名称.Parse（字符串型表达式）

例如：任务一中语句 op1 = int32.Parse(txtSum1.Text);将文本框 txtSum1 的字符型数值转换成 32 位整型数值。

（2）ToString 方法。ToString 方法可以将数值类型转换成字符串型，其返回值是 String 类型。使用方法如下：

数值类型数据.ToString()

例如：在任务一中语句 lblResult2.Text = result.ToString();可以实现将整型数据转换成字符串型数据，并赋值给标签控件的 Text 属性，实现输出。此外，ToString 方法还可以控制输出格式，见表 2.10。其格式为：

数值类型数据.ToString("控制符")

表 2.10　ToString 方法控制格式

控制符	示例	运行结果
C 货币	2.5.ToString("C")	￥2.50
D 十进制数	25.ToString("D5")	00025
E 科学型	25000.ToString("E")	2.500000E+005
F 固定点	25.ToString("F2")	25.00
G 常规	2.5.ToString("G")	2.5
N 数字	2500000.ToString("N")	2,500,000.00
X 十六进制	255.ToString("X")	FF

2.1.4　算术溢出及显式转换溢出

1. 数据溢出

在任务一中，如果输入的数值超过整型数据范围时，编译器将会引发 System.OverflowException 异常，给出提示信息，表示数据溢出，如图 2-9 所示。

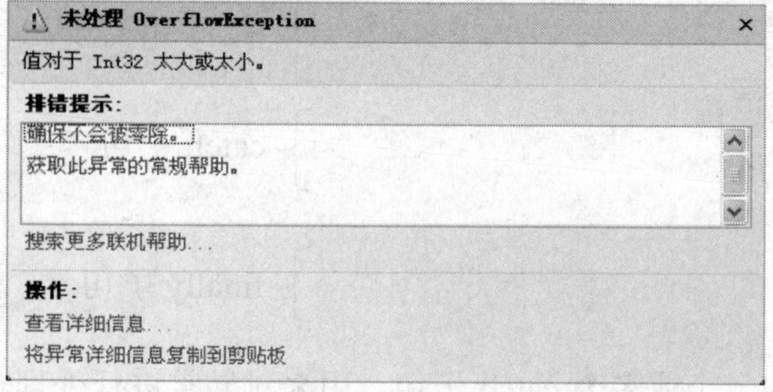

图 2-9　加法计算器数据溢出提示信息

例 2.5 新建一个 Windows 项目，实现简单的数据计算。

具体操作如下：

（1）新建 Windows 项目，项目名称为 calc，将 Form1 从项目中删除，修改项目中的 Program.cs 主程序，代码如下：

```
using System;
using System.Windows.Forms;
public class calc
{
    static void Main()
    {
        double x = 8245788526;
        int b = 45648745;
        int c = 1547454577;
        int y = (int)x;
        int z = (int)(b * c);
        MessageBox.Show("x=" + x.ToString() + ",y=" + y.ToString() + "\n" + "b=" + b.ToString() +
        ",c=" + c.ToString() + ",z=" + z.ToString());
    }
}
```

（2）测试程序。按 F5 键运行该程序，程序运行结果如图 2-10 所示。程序中变量 x 是 double 类型，且数值已经超出 int 型数据所能表示的最大值，如果显式将其转换成 int 类型数据，将产生数据溢出错误，如运行结果中的 y 值所示；int 类型变量 b、c 相乘后的结果也超出了 int 类型数据所能表示的最大值，会产生数据溢出，得到错误的结果，如运行结果中的 z 值所示。

图 2-10 计算程序运行结果

2. 异常

C# 程序在运行中经常会由于遇到一些轻微错误（异常），而中断程序的执行。开发人员可以预期捕捉和处理这些运行时可能出现的异常，根据不同的异常执行相应的异常处理程序。异常处理可以通过使用 try、catch 和 finally 关键字定义代码块来实现。

try…catch…finally 语句的语法格式：

```
try
    语句块 1                  } try 子句
catch (数据类型 标识符)
    语句块 2                  } catch 子句
…
finally
    语句块 3                  } finally 子句
```

try 子句后面可以跟一个或多个 catch 子句，用来对异常进行处理。catch 子句还可以带参数，用来表示已经捕获的异常对象。若有 finally 子句，则不管异常是否发生，最后都要运行

finally 后的语句块 3。

对于数值运算或数值转换导致的溢出异常，在 C#中可以使用关键字 checked 来判断，溢出异常主要有以下几种：

①整型数据算术溢出和整型之间的转换溢出，会在运行时引发 OverflowException 异常；

②float、double 或 decimal 类型值转换为整型时如果整数值不在目标范围，则会引发 InvalidCastException 异常；

③decimal 类型算术运算溢出，则会引发 OverflowException 异常；

④将 float 或 double 类型转换成 decimal 类型时，如果源值为 NaN（非数值）、无穷大或因过大而无法表示 decimal 值时，则会引发 InvalidCastException 异常。

例如：对例 2.5 中的程序代码进行修改，可以捕获计算结果溢出的错误。

```
static void Main()
{
    double x = 8245788526;
    int y;
    try
    {
        checked
        {
            y = (int)x;
        }
    }
    catch (System.OverflowException)
    {
        MessageBox.Show("算术运算导致溢出");
        return;
    }
    MessageBox.Show("x=" + x.ToString() + ",y=" + y.ToString() + "\n");
}
```

按 F5 键运行程序，运行结果如图 2-11 所示。

图 2-11　数据溢出时显示对话框

其中语句：

```
checked
{
    y = (int)x;
}
```

用于检查计算结果是否产生数据溢出，此时由于变量 x 显式转换成 int 类型数据将产生数据溢出错误，引发 OverflowException 异常，被 catch 语句捕获，执行 catch 语句块中的语句，显示“算术运算导致溢出”对话框。

2.2 运算符

运算符在表达式中用于进行一个或多个操作数的运算，它指明了运算的类型。C#中的运算符是用来对变量、常量或数据进行计算的符号。

任务二　制作工资所得税计算器

任务描述

设计一个个人所得税计算器，具体计算公式为：

个人所得税税额=（应纳税所得-起征标准）*适用税率-速算扣除数

其中规定，个人所得税起征点为 2000 元，税率为 10%，速算扣除数为 25。

任务解决方案

（1）创建名为“TaxCalculator”的 Windows 应用程序项目。

（2）从“工具箱”的“公共控件”选项卡中分别选择 Label、TextBox、Button 等控件添加到 TaxCalculator 窗体中，按照图 2-12 所示进行布局，并根据表 2.11 设置控件属性。

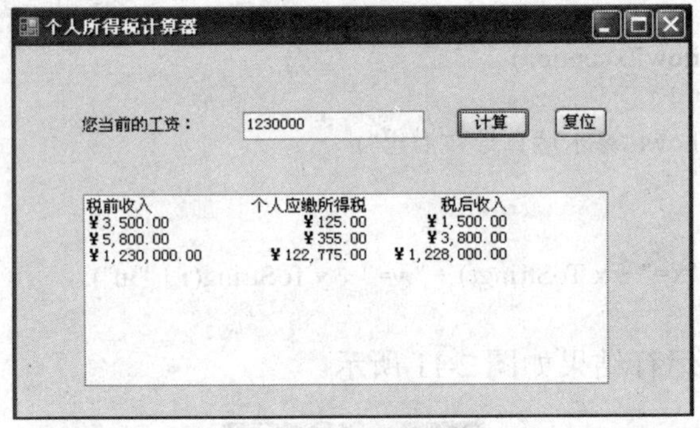

图 2-12　个人所得税计算器界面

表 2.11　属性表

控件	属性	设置	控件	属性	设置
Form1	Name	TaxCalculator	TextBox2	Name	txtTax
	Text	个人所得税计算器		Multiline	True
	Startposition	CenterScreen	Button1	Text	计算
Label1	Name	lblLoginName		Name	btnCalculate
	Text	您当前的工资：	Button2	Text	复位
TextBox1	Name	txtWage		Name	btnReset

（3）编写程序代码。

①双击“计算”按钮，在其 Click 事件处理程序中，插入下列代码：

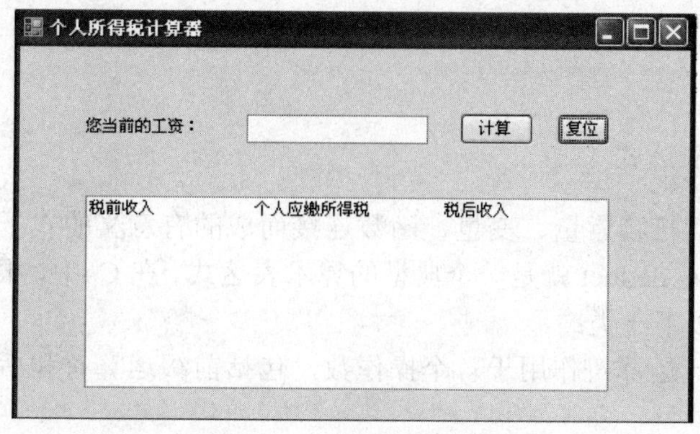

图 2-13 计算器复位界面

```
private void btnCalculate_Click(object sender, EventArgs e)
{
    decimal wage,remain,tax,wag_tax;
    const int taxRate=10, deduct=25;
    wage = decimal.Parse(txtWage.Text);
    wag_tax = wage - 2000;          //计算个人收入应缴所得税部分
    tax = wag_tax * taxRate / 100 - deduct;          //计算个人所得税
    remain = wage - tax;          //计算税后收入
    txtTax.Text += String.Format("{0,-16:c}{1,16:c}{2,16:c}", wage, tax, wag_tax) + "\r\n";
}
```

②双击“复位”按钮，在其 Click 事件处理程序中，插入下列代码：

```
private void btnReset_Click(object sender, EventArgs e)
{
    txtTax.Text = String.Format("{0,-16:c}{1,-16:c}{2,-16:c}", "税前收入", "个人应缴所得税",
    "税后收入");
    txtWage.Text = "";
}
```

（4）测试程序。按 F5 键运行程序，分别输入不同工资收入进行测试，单击“复位”按钮观察程序运行结果。

分析描述

（1）单击“计算”按钮，执行其 Click 事件处理方法 btnCalculate_Click()。在方法中定义变量 wage、remain、tax、wag_tax，分别表示个人收入、税后收入、个人所得税和应缴税的收入。常量 taxRate 表示税率，deduct 表示速算扣除数。

（2）计算个人所得税。公式：

个人所得税税额=（应纳税所得-扣除标准）*适用税率-速算扣除数

用下列语句实现：

```
tax = wag_tax * taxRate / 100 - deduct;
```

（3）实现分行输出信息。

```
txtTax.Text += String.Format("{0,-16:c}{1,16:c}{2,16:c}", wage, tax, wag_tax) + "\r\n";
```

其中“\r”代表回车符，“\n”代表换行符。

相关知识

2.2.1 运算符及表达式

表达式是通过运算符将常量、变量、函数连接而成的有意义的式子。例如在任务一中，wag_tax * taxRate / 100 - deduct 就是一个典型的算术表达式。在 C#中，根据运算符所使用的操作数的个数，可分为以下 3 类：

一元运算符：一元运算符作用于一个操作数，包括前缀运算符和后缀运算符。例如，增量运算符（++）。

二元运算符：二元运算符作用于两个操作数。例如，加法操作符（+）。

三元运算符：三元运算符作用于三个操作数。在 C#中三元运算符只有一个（?:），用于组成条件表达式。

根据运算符执行的操作类型主要分为算术运算符、关系运算符、赋值运算符、逻辑运算符和条件运算符。

1. 算术运算符

算术运算符主要用于数字型数据间的算术运算，其运算结果也是数字型数据。算术运算符见表 2.12，包括加法运算符、减法运算符、乘法运算符、除法运算符、取模运算符。

表 2.12　算术运算符

类别	运算符	说明	表达式
算术运算符	+	执行加法运算	操作数 1 + 操作数 2
	-	执行减法运算	操作数 1 - 操作数 2
	*	执行乘法运算	操作数 1 * 操作数 2
	/	执行除法运算	操作数 1 / 操作数 2
	%	获得进行除法运算后的余数	操作数 1 % 操作数 2
	++	将操作数加 1	操作数++或++操作数
	--	将操作数减 1	操作数--或--操作数
	~	将一个数按位取反	~操作数

（1）加法运算符。加法运算符包括“+”和“++”，前者是二元运算符，后者是一元运算符。“++”运算符包括前缀方式和后缀方式，前缀方式的加法运算是先进行加法然后赋值，后缀方式的加法运算是先赋值后进行加法运算。

例如：

```
int a=10;
int b=++a;    //a 的值为 11，b 的值也为 11
int a=10;
int b=a++;    //a 的值为 11，b 的值为 10
```

上面++a 是先将 a 的值加 1 后再将值赋给 b，因此 a 的值是 11，b 的值是 11；a++是先将 a 的值赋给 b，然后再加 1，因此 a 的值是 11，b 的值是 10。

此外，若两个操作数是字符串时，“+”运算符还可以作为字符串连接符，将第二个字符串连接到第一个字符串的末尾。如：“Welcome”+“to you”连接起来为“Welcome to you”。

（2）除法运算符。在除法运算中，默认的返回值类型与精度最高的操作数相同，例如：

5/2 的结果是 2，5.0/2 的结果是 2.5，(decimal)5/2 的结果也是 2.5。

（3）取模运算符。取模运算符“%”获得两操作数相除的余数，适用于整型类型，也适用于浮点型、小数型类型。例如：10%4 的结果为 2，10%3.5 的结果为 3。

（4）取反运算符。按位取反运算符“~”对操作数的每一位按位取反。

例如：

```
int a=10;
uint b=10;
```

~a 的结果为-11，~b 的结果为 4294967285。

2. 关系运算符

关系运算符用于比较运算，即比较同类型表达式的值，如果其值使关系成立，则比较运算的结果取逻辑值“真”，否则取逻辑值“假”。关系运算符包括以下几种，见表 2.13。

表 2.13　关系运算符

类别	运算符	说明	表达式
关系运算符	>	检查一个数是否大于另一个数	操作数 1 > 操作数 2
	<	检查一个数是否小于另一个数	操作数 1 < 操作数 2
	>=	检查一个数是否大于或等于另一个数	操作数 1 >= 操作数 2
	<=	检查一个数是否小于或等于另一个数	操作数 1 <= 操作数 2
	==	检查两个值是否相等	操作数 1 == 操作数 2
	!=	检查两个值是否不相等	操作数 1 != 操作数 2

例如：

```
23.45>27.56             //数值比较，结果为 false
'a'>'b'                 //比较字符 a 和 b 的 ASCII 码，结果为 false
true==false             //比较逻辑值 true 和 false 是否相等，结果为 false
true!=false             //比较逻辑值 true 和 false 是否不相等，结果为 true
"abc"=="abcd"           //比较字符串"abc"和"abcd"的 ASCII 码，结果为 false
```

关系表达式可以再作为关系操作符的操作数，也可以作为布尔值赋给变量。

例如：下面都是合法的关系表达式。

```
a>b
(a<b)==(c>d)
(a>b)==c
```

3. 赋值运算符

赋值就是给一个变量赋一个新值，包括简单赋值和复合赋值，赋值运算符见表 2.14。赋值的左操作数必须是一个变量、属性访问器或索引访问器的表达式。C#可以对变量进行连续的赋值，这时赋值操作符是右关联的，这意味着从右向左将操作符分组。例如，a=b=c 的表达式等价于 a=(b=c)。如果赋值运算符两边的类型不一样，在赋值时则要进行类型转换。

表 2.14　赋值运算符

类别	运算符	说明	表达式
赋值运算符	=	给变量赋值	操作数 1 = 操作数 2
	+=	操作数 1 = 操作数 1 + 操作数 2	操作数 1+ = 操作数 2
	-=	操作数 1 = 操作数 1 - 操作数 2	操作数 1 -= 操作数 2

续表

类别	运算符	说明	表达式
赋值运算符	*=	操作数 1 = 操作数 1 * 操作数 2	操作数 1 *= 操作数 2
	/=	操作数 1 = 操作数 1 / 操作数 2	操作数 1 /= 操作数 2
	%=	操作数 1 = 操作数 1 % 操作数 2	操作数 1 %= 操作数 2

（1）简单赋值。“=”运算符是简单赋值运算符，用于将等号右边操作数的值赋给左边的操作数，右操作数必须是某种表达式的值。结果的类型和左操作数的类型相同，并且总是值类型。

例如：

```
x=y=10;
```

（2）复合赋值。将算术等运算符和赋值结合起来的运算称为复合赋值。

例如：

```
x=20;
x+=2;       //x=x+2，结果为 22
x-=2;       //x=x-2，结果为 18
x*=2;       //x=x*2，结果为 40
x/=2;       //x=x/2，结果为 10
x%=2;       //x=x%2，结果为 0
```

4. 逻辑运算符

逻辑运算符与布尔型表达式一起组成了逻辑表达式，见表 2.15。

表 2.15 逻辑运算符

类别	运算符	说明	表达式
逻辑运算符	&	对两个表达式执行按位“与”运算	操作数 1 &操作数 2
	|	对两个表达式执行按位“或”运算	操作数 1 | 操作数 2
	^	对两个表达式执行按位“异或”运算	操作数 1 ^ 操作数 2
	&&	对两个表达式执行逻辑“与”运算	操作数 1 && 操作数 2
	||	对两个表达式执行逻辑“或”运算	操作数 1 || 操作数 2
	!	对两个表达式执行逻辑“非”运算	！操作数

例如：

```
a=false;
b=4;
c=6;
b<=c&&a     //先计算 b<=c，值为 false，最后结果为 false
```

5. 条件运算符

?:运算符称为条件运算符，是 C#中唯一的三元运算符。表达式如下：

```
表达式? 操作数 1:操作数 2
```

其功能为：先检查表达式是否为真。如果为真，则计算操作数 1，否则计算操作数 2。

例如：

```
int x=80;
string grade;
```

grade=x>=60? "及格":"不及格";

由于 x>=60 取值为“true”，因此 grade 的取值为“及格”。

2.2.2　运算符及表达式优先级、结合律

1. 运算符优先级

当表达式包含多个运算符时，运算符的优先级控制着各运算符的计算顺序。例如：表达式 a+b*c 按 a+(b*c)计算，表 2.16 从高到低表示了 C#中运算符的优先顺序。

表 2.16　运算符优先级

<table>
<tr><th>类别</th><th>运算符</th></tr>
<tr><td>基本运算符</td><td>() x.y f(x) a[x] x++ x-- new typeof sizeof checked unchecked</td></tr>
<tr><td>一元运算符</td><td>+ - | ~ ++x --x (T)x</td></tr>
<tr><td>乘除运算符</td><td>* / %</td></tr>
<tr><td>加减运算符</td><td>+ -</td></tr>
<tr><td>位移运算符</td><td><< >></td></tr>
<tr><td>关系运算符</td><td>< > <= >= is</td></tr>
<tr><td>相等运算符</td><td>== !=</td></tr>
<tr><td>按位与</td><td>&</td></tr>
<tr><td>按位异或</td><td>^</td></tr>
<tr><td>按位或</td><td>|</td></tr>
<tr><td>逻辑与</td><td>&&</td></tr>
<tr><td>逻辑或</td><td>||</td></tr>
<tr><td>条件运算符</td><td>?:</td></tr>
<tr><td>赋值操作符</td><td>= *= /= += -= <<= >>= &= ^= |=</td></tr>
</table>

使用圆括号可以改变运算顺序，还可以使表达式更具有可读性。

例如：

```
22/3+2.5*3        //结果为 14.5，先计算 22/3 和 2.5*3，再相加
22/(2.5+3)*3      //结果为 12，先计算括号中的 2.5+3
```

2. 表达式结合律

当一个运算符出现在两个相同优先级的操作符之间时，赋值运算符和条件运算符是按照右结合的顺序执行的，即运算是按照从右向左的顺序执行的。例如 x=y=z 按照 x=(y=z)进行赋值。除此之外，其他的二元操作符都是左结合的，即运算是按照从左向右的顺序执行的。例如：

```
（true || false）&&true       //结果为 true
```

首先计算括号中逻辑表达式 true || false 的值，结果为 true，再计算 true&&true，结果为 true。

```
int x=25,y=10
y>0?z=30:x<50?z=10:z=20;  //结果为 z=30
```

条件运算符是右结合的，因此先计算 x<50?z=10:z=20，结果为 z=10，再计算 y>0?z=30:z=10，最后结果为 z=30。

2.2.3 格式化输出

string.Format 方法用于格式化输出信息，可以将指定的 string 类型数据中每个格式项替换为相应对象值的文本等效项。其一般格式为：

string.Format(formats,参数列表);

其中，formats 为包含一个或多个格式规范{N,M:Sn}的字符串，该字符串中可以定义 1~3 个格式参数，每种格式参数用分号“;”隔开。string.Format 方法返回 formats 字符串，将参数列表中的第一个参数值替换成 formats 字符串中的第一个格式规范，参数列表中的第二个参数值替换成 formats 字符串中的第二个格式规范，以此类推。

格式规范{N,M:Sn}中，N 是从零开始的整数，指示要格式化的参数，0 表示要格式化的参数是参数列表中的第一个参数，1 表示要格式化的参数是参数列表中的第二个参数，以此类推。M 是整数（可选），表示包含格式化值的区域宽度，剩余部分用空格填充。如果 M 的符号为负，则格式化值为区域左对齐，否则为区域右对齐。S 代表格式化字符（可选），见表 2.17，n 为整数（可选），表示小数位数。

表 2.17 格式化字符

格式化字符	说明	格式化字符	说明
C 或 c	货币	G 或 g	常规
D 或 d	十进制	N 或 n	数字
E 或 e	科学制	P 或 p	百分比
F 或 f	固定点		

例如：

```
int a=12345;
double b=123.45;
Console.WriteLine(string.Format("{0:C},{1:C1}",a,b)); //输出：￥12,345.00,￥123.5
Console.WriteLine("{0:D7}",a); //输出：0012345
Console.WriteLine(string.Format("{0:E}",a)); //输出：1.234500E+004
Console.WriteLine(string.Format("x={0:F3},y={1:F0}",b,b)); //输出：x=123.45,y=123
Console.WriteLine(string.Format("x={0,6:G}, y={1,6:G}",a,b)); //输出：x= 12345,y=123.45
Console.WriteLine(string.Format("{0:N}, {1:N3}",a,b)); //输出：12,345.00,123.450
Console.WriteLine(string.Format("{0:P}",0.123)); //输出：12.30%
```

例 2.6 编写一个简易银行存款计算器，如图 2-14 所示。要求可以根据存款本金、利率计算 n 年后的存款总额，存款总额的计算公式为：

$$存款总额=P(1+r)^n$$

其中，P 为本金，r 为利率，n 为年数。

具体操作如下：

（1）创建名为“DepositCalc”的 Windows 应用程序项目。

（2）从“工具箱”的“公共控件”选项卡中分别选择 Label、TextBox、Button 等控件添加到窗体中，按照图 2-14 所示进行布局，并设置相应属性（属性略）。

（3）双击“计算”按钮，在其 Click 事件处理程序中，插入下列代码：

```
private void btnCalc_Click(object sender, EventArgs e)
{
```

```
    int dopYear;
    decimal dopNum, doptotal;
    double rate,rate1;
    dopNum = decimal.Parse(txtNum.Text);
    rate = double.Parse(txtRate.Text);
    dopYear = Int32.Parse(txtYear.Text);
    rate1 = Rate / 100.0;
    doptotal = dopNum * (decimal)(Math.Pow( (1 + rate1), dopYear));
    lblResult.Text = string.Format("本金为{0} 年利率为{1} {2}年后存款总额为{3}", dopNum, rate,
    dopYear, doptotal);
}
```

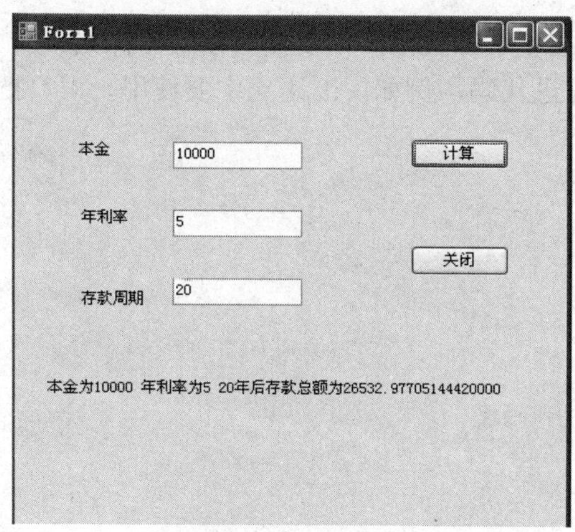

图 2-14　存款计算器

计算存款总额的公式"$P(1+r)^n$"在程序中使用语句 doptotal = dopNum * (decimal)(Math.Pow((1 + rate1), dopYear));来实现，其中 doptotal 是存款总额，dopNum 为本金，Math.Pow((1 + rate1), dopYear) 方法表示(1 + rate1)的 dopYear 次方。但是由于 rate1 为 double 类型，1+rate1、dopYear 可隐式转换成 double 型，而 dopNum 为 decimal 类型，因此必须要将(Math.Pow((1 + rate1), dopYear)显式转换成 decimal 类型，才可将二者相乘。

语句：

```
lblResult.Text = string.Format("本金为{0} 年利率为{1} {2}年后存款总额为{3}", dopNum, rate, dopYear,
doptotal);
```

表示将结果以格式化字符方式输出，其中方法 string.Format 是将变量 dopNum、rate、dopYear、doptotal 转换为字符串并分别替换到{0}、{1}、{2}、{3}四个位置。

2.2.4　程序编写规范

程序编写规范在开发项目时具有很重要的作用。如果在开发项目时没有一套统一的编程规范，项目成员之间很难沟通，或者一旦中途别人接手，新接手的人就很难入手，从而拖延项目开发的进度。为了避免以上情况，要遵守常用的代码书写规则和程序命名规范。

1. 代码书写规则

格式化使代码的逻辑结构很明显，尽管它们通常对应用程序的功能没有影响，但它们对于改善对源代码的理解是非常有帮助的。下面介绍一些常用的代码书写规则。

（1）建立标准的缩进大小（如四个空格），并一致地使用此标准。用规定的缩进对齐代码节。

（2）在括号对齐的位置垂直对齐左括号和右括号，如：

```
for (i = 0; i < 100; i++)
{
        ;
}
```

也可以使用倾斜样式，即左括号出现在行尾，右括号出现在行首，如：

```
for (i = 0; i < 100; i++){
    ;
    }
```

无论选择哪种样式，在整个源代码中都要使用相同的样式。

（3）沿逻辑结构行缩进代码，例如，if 语句中要使用一对{}把语句包含起来，哪怕一条语句也是。

例如：

```
if(expression )
{
        if(expression )
        {
                //
                //此处填写你的代码块
                //
        }
        else
        {
                //
                //此处填写你的代码块
                //
        }
}
```

（4）避免过长的代码，如果代码长度超过一定的长度，将其写为两行，中间用“+”运算符连接起来，在后面换行代码中要使用缩进格式，如：

```
txtTax.Text += string.Format("{0,-16:c}{1,16:c}{2,16:c}", wage, tax, wag_tax)
          + "\r\n";
```

（5）只要合适，每一行上放置的语句避免超过一条。除了循环语句，如 for (i = 0; i < 100; i++)。

（6）编写 HTML 时，建立标准的标记和属性格式，如所有标记都大写或所有属性都小写。编写 SQL 语句时，对于关键字使用全部大写，对于数据库元素（如表、列和视图）使用大小写混合。

（7）关键的语句（包括声明关键的变量）必须要写注释，注释需和代码对齐。

2. 注释

编写代码时添加注释，可以大大提高代码的可读性。此外，在程序调试过程中如果怀疑某段程序有问题又不想删除它，最好的方法就是先把它设为注释。

C#支持两种形式的注释：单行注释和多行注释。单行注释以字符“//”开始，并延续到该文件行的末尾。多行注释以字符“/*”开始，以“*/”字符结束，可以跨多行。例如：

```
/*hello 程序
该程序用来输出"hello"
*/
namespace hello      //定义命名空间
{
    class Program   //定义类名
    {
        static void Main(string[] args)    //定义主控函数
        {
            Console.WriteLine("hello");   //输出"hello"
        }
    }
}
```

使用注释有两个注意事项：

（1）避免在“//”单行注释符后使用反斜杠符号“\”，因为反斜杠符号“\”在 C#中是一个续行符，可能会导致异常结果。

（2）分隔符“/*”和“*/”之间的注释不能有嵌套注释。

习题二

一、选择题

1．C#的数据类型有（　）。

A．值类型和调用类型　　B．值类型和引用类型

C．引用类型和关系类型　　D．关系类型和调用类型

2．下列给出的变量名正确的是（　）。

A．int Main;　　B．char No.1

C．int　use　　D．int　@use

3．C#中每个 char 类型量占用（　）个字节的内容。

A．1　　B．2　　C．4　　D．8

4．C#中，回车字符对应的转义字符串为（　）。

A．\r　　B．\f　　C．\n　　D．\a

5．下列语句的输出是（　）。

```
double MyDouble = 123456789;
Console.WriteLine("{0:E}", MyDouble);
```

A．$123,456,789.00　　B．1.234568E+008

C．123,456,789.00　　D．123456789.00

6．在 C#中执行下列语句后整型变量 x 和 y 的值是多少？（　）

```
int x=100;
int y=++x;
```

A．x=100　y=100　　B．x=101　y=100

C．x=100　y=101　　D．x=101　y=101

7．以下是一些 C#中的枚举型的定义，其中错误的用法有（ ）。

A．public enum var1{ "Mike" = 100, "Nike" = 102, "Jike" } ;

B．public enum var1{ Mike = 100, Nike, Jike }

C．public enum var1{ Mike=-1, Nike, Jike };

D．public enum var1{ Mike, Nike, Jike } ;

8．下面有关运算符的说法错误的是（ ）。

A．算术运算符不能对布尔类型、String 类型 和 Object（对象）类型进行算术运算

B．括号在运算符的优先级中是最高的，它可以改变表达式的运算顺序

C．sizeof 运算符用来查询某种数据类型或表达式的值在内存中所占的内存空间大小（字节数）

D．关系运算符中的“==”和赋值运算符的“=”是相同的

二、填空题

1．写出下列表达式运算后 a 的值，设原来 a=4。

a-=2　　a=________

a+=a　　a=________

a/=a*2　　a=________

a-=2　　a=________

a%=(n%=2)，n 的值为 2　　a=________

2．假设 x=10，写出运算结果。

x=(x--)+(x--)+(x--)　　x=________

y=(++x)+(--x)+(--x)　　y=________

3．判断闰年的条件是________（变量 year 为 int 类型）。

三、简答题

1．C#中的操作符可以分为哪几种？

2．简述变量作用域的区别。

3．定义一个包含图书基本资料的结构类型数据（要求包含书号、书名、作者、价格等信息）。

4．写出下列表达式的值，设 a=true，b=false，c=true，d=3.5，e=3。

!a&&b(||c)

(d%e==0.5)&&(d/e==1)

!c&&||(int(d)==e)&&((d/0.5)==5)

四、编程题

1．编写一个 Windows 应用程序，要求用户用两个文本框输入两个数，并将它们的和、差、积、商显示在标签中。

2．编写一个程序，利用求余运算完成 24 小时制和 12 小时制之间的转换。

3．一个称为“身体质量指数”（BMI）的量用来计算与体重有关的健康问题的危险程度。BMI 按下面的公式计算：

$$BMI=w/h^2$$

其中 w 是以千克为单位的体重。h 是以米为单位的身高。大约 20~25 的 BMI 的值被认定是“正常”的，编写一个应用程序，输入体重和身高并输出 BMI。

4．编写一个应用程序，根据用户输入的 3 个边长值计算三角形的周长和面积。

5．编写贷款计算器，根据贷款金额 p、月利率 r、还款时间 n 月，计算月付款和总付款。

月付款公式为：

$$月付款=p*r/(1-(1+r)^{-n})$$

第3章　C#程序控制

C#提供了对程序执行流程进行控制的语句，通过这些语句可以提高程序的灵活性，在不同的情况下执行不同程序。本章通过完成一个个任务来讲解C#语言中选择、迭代和跳转等基本流程控制语句。

- if语句和if … else语句
- if … else if …else语句
- switch … case 语句
- while语句和do … while语句
- for语句
- break语句、goto语句、continue语句和return语句

- 能够使用if语句编写简单的选择判断程序
- 能够使用while、do…while语句编写循环程序
- 能够使用for语句编写循环程序
- 能够使用goto语句、continue语句在程序中有条件中断重复执行语句

3.1　选择语句

C#提供的选择语句主要分为两种类型，分别是if语句和switch语句，下面分别介绍选择语句的使用方法。

任务一　编写控制台应用程序判断是否应交个人所得税

问题描述

编写控制台应用程序，根据输入的应发工资数和养老金等三金或四金数，判断是否应交个人所得税。要求在控制台程序中，按照要求分别输入应发工资数和养老金等三金或四金数，由应发工资数减去养老金等三金或四金数后求得全月应纳税所得额，若该数据大于2000元，则显示“需要交个人所得税！”，否则不显示任何内容。

任务解决方案

（1）创建名为 Tax1 的控制台应用程序项目。

（2）在 Program.cs 中输入下列程序代码：

```
static void Main(string[] args)
{
    double pay, money, income;
    Console.WriteLine("请输入应发工资数：");
    pay = double.Parse(Console.ReadLine());
    Console.WriteLine("请输入养老金等三金或四金：");
    money = double.Parse(Console.ReadLine());
    income = pay - money;
    if (income > 2000)
    {
        Console.WriteLine("需要交个人所得税！");
    }
}
```

（3）按 F5 键运行程序，结果如图 3-1 所示。

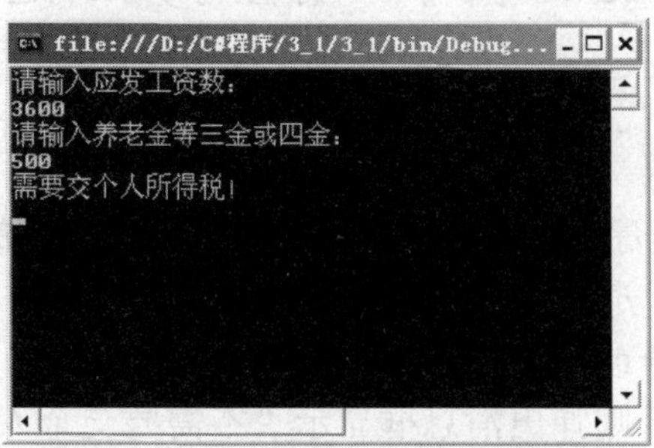

图 3-1　在控制台输入数据并显示结果

分析描述

（1）运行程序后，根据提示信息，在控制台中输入应发工资数并按回车键，再输入养老金等三金或四金数并按回车键，程序首先通过 double.Parse()方法将输入的数据转换成双精度数据，存入变量 pay 和 money 中，再通过两数相减计算全月应纳税所得额，存入变量 income 中。

（2）执行 if 选择语句进行条件判断，当 if 后条件表达式“income > 2000”的值为 true 时，表示全月应纳税所得额大于 2000 元，执行语句 Console.WriteLine("需要交个人所得税！");，应用控制台输出显示结果；当“income > 2000”的值为 false 时，结束条件语句。

相关知识

3.1.1　If 语句

If 语句实现单分支选择结构，语句格式如下：

```
If(表达式)
{
```

```
    语句块
}
```

执行过程说明如下：

如果表达式的逻辑值为 true，执行 If 语句控制的语句块；若表达式的值为 false，不执行 If 语句控制的语句块，执行语句块后的语句。If 语句流程图如图 3-2 所示。

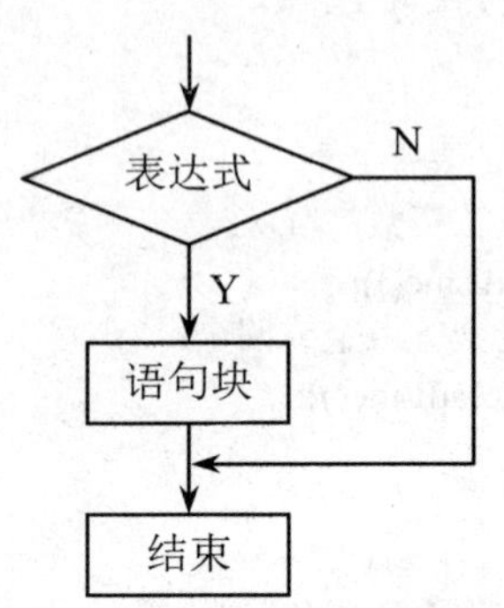

图 3-2 单分支选择结构流程图

任务二 编写 Windows 窗体应用程序判断是否应交个人所得税

问题描述

编写Windows窗体应用程序，根据用户在相应文本框中输入的应发工资数和养老金等三金或四金数，由应发工资数减去养老金等三金或四金数后求得全月应纳税所得额，并判断用户输入的应发工资和养老金等三金或四金数据是否为正数。若该数据大于2000元，则弹出消息框显示“需要交个人所得税！”，否则弹出消息框显示“不需要交个人所得税！”。

任务解决方案

（1）创建名为 Tax2 的 Windows 应用程序项目。

（2）选择 Windows 窗体设计器中的新建窗体，从“工具箱”的“公共控件”选项卡中分别选择 Label、TextBox 和 Button 等控件，按照图 3-2 所示的界面布局，用鼠标拖放到窗体的适当位置，并根据表 3.1 设置控件属性。

表 3.1 属性表

控件	属性	设置	控件	属性	设置
Label1	Name	lblPay	Button1	Name	btnJudge
	Text	应发工资：		Text	判断
Label2	Name	lblMoney	Button2	Name	btnClear
	Text	三金或四金：		Text	清除
TextBox1	Name	txtPay			
TextBox2	Name	txtMoney			

（3）双击“判断”按钮，打开代码编辑器，此时插入点已位于该按钮的 Click 事件处理

响应方法 btnJudge_Click()中，插入下列代码：

```
private void btnJudge_Click(object sender, EventArgs e)
{
    double pay, money, income;
    pay = double.Parse(txtPay.Text );
    money = double.Parse(txtMoney.Text );
    income = pay - money;
    if (income > 2000)
    {
        MessageBox.Show("需要交个人所得税！");
    }
    else
    {
        MessageBox.Show("不需要交个人所得税！");
    }
}
```

（4）按 F5 键运行程序，将显示 Windows 窗体应用程序窗口，如图 3-3 所示。在相应的文本框中分别输入应发工资和养老金等三金或四金数后，单击“判断”按钮，根据计算出的全月应纳税所得额判断是否达到交个人所得税的标准（大于 2000 元），弹出不同的消息框，如图 3-4 和图 3-5 所示。

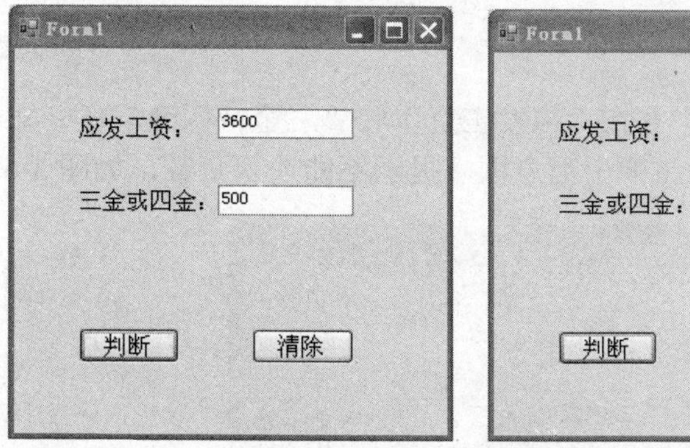

图 3-3　在 Windows 窗体中输入数据

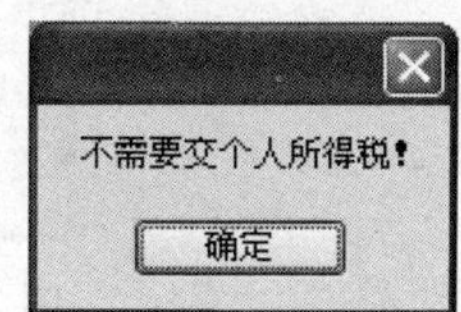

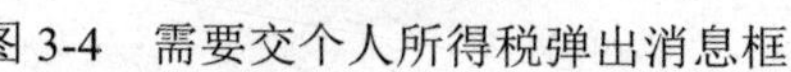
图 3-4　需要交个人所得税弹出消息框　　　　图 3-5　不需要交个人所得税弹出消息框

（5）修改 Tax2 的 Windows 应用程序项目，将“判断”命令按钮的 Click 事件程序代码修改如下：

```
private void btnJudge_Click(object sender, EventArgs e)
{
    double pay, money, income;
    pay = double.Parse(txtPay.Text );
    money = double.Parse(txtMoney.Text );
    income = pay - money;
```

```
        if (pay < 0 || money < 0)
        {
            MessageBox.Show("工资或保险金不能为负，请重新输入");
            txtPay.Text = "";
            txtMoney.Text = "";
            txtPay.Focus();
            return;
        }
        else
        {
            income = pay - money;
            if (income > 2000)
            {
                MessageBox.Show("需要交个人所得税！ ");
            }
            else
            {
                MessageBox.Show("不需要交个人所得税！ ");
            }
        }
    }
```

（6）再按 F5 键运行程序，并在“应发工资”和“三金或四金”任一文本框中输入一个负数，单击“判断”按钮，此时将弹出消息框，提示不能输入负数，如图 3-6 所示。

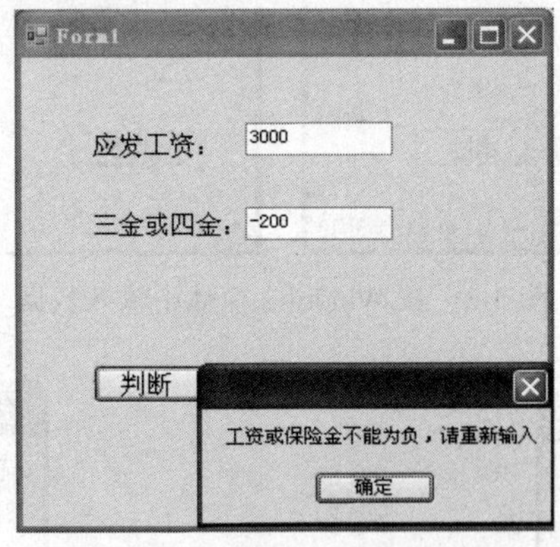

图 3-6　输入负数，弹出消息框提示

分析描述

（1）在程序中应用 if…else 语句，可以进行双选择判断，当 if 后面的条件表达式“income > 2000”值为 true 时，执行弹出消息框的语句，显示“需要交个人所得税!”；当条件表达式的值为 false 时，执行另一个语句，显示“不需要交个人所得税!”，实现了双分支选择的目的。

（2）修改程序，添加一个选择语句，判断输入的应发工资和三金或四金是否为负数，当外层 if…else 语句的逻辑表达式“pay < 0 || money < 0”的值为 false 时，再执行一个 if…else 语句，这种一层套一层的选择语句称为选择嵌套。

相关知识

3.1.2　if…else 语句

if…else语句实现双分支选择结构，语句格式如下：

```
if(表达式)
{
语句块 1
}
else
{
语句块 2
}
```

执行过程说明如下：

如果表达式的逻辑值为 True，执行 if 与 else 中间的语句块 1，若表达式的逻辑值为 false，执行 else 后面的语句块 2。if…else 语句流程图如图 3-7 所示。

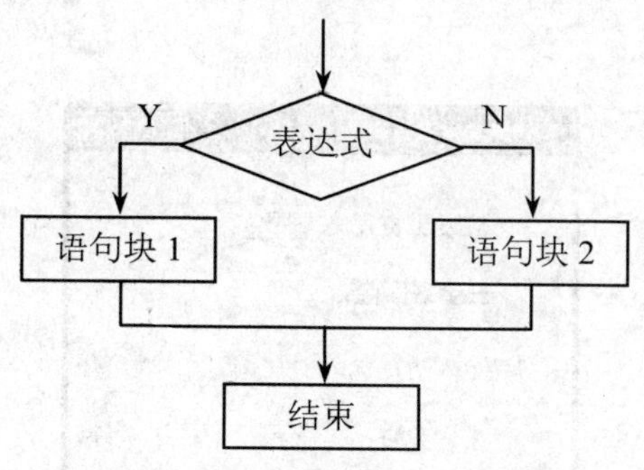

图 3-7　双分支选择结构流程图

任务三　编写 Windows 窗体应用程序计算个人所得税和实发工资

问题描述

编写 Windows 窗体应用程序，根据输入的应发工资数和养老金等三金或四金数计算个人所得税和实发工资。首先要求用户输入的数据必须是正数，否则要求用户重新输入；然后再将输入的应发工资和养老金等三金或四金数按照下列公式计算个人所得税和实发工资。

计算公式：

应缴纳的个税＝[(应发工资–养老金等三金或四金) –2000]×税率–速算扣除数

其中含税级距、税率见表 3.2。

表 3.2　个人所得税税率表

含税级距	税率（%）	速算扣除数
不超过 500 元的	5	0
超过 500 元至 2,000 元的部分	10	25
超过 2,000 元至 5,000 元的部分	15	125

续表

含税级距	税率（%）	速算扣除数
超过 5,000 元至 20,000 元的部分	20	375
超过 20,000 元至 40,000 元的部分	25	1,375
超过 40,000 元至 60,000 元的部分	30	3,375
超过 60,000 元至 80,000 元的部分	35	6,375
超过 80,000 元至 100,000 元的部分	40	10,375
超过 100,000 元的部分	45	15,375

任务解决方案

（1）创建名为 Tax3 的 Windows 应用程序项目。

（2）选择新建窗体，从“工具箱”的“公共控件”选项卡中分别选择 Label、TextBox 和 Button 等控件，按照图 3-8 所示界面布局，用鼠标将控件拖放到新建窗体的适当位置，并根据表 3.3 设置控件属性。

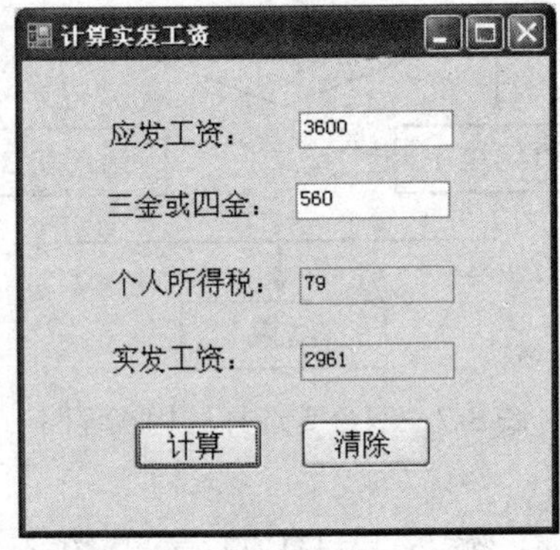

图 3-8 计算个人所得税和实发工资窗体

表 3.3 属性表

控件	属性	设置	控件	属性	设置
Form1	Name	frmCompute	TextBox1	Name	txtPay
	Text	计算实发工资	TextBox2	Name	txtMoney
Label1	Name	lblPay	TextBox3	Name	txtIncome
	Text	应发工资：		ReadOnly	true
Label2	Name	lblMoney	TextBox4	Name	txtReally
	Text	三金或四金：		ReadOnly	true
Label3	Name	lblIncome	Button1	Name	btnCompute
	Text	个人所得税：		Text	计算
Label4	Name	lblreally	Button2	Name	btnClear
	Text	实发工资：		Text	清除

（3）编写程序代码。

①双击“计算”按钮，打开代码编辑器，此时插入点已位于该按钮的 Click 事件处理响应方法 btnCompute_Click()中，插入下列代码：

```
private void btnCompute_Click(object sender, EventArgs e)
{
    double pay,money,income,incometax,really;
    pay = double.Parse(txtPay.Text );
    money = double.Parse(txtMoney.Text );
    if (pay < 0 || money <0)   //判断应发工资或养老金等是否为负
    {
        MessageBox.Show("工资或保险金不能为负，请重新输入");
        txtPay.Text = "";
        txtMoney.Text = "";
        txtPay.Focus();
        return;
    }
    income=pay-money- 2000;        //计算个人全月应纳税所得额
    if (income >0 && income <=500)
    {
        incometax =income * 0.05;         //计算个人所得税
    }
    else if (income > 500 && income <= 2000)
    {
        incometax = income * 0.1-25;
    }
    else if ( income > 2000 && income <= 5000)
    {
        incometax = income * 0.15-125;
    }
    else if (income > 5000 && income <=20000)
    {
        incometax = income * 0.2-375;
    }
    else if (income > 20000 && income <= 40000)
    {
        incometax = income * 0.25 - 1375;
    }
    else if (income > 40000 && income <=60000)
    {
        incometax = income * 0.3 - 3375;
    }
    else if (income > 60000 && income <= 80000)
    {
        incometax = income * 0.35 - 6375;
    }
    else if (income > 80000 && income <= 100000)
    {
        incometax = income * 0.4 - 10375;
    }
    else if (income > 100000)
    {
```

```
            incometax = income * 0.45 - 15375;
        }
        else
        {
            incometax = 0;
        }
        really = pay -money - incometax;      //计算实发工资
        txtIncome.Text = incometax.ToString();      //输出个人所得税
        txtReally.Text = really.ToString();      //输出实发工资
    }
```

②双击“清除”按钮，在 btnClear_Click()方法中输入下列程序代码：

```
private void btnClear_Click(object sender, EventArgs e)
{
    txtPay.Text = "";
    txtMoney.Text = "";
    txtIncome.Text = "";
    txtReally.Text = "";
    txtPay.Focus();
}
```

（4）按 F5 键运行程序，显示 Windows 窗体应用程序窗口，输入应发工资和养老金等三金或四金数后，单击“计算”按钮，显示应交的个人所得税和实发工资，如图 3-8 所示。

分析描述

（1）单击“计算”按钮，执行其 Click 事件处理程序，其中选择语句 if 后面的逻辑表达式“pay < 0 || money <0”表示 pay < 0 或 money <0，“||”表示逻辑或，只要该逻辑表达式中有一个表达式的值为 true，则执行 MessageBox.Show("工资或保险金不能为负，请重新输入");语句，弹出消息框要求重新输入数据。

（2）当输入的实发工资和三金或四金都为正数时，通过公式“pay-money-2000”计算个人全月应纳税所得额存入 income 变量中，再通过多选择语句 if…else if…else 判断全月应纳税所得额 income 属于哪个含税级距，再根据不同的含税级距以不同的税率和速算扣除数按照公式“income * 税率 - 速算扣除数”计算出个人所得税，并存入 incometax 变量中，最后算出实发工资。

（3）执行 if…else if…else 语句时，首先判断 if 后面的逻辑表达式“income >0 && income <=500”的值是否为 true，“&&”表示逻辑与，表示条件表达式“income >0”和条件表达式“income <=500”都为 true 时逻辑表达式值为 true，此时表示 income 值在 500≥income>0 范围内，则按照公式“income * 0.05”计算个人所得税；若逻辑表达式值为 false，则继续判断下一个 else if 后面逻辑表达式“income>500 && income <= 2000”的值，若为 true，则表示 income 值在 2000≥income>500 范围内，则按照公式“income * 0.1-25”计算个人所得税；若逻辑表达式值为 false，再继续判断下一个 else if 后面逻辑表达式，以此类推，当所有逻辑表达式都为 false，执行 else 后面的语句。

（4）单击“清除”按钮，执行该按钮的 Click 事件处理程序。执行语句 txtPay.Text = "";表示将文本框 txtPay 清空，执行语句 txtPay.Focus();表示该文本框 txtPay 得到光标。

相关知识

3.1.3　if 语句的嵌套

选择结构的嵌套是一种常用的结构，它将多种选择结构嵌套成一个整体，常用格式如下：

```
if(表达式 1)
{
    ……
    if(表达式 2)
    {语句块 1}
    else
    {语句块 2}
}
else
{
    语句块 3
}
```

执行过程说明如下：

首先判断最外层 if 选择语句中表达式 1 的逻辑值，若为 true，执行该 if 与 else 中间的语句块，该语句块中还包含另一个 if 选择语句，因此继续判断内层选择语句中表达式 2 的逻辑值，若为 true，则执行语句块 1，若为 false，执行 else 后面的语句块 2；若表达式 1 的逻辑值为 false，则执行语句块 3。if 语句的嵌套还有其他几种形式：

```
if(表达式 1)
{
    语句块 1
}
else
{
    if(表达式 2)
    {语句块 2}
    else
    {语句块 3}
}
```

或：

```
if(表达式 1)
{
    if(表达式 2)
    {语句块 1}
    else
    {语句块 2}
}
```

3.1.4　if…else if…else 语句

if…else if…else 语句实现多分支选择结构，语句格式如下：

```
if(表达式 1)
{
    语句块 1
}
else if(表达式 2)
```

```
{
    语句块 2
}
else if(表达式 3)
{
    语句块 3
}
……
else
{
    语句块 n
}
```

执行过程说明如下：

如果表达式 1 的逻辑值为 true，则执行语句块 1，然后结束 if 语句；如果表达式 1 的逻辑值为 false，则判断表达式 2 的逻辑值，若为 true，则执行语句块 2，然后结束 if 语句；如果表达式 2 的逻辑值为 false，则继续判断其他表达式的逻辑值；如果所有表达式的逻辑值为 false，则执行语句块 n，然后结束 if 语句。if…else if…else 语句流程图如图 3-9 所示。

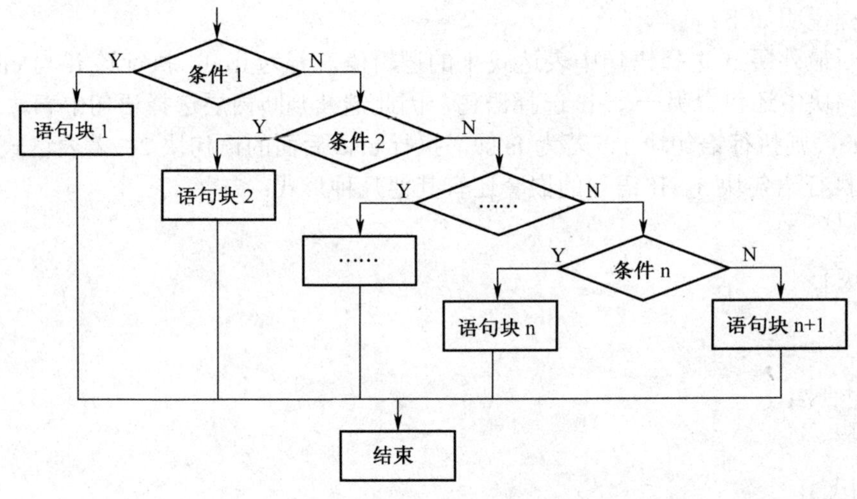

图 3-9　多分支选择结构流程图

任务四　简易计算器

问题描述

设计一个简易计算器，实现两个数的简易计算。要求在相应文本框输入两个操作数，再根据用户选择的运算符分别实现这两个操作数的加、减、乘、除运算，并在指定的文本框显示计算结果。

任务解决方案

（1）创建名为 Calculator 的 Windows 应用程序项目。

（2）添加控件并设置属性。选择新建窗体，按照图 3-10 所示界面进行布局设计，从“工具箱”中的“Windows 窗体”选项卡中选择控件，用鼠标将控件拖放到新建窗体的适当位置，并根据表 3.4 设置控件属性。

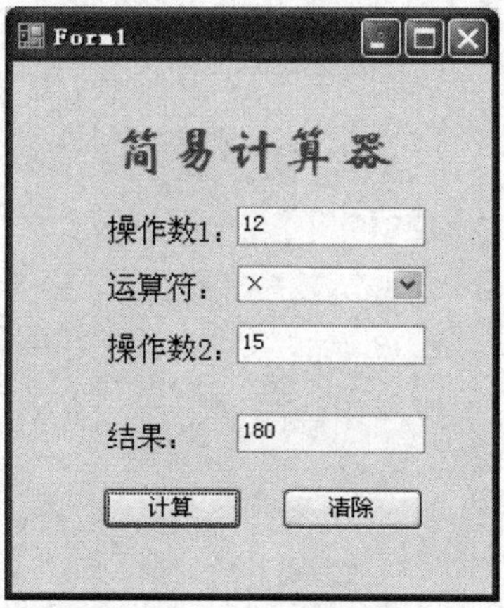

图 3-10　简易计算器

表 3.4　属性表

控件	属性	设置	控件	属性	设置
Label1	Name	lblTitle	TextBox1	Name	txtOp1
	Text	简易计算器	TextBox2	Name	txtOp2
	BackColor	255,255,192	TextBox3	Name	txtResult
	Font	华文新魏、粗体、二号		ReadOnly	true
	ForeColor	ForestGreen	ComboBox	Name	combOperation
Label2	Name	lblOp1		DropDownStyle	DropDownList
	Text	操作数 1:		Items	+、−、×、÷
Label3	Name	lblOperation			
	Text	运算符:	Button1	Name	btnCalculate
Label4	Name	lblOp2		Text	计算
	Text	操作数 2:	Button2	Name	btnClear
Label5	Name	lblResult		Text	清除
	Text	结果:			

（3）编写程序代码。

①双击“计算”按钮，打开代码编辑器，输入下列程序代码：

```
private void btnCalculate_Click(object sender, EventArgs e)
{
    double op1 = 0.0;
    double op2 = 0.0;
    double result = 0.0;
    string op;
    op1 = double.Parse(txtOp1.Text);
    op2 = double.Parse(txtOp2.Text);
```

```
        op = combOperation.SelectedItem.ToString();
        switch (op)
        {
            case "+":
                result = op1 + op2;
                break;
            case "－":
                result = op1 - op2;
                break;
            case "×":
                result = op1 * op2;
                break;
            default :
                result = op1 / op2;
                break;
        }
        txtResult.Text = result.ToString();
    }
```

②双击“清除”按钮，输入下列程序代码：

```
private void btnClear_Click(object sender, EventArgs e)
{
    txtOp1.Text = "";
    txtOp2.Text = "";
    combOperation.Text = "";
    txtResult.Text = "";
}
```

（4）测试程序。按 F5 键运行程序，显示 Windows 应用程序窗口，输入操作数 1 和操作数 2，选择相应的运算符，单击“计算”按钮，显示运算结果，如图 3-10 所示。

分析描述

（1）单击“计算”按钮，执行按钮的 Click 事件处理程序。首先将文本框 txtOp1 和文本框 txtOp2 中输入的数据通过 double.Parse 转换成双精度数据后赋值给双精度类型变量 op1 和 op2，将组合框中选择的运算符赋值给字符串类型变量 op。

（2）执行 switch 语句，将 switch 后括号中 op 的值依次与 case 语句中的常数值进行比较，若满足两值相等的条件，则执行该 case 后相应的语句块，然后执行跳转语句 break，结束 switch 语句；若两值不相等，则继续寻找下一个满足相等条件的 case 语句，当所有 case 语句都不满足条件时，执行 default 语句后的语句块。

因此执行 switch 语句时首先将 op 中的值与“+”比较，若 op 中存放的是“+”，则执行加法操作，然后执行跳转语句结束 switch 语句。

```
result = op1 + op2;
break;
```

若op中存放的不是“+”，则继续用op中的值与“－”比较，若op中存放的是“－”，则执行减法操作，然后执行跳转语句结束switch语句。

```
result = op1 - op2;
break;
```

若op中存放的不是“－”，则继续用op中的值与“×”比较，若op中存放的是“×”，则执行乘法操作，然后执行跳转语句结束switch语句。

```
result = op1 * op2;
break;
```

若op中存放的不是“×”，而是“÷”，则执行default语句后的除法操作，然后执行跳转语句结束switch语句。

```
result = op1 / op2;
break;
```

（3）使用switch语句进行多项选择判断时，将switch后的表达式值计算出来，其值应该是下列几种类型的数据：char、字符串型或整型，当其值与case语句中的值相匹配时，执行case语句中的语句块，而且语句块中都要有跳转语句break；default语句是在所有case指定条件都不为true的情况下执行的操作。

相关知识

3.1.5　switch 语句

switch 语句实现多分支选择结构，语句格式如下：

```
switch(表达式)
{
  case 常数表达式 1:
     {语句块 1}
      跳转语句
  case 常数表达式 2:
     {语句块 2}
      跳转语句
  ……
  defalut:
      {语句块 n+1}
      跳转语句
}
```

执行过程说明如下：

如果 switch 语句中表达式的值与常数表达式 1 的值相等，执行语句块 1，再执行跳转语句；若不相等，再判断表达式的值与常数表达式 2 的值是否相等，若相等，执行语句块 2，若不相等继续判断与下一个常数表达式是否相等，当与所有常数表达式都不相等时，则执行语句块 n+1。

3.1.6　条件运算符

?: 运算符为条件运算符，用于条件表达式中，根据布尔型表达式的值返回两个值中的一个，其为三元运算符，采用的是右结合的形式。

条件表达式形式如下：

表达式 1 ？　表达式 2：表达式 3

执行过程说明如下：

首先计算表达式 1，如果表达式 1 的值为 true，则计算表达式 2，并将表达式 2 的值作为条件表达式的值；如果表达式 1 的值为 false，则计算表达式 3，并将表达式 3 的值作为条件表达式的值。

例如：

```
employ=workyears>1 ? "可应聘" : "不可应聘";
```

该语句表示当 workyears 中存放的值大于 1，条件表达式的值为“可应聘”，并将该字符串赋值给 employ 变量，否则将“不可应聘”字符串赋值给 employ 变量。

3.1.7 关系运算符

关系运算符是二元操作符，通过关系运算符把操作数连接起来，构成关系表达式，关系表达式的运算结果是布尔值。关系运算符见表 3.5。

表 3.5 关系运算符

关系运算符	功能	关系运算符	功能
==	等于	>=	大于或等于
!=	不等于	<	小于
>	大于	<=	小于或等于

例如：

```
int a,b;
a=5;
b=10
c=a>b;          //结果为 false
```

3.1.8 逻辑运算符

C#提供了几种逻辑运算符，通过逻辑运算符把操作对象连接起来的式子称为逻辑表达式，逻辑表达式的结果为布尔值。逻辑运算符见表 3.6。

表 3.6 逻辑运算符

运算符	功能	作用
&&	逻辑与	x && y，如果 x 和 y 的值均为 true，则 x && y 值为 true，否则为 false
||	逻辑或	x ||y，如果 x 或 y 的值为 false，则 x || y 值为 false，否则为 true
&	位与	x & y，如果 x 和 y 的值均为 true，则 x & y 值为 true，否则为 false。 如果 x 和 y 是整数，x & y 还可以执行位与
|	位或	x | y，如果 x 或 y 的值为 false，则 x | y 值为 false，否则为 true。 如果 x 和 y 是整数，x | y 还可以执行位或
!	逻辑非	!x，如果 x 的值为 true，则!x 的值为 false；如果 x 的值为 false，则!x 的值为 true
^	逻辑异或	x^y，如果 x 的值为 true 而 y 的值为 false，或者 x 的值为 false 而 y 的值为 true，则 x^y 的值为 true，否则为 false。 如果 x 和 y 是整数，x^y 还可以执行位异或

3.2 迭代语句

C#提供的迭代语句有 while 语句、do while 语句、for 语句、foreach 语句，这些语句可以实现重复循环执行程序代码，下面分别介绍前三种语句的使用方法，foreach 语句的使用方法在数组章节中介绍。

任务五　计算某人一年公积金账户余额

问题描述

编写 Windows 窗体应用程序，根据输入的某人工资、公积金交存比例和住房贷款月还款金额，计算出他一年公积金账户余额。

任务解决方案

（1）创建名为 Fund 的 Windows 应用程序项目。

（2）添加控件并设置属性。选择新建窗体，按照图 3-11 所示的界面进行布局，向新建的窗体添加控件，并根据表 3.7 设置控件属性。

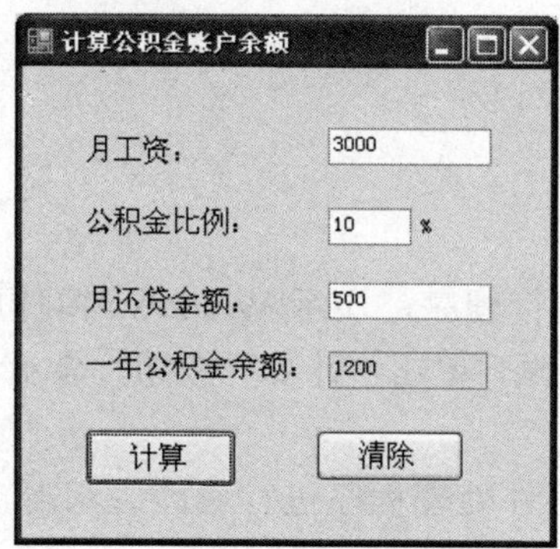

图 3-11　计算公积金账户余额窗体

表 3.7　属性表

控件	属性	设置	控件	属性	设置
Form1	Name	frmBalance	TextBox1	Name	txtPay
	Text	计算公积金账户余额	TextBox2	Name	txtScale
Label1	Name	lblPay	TextBox3	Name	txtLoan
	Text	月工资：	TextBox4	Name	txtSum
Label2	Name	lblScale		ReadOnly	true
	Text	公积金比例：	Button1	Name	btnCal
Label3	Name	lblLoan		Text	计算
	Text	月还贷金额：	Button2	Name	btnClear
Label4	Name	lblSum		Text	清除
	Text	一年公积金余额：			

（3）编写程序代码。

①双击“计算”按钮，打开代码编辑器，输入下列代码：

```
private void btnCal_Click(object sender, EventArgs e)
{
```

```
        double sum,pay,scale,loan;
        pay=double.Parse (txtPay.Text );                    //将工资存入变量
        scale =double.Parse (txtScale.Text );               //将公积金交存比例存入变量
        loan = double.Parse(txtLoan.Text );                 //将每月公积金还贷金额存入变量
        sum = 0;
        int i = 1;
        while (i <=12)                                      //循环 12 次表示 12 个月
        {
        sum +=2*pay*scale/100-loan;                         //计算每月公积金余额并累加
        i=i +1;
        }
        txtSum.Text = sum.ToString();                       //输出一年公积金余额
    }
```

②双击“清除”按钮，输入下列代码：

```
    private void btnClear_Click(object sender, EventArgs e)
    {
        txtPay.Text = "";
        txtScale.Text = "";
        txtLoan.Text = "";
        txtSum.Text = "";
    }
```

（4）测试程序。按 F5 键运行程序，显示 Windows 窗体应用程序窗口。输入月工资数、公积金交存比例和每月的还贷金额，单击“计算”按钮，显示一年公积金账户余额，如图 3-11 所示。

（5）对“计算”按钮单击事件处理程序进行修改。双击“计算”按钮，打开代码编辑器，将程序代码修改为下列代码：

```
    private void btnCal_Click(object sender, EventArgs e)
    {
        double sum,pay,scale,loan;
        pay=double.Parse (txtPay.Text );                    //将工资存入变量
        scale = double.Parse(txtScale.Text);                //将公积金交存比例存入变量
        loan = double.Parse(txtLoan.Text);                  //将每月公积金还贷金额存入变量
        sum = 0;
        int i = 1;
        do
        {
            sum += 2 * pay * scale / 100 - loan;            //计算每月公积金余额并累加
            i = i + 1;
        }
        while (i <= 12);                                    //循环 12 次表示 12 个月
        txtSum.Text = sum.ToString();                       //输出一年公积金余额
    }
```

（6）测试程序。按 F5 键运行程序，按图 3-11 所示输入相应数据。

（7）再次对“计算”按钮单击事件处理程序进行修改。双击“计算”按钮，打开代码编辑器，将程序代码修改为下列代码：

```
    private void btnCal_Click(object sender, EventArgs e)
    {
        double sum,pay,scale,loan;
        pay=double.Parse (txtPay.Text );                    //将工资存入变量
```

```
        scale = double.Parse(txtScale.Text);            //将公积金交存比例存入变量
        loan = double.Parse(txtLoan.Text);              //将每月公积金还贷金额存入变量
        sum = 0;
        for (int i = 1; i <= 12;i ++ )                  //循环 12 次表示 12 个月
        {
            sum += 2 * pay * scale / 100 - loan;        //计算每月公积金余额并累加
        }
        txtSum.Text = sum.ToString();                   //输出一年公积金余额
}
```

（8）再测试程序。按 F5 键运行程序，按图 3-11 所示输入相应数据。

分析描述

（1）在第一段“计算”按钮的单击事件处理程序中，在执行循环语句 while 前要给循环变量 i 赋初值，语句为 int i = 1;，执行循环语句时首先判断关系表达式“i <=12”的值是否为 true，为 true 则执行循环体中语句 sum+=2*pay*scale/100-loan;计算每月公积金余额并进行累加，然后执行语句 i=i +1;使循环变量递增，再转到循环起始语句 while 继续执行，直到关系表达式的值为 false，停止执行循环。循环语句共执行循环体 12 次，表示 12 个月，把每个月的公积金余额计算出来后进行累加，得到一年的公积金余额。

（2）由于在窗体中输入的公积金交存比例是正整数而不是百分比，因此在计算每月公积金时，要将输入的公积金交存比例数除以 100，如：scale/100，将其转换成百分数参加计算；公积金分为两部分，自己交一份，工作单位按同等金额交一份，因此公积金存款为交存的公积金金额的 2 倍，公式为：2*pay*scale/100。

（3）将“计算”按钮单击事件处理程序中的循环语句改为 do…while 后，执行循环时首先执行循环体，再判断关系表达式的值“i <= 12”是否为 true，当为 true 时，再转到循环的起始语句 do 语句继续执行循环体，当关系表达式的值为 false 时，结束循环。

（4）while 循环与 do…while 循环的区别在于前一种循环结构是先判断后执行循环体，后一种循环结构是先执行循环体后判断。一般情况下这两种循环结构没多大区别，只有在一种情况下是有区别的，就是在一开始关系表达式的值为 false 时，前一种结构是一次循环体都不执行，而后一种结构是执行了一次循环体才结束。

（5）再次修改“计算”按钮的单击事件处理程序，将其中的循环语句改为 for 循环结构后，执行循环时首先执行 for 语句中表达式 int i = 1;，再判断关系表达式 i <= 12;的值，为 true，则执行循环体，执行完循环体，再执行 for 语句中的 i++，再次判断关系表达式 i<=12;的值是否为 true，当为 true 时，继续执行循环体，为 false 时，结束循环。

相关知识

3.2.1　while 语句

while 语句格式如下：

```
while (表达式)
{
   循环体
}
```

执行过程说明如下：

如果 while 语句中表达式的值为 true，则执行循环体中的程序代码，执行完循环体，控制将转到 while 语句的开头，再次执行 while 语句；如果 while 语句中表达式的值为 false，则结束 while 语句的执行。while 语句的流程图如图 3-12 所示。

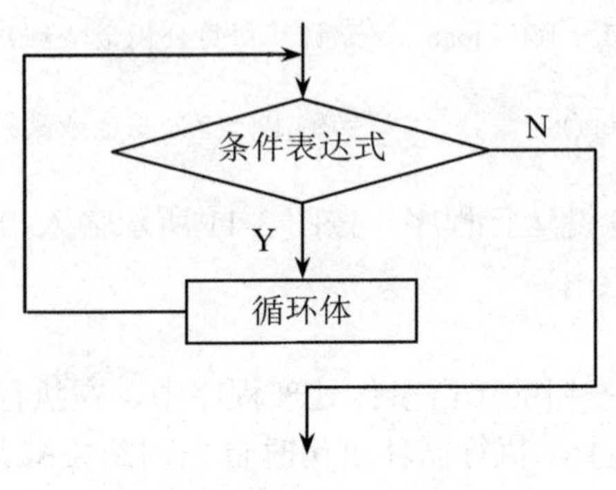

图 3-12　while 循环结构

任务六　设计一个计算阶乘和 e 的指数幂的计算器

问题描述

使用 Windows 窗体应用程序设计一个计算器，要求通过按钮输入数据，单击“n!”按钮计算出阶乘值，单击“e^”按钮则计算出 e 的指数幂，如图 3-13 所示。

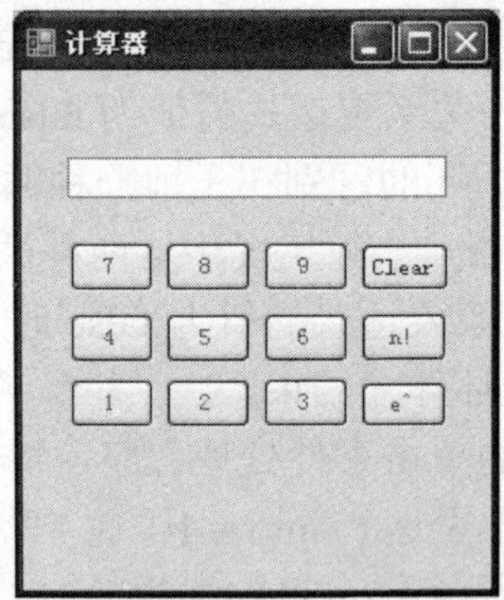

图 3-13　计算阶乘和 e 的指数幂的计算器

任务解决方案

（1）创建名为 Eindex 的 Windows 应用程序项目。

（2）添加控件并设置属性。选择新建窗体，按照图 3-13 所示的界面进行布局，向新建的窗体添加 TextBox 和 Button 控件，并根据表 3.8 设置控件属性。

（3）编写程序代码。

① 双击“1”按钮，打开代码编辑器，在其 Click 事件处理程序中输入下列代码：

```
private void btn1_Click(object sender, EventArgs e)
{
```

```
    this.txtResult.Text += this.btn1.Text;
}
```

表 3.8　属性表

控件	属性	设置	控件	属性	设置
Form1	Name	frmCounter	Button6	Name	btn6
	Text	计算器		Text	6
TextBox1	Name	txtResult	Button7	Name	btn7
	TextAlign	Right		Text	7
Button1	Name	btn1	Button8	Name	btn8
	Text	1		Text	8
Button2	Name	btn2	Button9	Name	Btn9
	Text	2		Text	9
Button3	Name	btn3	Button10	Name	btnN
	Text	3		Text	n!
Button4	Name	btn4	Button11	Name	btnE
	Text	4		Text	e^
Button5	Name	btn5	Button12	Name	btnClear
	Text	5		Text	Clear

② 分别双击"2"、"3"、"4"、"5"、"6"、"7"、"8"、"9"按钮，打开代码编辑器，在其 Click 事件处理程序中输入和步骤①类似的代码。

例如：在按钮"2"的 Click 事件处理程序 btn2_Click()中输入代码如下：

```
this.txtResult.Text += this.btn2.Text;
```

③ 双击"Clear"按钮，打开代码编辑器，在其 Click 事件处理程序中输入下列代码：

```
private void btnClear_Click(object sender, EventArgs e)
{
    this.txtResult.Text = string.Empty;
    this.txtResult.Focus();
}
```

④ 双击"n!"按钮，打开代码编辑器，在其 Click 事件处理程序中输入下列程序代码：

```
/// <summary>
/// 求阶乘
/// </summary>
private void btnN_Click(object sender, EventArgs e)
{
    int n;
    try
    {
        n = int.Parse(txtResult.Text);
    }
    catch (System.FormatException)   //阶乘输入为小数时的错误异常处理
    {
        this.txtResult.Text = "阶乘必须是整数!";
        return;
```

```
    }
    if (n <= 0)     //输入阶乘为负数时的处理
    {
        //MessageBox.Show("阶乘不能为负数！");
        this.txtResult.Text = "阶乘不能为负数!";
    }
    else
    {
        int m = 1;
        try
        {
            checked
            {
                for (int t = 1; t <= n; t++)
                {
                    m = m * t;
                }
            }
        }
        catch (System.OverflowException)     //结果超出范围时的处理
        {
            MessageBox.Show("计算结果超出范围!", "计算错误", MessageBoxButtons.OK,
            MessageBoxIcon.Warning);
            return;
        }
        this.txtResult.Text = m.ToString();
    }
}
```

⑤ 双击“e^”按钮，打开代码编辑器，在其 Click 事件处理程序中输入下列程序代码：

```
/// <summary>
/// 求 e 的指数幂
/// </summary>
const double E = 2.72;   //定义常量 E
private void btnE_Click(object sender, EventArgs e)
{
    string param1 = this.txtResult.Text;
    int n;
    int t = 1;
    double m = E;
    try
    {
        n =int.Parse(param1);
    }
    catch (System.FormatException) //指数输入为小数时的错误异常处理
    {
        this.txtResult.Text = "指数必须是整数!";
        return;
    }
    if (n < 0)    //指数为负数时的处理
    {
        try
```

```
        {
            checked
            {
                for (; t < -n; t++)
                {
                    m = m * E;
                }
            }
        }
        catch (System.OverflowException)     //结果超出范围时的处理
        {
            MessageBox.Show("计算结果超出范围!", "计算错误", MessageBoxButtons.OK,
            MessageBoxIcon.Warning);
            return;
        }
        m = 1.0 / m;
        this.txtResult.Text = m.ToString();
    }
    else if (n > 0)
    {
        try
        {
            checked
            {
                for (; t < n; t++)
                {
                    m = m * E;
                }
            }
        }
        catch (System.OverflowException)
        {
            MessageBox.Show("计算结果超出范围!", "计算错误", MessageBoxButtons.OK,
            MessageBoxIcon.Warning);
            return;
        }
        this.txtResult.Text = m.ToString();
    }
    else
    {
        this.txtResult.Text = "1";
    }
}
```

（4）测试程序。按 F5 键运行程序，通过按钮输入整数数据，按“n!”按钮或“e^”按钮观察结果。

分析描述

（1）通过语句 this.txtResult.Text += this.btn1.Text;可以把用按钮输入的数字串连接起来，实现输入。

（2）语句 this.txtResult.Text = string.Empty;是将文本框清空，相当于 this.txtResult.Text = "";。

（3）在循环语句中 for 后面的表达式可以省略，但分隔符不能省略，如：

```
for (; t < n; t++)
```

上述语句中省略了表达式 int t = 1，这句在循环语句开始前已执行。

（4）由于阶乘和指数都不能为小数，因此将 n 定义为 int 型，如果输入的数据不为 int 类型，将这种可能发生异常情况的程序放到 try 语句中，当出现异常时，由 catch 语句根据格式异常情况作出相应的处理，在文本框中显示提示信息；如果没有异常情况出现，则执行 try…catch 语句后面的代码。如下列程序段：

```
try
{
    n =int.Parse(param1);
}
catch (System.FormatException) //指数输入为小数时的错误异常处理
{
    this.txtResult.Text = "指数必须是整数!";
    return;
}
```

同样的，如果在进行算术运算时可能有溢出情况发生，可以使用 checked 语句进行检查，并将检查可能出现的溢出情况放在 try 语句中，一旦有溢出引发异常时由 catch 语句作出处理，如下列程序段：

```
try
{
    checked
    {
        for (int t = 1; t <= n; t++)
        {
            m = m * t;
        }
    }
}
catch (System.OverflowException)     //结果超出范围时的处理
{
    MessageBox.Show("计算结果超出范围!", "计算错误", MessageBoxButtons.OK,
    MessageBoxIcon.Warning);
    return;
}
```

相关知识

3.2.2 do while 语句

do while 语句格式如下：

```
do
{
    循环体
}
while (表达式)
```

执行过程说明如下：

首先执行循环体中的程序代码，执行完循环体，判断 while 语句中表达式的值，若为 true，则控制将转到 do 语句的开头，再次执行循环体；如果 while 语句中表达式的值为 false，则结束 do while 语句的执行。do while 语句的流程图如图 3-14 所示。

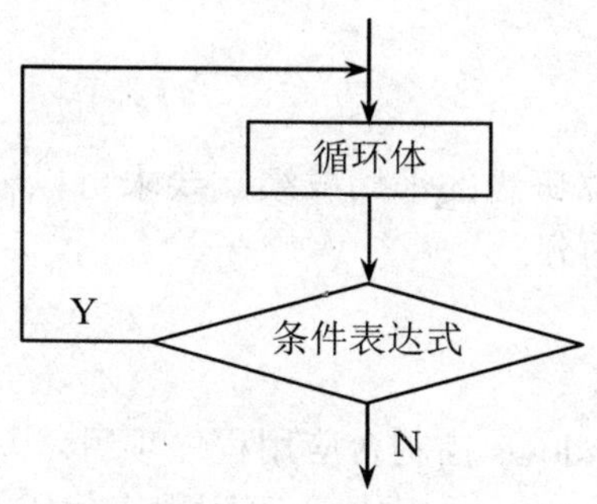

图 3-14　do while 循环结构

3.2.3　for 语句

for 语句格式如下：

```
for (表达式 1；表达式 2；表达式 3)
{
    循环体
}
```

执行过程说明如下：

首先计算表达式 1 的值，接着判断表达式 2 的逻辑值，若为 true，则执行循环体，然后计算表达式 3 的值，再次判断表达式 2 的逻辑值，若逻辑值为 true，则继续执行循环体，若逻辑值为 false，则结束循环语句。for 语句的流程图如图 3-15 所示。

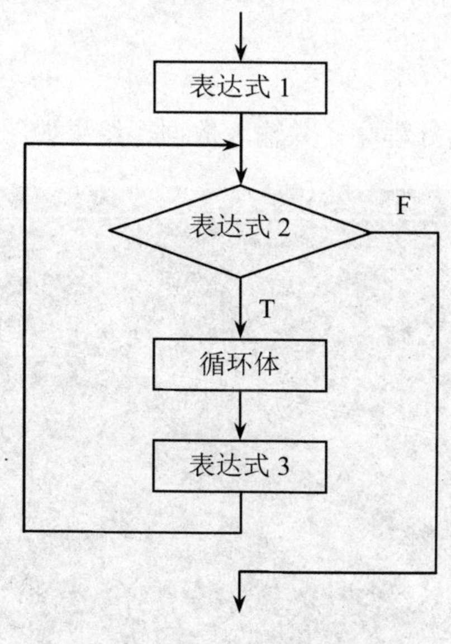

图 3-15　for 循环结构

任务七　使用控制台应用程序计算班级的平均成绩

问题描述

使用控制台应用程序，计算班级的平均成绩。要求可以输入三个班每个班四名学生的学生分数，再计算每个班级的平均分。

任务解决方案

（1）创建名为 Aver 的 Windows 控制台应用程序项目。

（2）编写程序代码。在 Program.cs 中输入下列程序代码：

```
static void Main(string[] args)
{
    int i, j;           //循环变量
    double sum = 0;     //存放总分
    int average;        //存放平均分
    int score;          //存放学生的分数
    for (i = 0; i < 3; i++)   //外层循环控制班级数
    {
        sum = 0;     //总分清零
        Console.WriteLine("\n 请输入第{0}个班的成绩",i+1);
        for (j = 0; j < 4; j++)     //内层循环控制学生数
        {
            Console.Write("第{0}个学生的成绩：",j+1);
            score= int.Parse(Console.ReadLine());   //输入学生成绩
            sum = sum + score;       //累加学生成绩，计算班级总分
        }
        average =(int )Math.Round(sum / 4);         //计算班级平均分
        Console.WriteLine("第{0}个班的平均分为：{1}分",i+1,average);
    }
    Console.ReadLine();
}
```

（3）测试程序。按 F5 键运行程序，并输入数据，结果如图 3-16 所示。

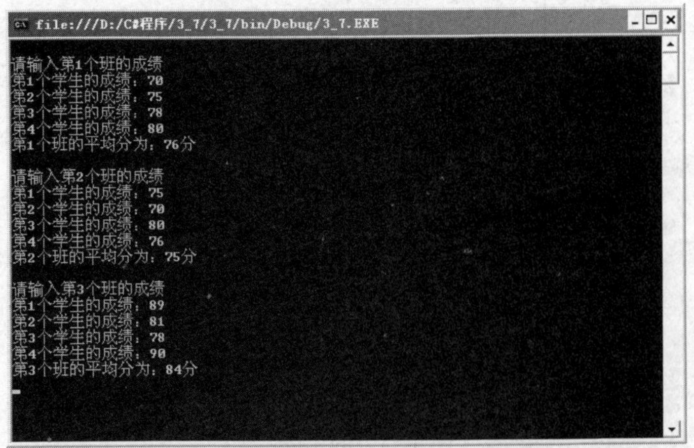

图 3-16　应用控制台输入和输出数据

分析描述

（1）循环嵌套只能一层循环套一层循环，不能交叉。本任务中内循环是用来控制输入某班每个学生的成绩，并通过累加计算该班的总成绩；外循环是用来控制不同的班级，计算班级的平均分数并输出。

（2）将 sum 定义成 double 的目的是用方法 Math.Round(sum/4)计算出来的平均分可以包含小数，再对小数部分四舍五入。

相关知识

3.2.4　循环嵌套

一个循环体内可以包含另一个完整的循环，这种结构为循环嵌套。

while 循环嵌套格式如下：

```
while (表达式 1)
{
    while (表达式 2)
    {
        循环体
    }
}
```

执行过程说明如下：

如果 while 语句中表达式 1 的值为 true，则执行外循环的循环体，接着再判断内循环 while 语句表达式 2 的值，若为 true，则执行内循环的循环体，执行完一遍内循环体，将再次判断内循环表达式 2 的值，如果表达式的值仍然为 true，则再次执行内循环体，直到表达式 2 的值为 false，则结束内循环；控制将转到外循环的 while 语句开头，再次判断外循环表达式 1 的值，若为 true，则再判断内循环 while 语句表达式 2 的值，决定是否执行内循环的循环体，其过程和上面的步骤完全一致，直到外循环表达式 1 的值为 false，结束外循环语句。

对于两层循环嵌套称为双层嵌套，三层以上的循环嵌套，则称为多层嵌套。循环嵌套还包括 for 循环嵌套，do while 循环嵌套，for 循环再套一层 while 循环等。

3.2.5　Math 类

System.Math 类可以用来完成一些常用的数学运算，它提供了一些实现常用数学函数的方法，调用方法时直接用类名.方法名。表 3.9 给出了 Math 类的常用成员。

表 3.9　Math 类的常用成员

方法	描述
Abs()	返回指定数的绝对值
Asin()，ACos()，Atan()	返回反三角函数值
Ceilling()，Floor()	取整函数
Exp()	返回 e 为底的指数幂
Lon()，Lon10()	返回自然对数值，返回以 10 为底的对数值

续表

方法	描述
Max()，Min()	返回两个数中的最大值，两个数中的最小值
Pow()	返回指定数的乘方
Round()	四舍五入
Rint()	返回最近的整数值
Sin()，Cos()，Tan()	返回三角函数值
Sign()	返回指定数的符号
Sqrt()	返回指定数的平方根

例如：

```
int x,y,z,a;
Double b,c;
y=0.025;
x=5;
a=(1+y)math.Pow(x);
b=math.Sqrt(x);
c=math.Exp(x);
console.writeline(a.tostring());
console.writeline(b.tostring());
console.writeline(c.tostring());
```

3.3 跳转语句

C#主要提供了四种不同的跳转语句，分别是 break 语句、goto 语句、return 语句、continue 语句，下面分别介绍这几种语句。

3.3.1 Break 语句

Break 语句可以终止一条多选择语句或迭代语句，使控制流程转到该语句的下一条语句执行。若在多选择 switch 语句中执行 break 语句，则退出 switch 语句，执行该语句的下一句，见任务四中“计算”按钮的事件处理程序；若在循环语句中执行 break 语句，则退出该层循环，执行该循环语句的下一句。

例如：

```
static void Main(string[] args)
{
    int a;
    int s = 1;
    for (int i = 1; i<= 3;i ++ )
    {
        Console.WriteLine("请输入一个正整数：");
        a=int.Parse (Console.ReadLine());
        int j = 1;
        s = 1;
        while (j <= a)
        {
```

```
                s = s * j;
                if (s > 100)
                {
                    break ;
                }
                j += 1;
            }
            Console.WriteLine(s );
        }
    }
```

按 Ctrl+F5 组合键，程序运行后分别输入 4、5、6，观察结果。当 s 值大于 100 时，执行 break 语句，跳转到控制台输出语句 Console.WriteLine(s); 执行。结果如图 3-17 所示。

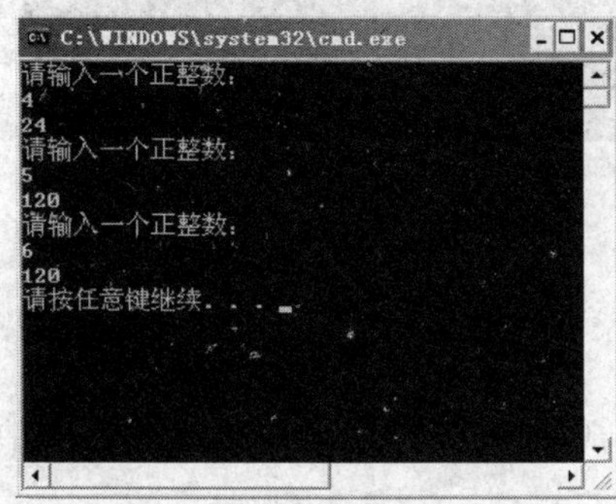

图 3-17　用控制台输出结果

3.3.2　goto 语句

goto 语句可以实现无条件跳转，跳转到标签所指定的代码行执行。该语句可以方便地从某一个地方转到另一个语句去执行，该语句要谨慎使用。

例如：将上面一段程序进行修改，把 break 语句改为 goto 语句。

```
static void Main(string[] args)
{
    int a;
    int s = 1;
    for (int i = 1; i<= 3;i ++ )
    {
        Console.WriteLine("请输入一个正整数：");
        a=int.Parse (Console.ReadLine());
        int j = 1;
        s = 1;
        while (j <= a)
        {
            s = s * j;
            if (s > 100)
            {
                goto end ;
            }
            j += 1;
        }
        Console.WriteLine (s);
```

```
    }
    end: Console.WriteLine ("s 值大于 100 结束" );
}
```

按 Ctrl+F5 组合键，程序运行后分别输入 4、5，观察结果。当 s 值大于 100 时，执行 goto 语句，跳转到标签为 end 的控制台输出语句 Console.WriteLine ("s 值大于 100 结束");。结果如图 3-18 所示。

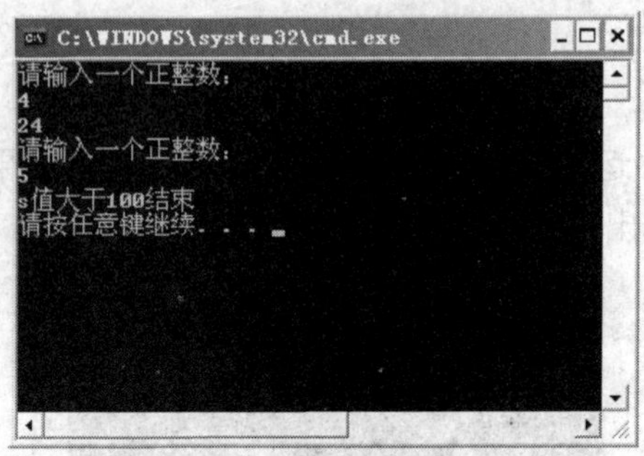

图 3-18　用控制台输出结果

3.3.3　continue 语句

continue 语句可以在执行循环体时使程序流程跳过循环体中的剩余语句，继续执行下一轮循环。

例如：

```
static void Main(string[] args)
{
    Console.WriteLine("请输入一个正整数：");
    int a = int.Parse(Console.ReadLine());
    int s = 1;
    for (int j = 1;j <= a;j++)
    {
        s = s * j;
        if (j <a)
        {
          continue;
        }
       Console.WriteLine (s);
    }
}
```

按 Ctrl+F5 组合键，程序运行后输入 6，观察结果。当 j 的值小于 a 的值时，执行 continue 语句，跳转到 for 语句执行 j++，而不执行 Console.WriteLine (s); 语句，直到 j 的值等于 a 的值时，才执行该语句，用控制台输出结果。结果如图 3-19 所示。

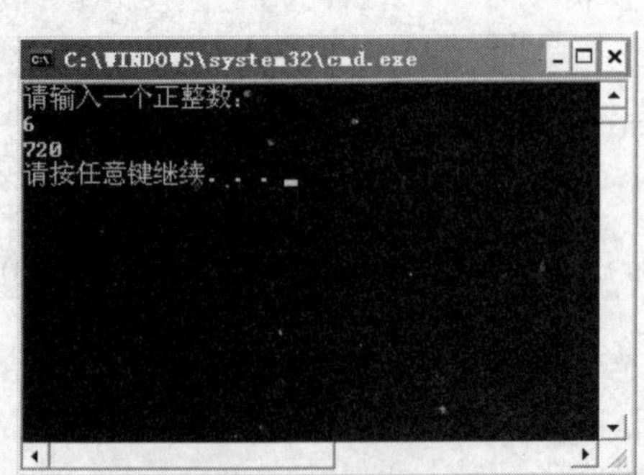

图 3-19　用控制台输出结果

3.3.4　return 语句

return 语句终止方法的执行，并将控制权返回给调用方法。

例如：

```
static void Main(string[] args)
{
    int a;
    int s = 1;
    for (int i = 1; i<= 3;i ++ )
    {
        Console.WriteLine("请输入一个正整数：");
        a=int.Parse (Console.ReadLine());
        int j = 1;
        s = 1;
        while (j <= a)
        {
            s = s * j;
            if (s > 100)
            {
                return;
            }
            j += 1;
        }
        Console.WriteLine (s);
    }
}
```

按 Ctrl+F5 组合键，程序运行后分别输入 4、5，观察结果。当输入 5 时，s 值大于 100，执行 return 语句，退出 Main 方法，将不执行控制台输出语句。结果如图 3-20 所示。

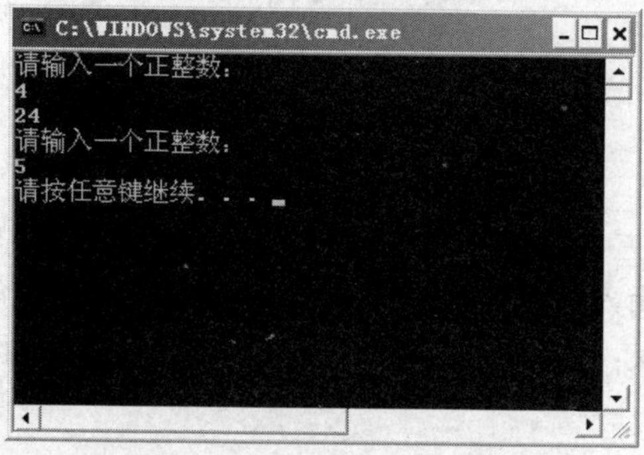

图 3-20　用控制台输出结果

习题三

一、选择题

1．已知 x、y、z 的值分别是 5、10、15，执行下列程序段后，判断 a 中存放的值是多少？（　）

```
if (x+y<z)
a=5;
else if(y<x)
a=y;
else if(z<y)
```

```
a=z;
else
a=x+y+z;
```

A．5　　B．10　　C．15　　D．30

2．下列运算符中具有三元运算符的是（　）。

A．!=　　B．&&　　C．||　　D．?:

3．循环语句在程序设计中常用的结构是（　）。

A．for 结构、while 结构、if 结构、do…while 结构

B．for 结构、while 结构、switch…case 结构、do…while 结构

C．for 结构、while 结构、do…while 结构、foreach 结构

D．for 结构、while 结构、if 结构、switch…case 结构

4．在循环语句中执行下列哪一语句可以退出当前循环并执行该循环语句的下一语句？（　）

A．continue　　B．break　　C．goto　　D．return

5．try…catch语句中，下列哪种情形是正确的？（　）

A．可能出现异常情况的语句放在 try 中，出现异常情况后的处理程序放在 catch 中

B．可能出现异常情况的语句放在 catch 中，出现异常情况后的处理程序放在 try 中

C．一个 try 可以对多条 catch

D．一个 catch 可以对多条 try

6．下列Math类中的哪个方法可以对x变量中的小数部分四舍五入后取整？（　）

A．Math. Ceilling(x)　　B．Math. Floor(x)

C．Math. Round(x)　　D．Math. Rint(x)

二、应用题

1．输入任意三角形的三条边，计算三角形面积。

要求编写一个程序，输入三角形的三条边，判断能否构成三角形，若不能构成三角形，弹出消息框，要求重新输入；若能构成三角形，则计算三角形的面积并显示输出。界面如图 3-21 和图 3-22 所示。

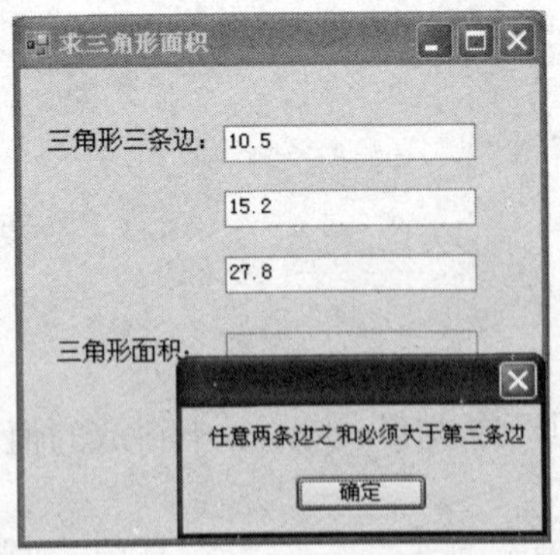

图 3-21　两边之和小于第三条边时弹出消息框

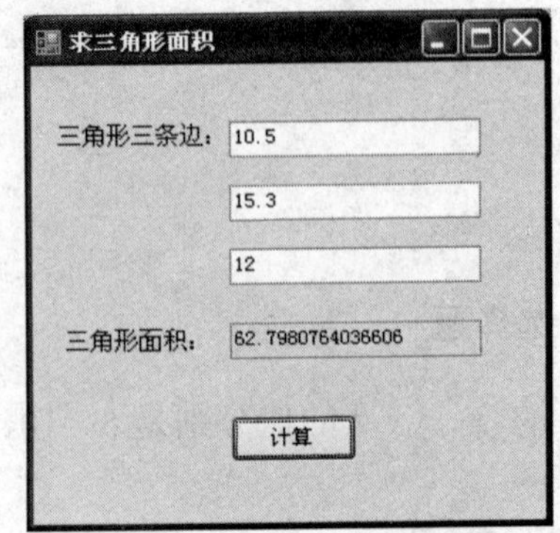

图 3-22　计算三角形面积

三角形面积公式：

$$面积=\sqrt[2]{(P*(P-A)*(P-B)*(P-C))}$$

其中 P = (A + B + C) / 2。

2．输入一个班级学生考试分数，根据考试分数判断等级，若分数≥90，等级为“优”；若 90>分数≥80，等级为“良”；若 80>分数≥70，等级为“中”；若 70>分数≥60，等级为“及格”；分数<60，等级为“不及格”；并统计各等级的人数。

3．购买家用电器，一次购买金额在 10000 元以上，优惠 800 元；购买金额在 8000 元以上，优惠 600 元；购买金额在 5000 元以上，优惠 300 元；若有金卡，还可以在购买总额上优惠 1%；若有银卡，还可以在购买总额上优惠 0.5%；计算实际优惠金额和实付金额。界面如图 3-23 所示。

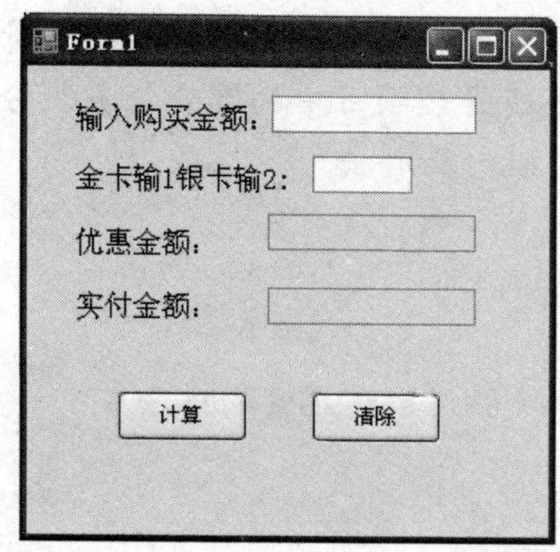

图 3-23　计算优惠金额和实付金额界面

4．设计一个计算器，能够进行加、减、乘、除、求阶乘等运算，界面如图 3-24 所示。

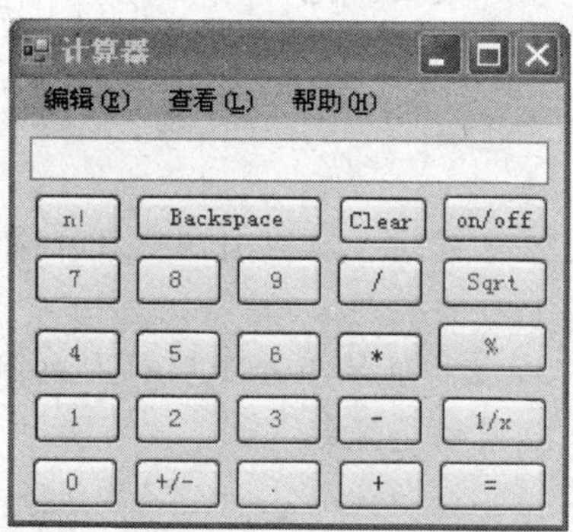

图 3-24　计算器

第4章　数组

数组是一种数据结构，它包含若干个相同类型的变量，数组元素可以是任何类型。本章将通过一个学生成绩管理项目中的部分任务，分别介绍一维数组、多维数组、静态数组和动态数组的概念及用法。

本章要点

- 数组的声明、创建及引用数组元素的方法
- 数组的属性
- 数组的初始化
- foreach 语句
- 字符串的处理
- 多维数组的声明、创建及初始化

- 能声明数组、创建对象数组、正确引用数组元素
- 能初始化一维数组
- 能声明、创建、初始化多维数组并正确引用数组元素
- 能创建、初始化及应用动态数组

4.1　一维数组及使用

在程序中灵活使用变量可以提高编程效率和代码的可读性，但如果一个程序中同类数据较多，使用变量进行程序设计将很不方便，甚至难以完成需要的功能。实际上在 C#中要处理多个相同类型的数据，可以使用一种重要的数据结构——数组。在 C#中，数组是从 Array 类中派生出来的引用类型。可以把数组看成是很多个具有相同类型的变量的集合，它们在内存中是连续存放的，这些变量均具有相同的名称，每一个这样的变量称为数组元素，数组下标从零开始索引，最后一个元素的下标为数组长度减 1。所有数组元素必须类型一致，该类型称为数组的元素类型。数组元素可以是任何类型，包括数组类型。

任务一　求学生平均成绩

任务描述

设计一个求学生平均成绩的程序。要求通过控制台输入 10 个学生的 C#课程考试成绩，求出课程平均成绩。

任务解决方案

（1）创建名为 StuScore 的控制台程序。

（2）编写程序代码：

```
using System;
using System.Collections.Generic;
using System.Linq;
using System.Text;
namespace StuScore
{
    class Program
    {
        static void Main(string[] args)
        {
            float sum=0,average;
            float [] C= new float [10];         //定义数组
            Console.WriteLine("请输入课程分数：");
            for (int i = 0; i < C.Length; i++) //输入成绩
            {   C[i] =float.Parse(Console.ReadLine());}
            Console.WriteLine("C#课程成绩为：");
            for (int i = 0; i < C.Length; i++)   //输出成绩
             {   Console.Write("{0}    ", C[i]); }
            for (int i = 0; i < C.Length; i++)   //统计课程总成绩
             { sum=sum+C[i]; }
             average=sum/C.Length;          //求课程平均成绩
             Console.WriteLine();
             Console.WriteLine("C#课程平均成绩为：{0:F1}",average);
             Console.ReadKey();
        }
    }
}
```

（3）测试程序。按 F5 键运行程序，分别输入每个学生的成绩，观察程序运行结果，如图 4-1 所示。

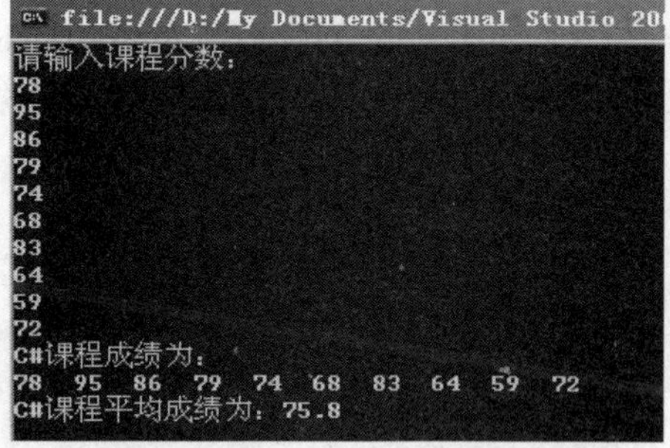

图 4-1　用控制台输入和输出成绩

分析描述

在本程序中，首先定义一个数组，用于存放 10 个学生的 C#课程考试成绩，然后通过一个循环完成数组元素的赋值，即学生成绩的输入，再通过循环对数组元素进行累加，实现成绩的统计，最后求出平均成绩。

相关知识

4.1.1 静态数组

静态数组是在声明时已经确定了数组大小的数组，即数组元素的个数固定不变。

1. 声明数组

一维数组是最基本的数组类型，其声明的语法格式为：

类型[] 数组名;

例如：

```
int [] num;                //声明 int 类型数组
float [] arr1;             //声明 float 类型数组
int [] arr2,arr3;          //声明两个 int 数组引用
```

注意：

（1）int[]是类型（int 数组引用），数组名放在方括号后面。

（2）数组名不可放在方括号前面。

（3）声明一个数组变量不可指定数组长度。

2. 创建数组对象

创建数组就是给数组对象分配内存。当声明一个数组时，实际上并没有创建该数组，必须在使用它之前，创建数组对象，即使用 new 操作符来创建数组实例。创建数组有三种方式：

（1）声明数组，然后创建数组对象。其形式为：

```
类型 []数组名;
数组名=new 类型 [数组长度];
```

例如：

```
int []arr1;            //声明数组引用
arr1=new int[8];       //创建具有 8 个元素的数组
```

（2）声明数组的同时创建数组对象，形式为：

```
类型 []数组名=new 类型[数组长度];
```

例如：

```
int []arr1=new int[8];
```

例如：任务一中的创建数组语句：

```
float [] C= new float [10];
```

（3）使用 new 创建数组对象的同时，初始化数组所有元素，形式为：

```
类型 []数组名=new 类型[] {初始值列表};
```

或

```
类型[] 数组名={初始值列表};
```

例如：

```
int []arr2=new int[]{1,2,3,4,5};
```

或

```
int []arr2={1,2,3,4,5};
```

3. 数组元素的访问

为获取数组元素中的值，必须提供数组名和元素的序号（该元素序号称为数组下标），形式为：

```
数组名[下标]
```

在 C#中，数组元素的序号是从零开始的，即第一个元素的下标为 0，最后的下标是数组长度减 1。通常情况下，数组的下标应该是整数或整数表达式。

用户在程序中可使用 Length 来测试数组长度。使用形式为：

数组名.Length

4. 数组元素赋值

给数组元素赋值，使用形式为：

数组名[下标]=值;

例如：

```
arr[0]=1;
arr[1]=10;
```

再例如，任务一中使用循环输入学生成绩，给数组元素赋值，代码如下：

```
for (int i = 0; i < C.Length; i++) //输入成绩
    C[i] =float.Parse(Console.ReadLine());
```

例 4.1　通过下标访问数组各个元素，并输出。

程序代码如下：

```
using System;
using System.Collections.Generic;
using System.Linq;
using System.Text;
namespace ArrList1
{
  class Program
  {
      static void Main(string[] args)
    {   int [] arr = { 1,2,3,5,6,7,8};
        int index;
        Console.WriteLine("数组元素值为:");
        for (index = 0; index < arr.Length; index++)
            Console.WriteLine("Array[{0}]={1}", index, arr[index]);
        Console.ReadKey();
      }
    }
}
```

程序运行结果如图 4-2 所示。

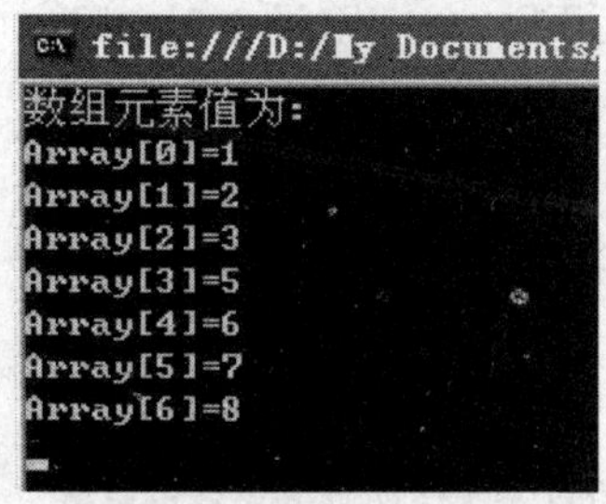

图 4-2　数组元素的访问

例 4.2　要求随机产生 10 个两位数，并按数字从小到大排序。

分析：

首先随机产生 10 个两位数存放在数组中，再用选择法对该一维数组按从小到大顺序排列。排序过程可分为 9 轮，如下所示：

第 1 轮：从第 1～10 个数中找出最小的数与第一个数交换，第一个数为最小值；

第 2 轮：从第 2～10 个数中找出最小的数与第二个数交换，第二个数为次小值；

……

第 i 轮：从第 i～10 个数中找出最小的数与第 i 个数交换；

……

第 9 轮：从第 9～10 个数中找出最小的数与第 9 个数交换，排序结束。

其中从第 i 轮中找出最小值的方法是：拿第 i 个元素依次和后面的元素相比较，找出最小值。

因此，为实现选择法排序，使用两层循环。

程序代码如下：

```
using System;
using System.Collections.Generic;
using System.Linq;
using System.Text;
namespace Plate
{
    class Program
    {
        static void Main(string[] args)
        {
            const int N = 10;              //定义一个常量，用来表示产生随机数的个数
            int[] a = new int[N];          //定义具有 10 个元素的数组 a
            int i, j, min, min_i, t;
            Random randObj = new Random();   //产生随机数
            for (i = 0; i < N; i++)
                a[i] = randObj.Next(10, 99);      //生成随机数并赋值给数组元素
            Console.WriteLine("产生随机数：");
            for (i = 0; i < N; i++)           //输出排序前的数组各元素
                Console.Write("{0} ", a[i]);
            Console.WriteLine();
            for (i = 0; i < N - 1; i++)    //外层循环用来控制轮次
            {
                min = a[i]; min_i = i;    //将第一个元素设为最小值
                for (j = i + 1; j < N; j++)
                    if (min > a[j]) { min = a[j]; min_i = j; }/*最小值与后面的元素比较，若后面的
                    元素值小，则记下它的值和它的下标*/
                if (min_i != i)   //如果最小值不是该轮的第一个元素，则交换
                {
                    t = a[min_i];
                    a[min_i] = a[i];
                    a[i] = t;
                }
                Console.WriteLine("排序后的数字：");
                for (i = 0; i < N; i++)   //输出排序后的数字
                    Console.Write("{0} ", a[i]);
                Console.WriteLine();
```

```
                Console.ReadKey();
            }
        }
    }
```

程序运行结果如图 4-3 所示。

图 4-3　输出排序后的数字

4.1.2　Array 类简介

System.Array 是所有数组的基类，它提供了一些属性和方法，程序员在编程的过程中可以直接使用。System.Array 的部分属性和方法见表 4.1 和表 4.2。

表 4.1　Array 类的公共属性

名称	说明
Length	获得一个 32 位整数，该整数表示 Array 的所有维数中元素的总数
LongLength	获得一个 64 位整数，该整数表示 Array 的所有维数中元素的总数
Rank	获取 Array 的秩（维数）

例如：

```
int [] arr = { 1,2,3,5,6,7,8};
Console.WriteLine("Array 元素个数{0}，秩为{1}", arr.Length,arr.Rank);
Console.ReadKey();
```

结果会输出：

Array 元素个数 7，秩为 1

表 4.2　Array 类的方法

名称	说明
Clear(Array Array,int index,int length)	将 Array 中从 index 开始的 length 个元素设置为零、false 等，具体取决于元素类型
Copy(Array sourceArray,Array destinationArray, int length)	从第一个元素开始复制 sourceArray 中的 length 个元素，将它们粘贴到 destinationArray 中
CopyTo(Array Array,int index)	将当前一维数组的所有元素复制到指定的一维数组 Array 中，位置从 index 开始
GetLongLength	获取一个 64 位整数，该整数表示 Array 的指定维中的元素数
GetLowerBound(int dimension)	获取 Array 的指定维度的下限
GetUpperBound(int dimension)	获取 Array 的指定维度的上限
Sort(Array Array)	对一维 Array 对象中的元素进行排序
GetLength(int dimension)	获取一个 32 位整数，该整数表示 Array 的指定维中的元素数。dimension 指的是维度

续表

名称	说明
IndexOf(Array Array,object count[,int startindex] [,int count]);	从 Array 的 startindex 开始，搜索 count 个元素，返回第一个与 count 匹配的数组索引
Reverse(Array Array[,int index,int length]);	反转一维 Array 或部分 Array 中元素的顺序

例 4.3 Array 类方法的使用。

程序代码如下：

```
using System;
using System.Collections.Generic;
using System.Linq;
using System.Text;
namespace ArrayM
{
    class Program
    {
        static void Main(string[] args)
        {
            int[] arr = { 1, 9, 8, 2, 11 };
            int index;
            Console.WriteLine("长度为{0}", arr.GetLength(0));
            Console.WriteLine("-------------------------------------------");
            Console.WriteLine("数组元素值为:");
            for (index = 0; index < arr.Length; index++)
                Console.Write("Array[{0}]={1}    ", index, arr[index]);
            Console.WriteLine();
            Console.WriteLine("-------------------------------------------");
            Console.WriteLine("值 2 是元素 arr[{0}]的值", Array.IndexOf(arr, 2));
            Console.WriteLine("-------------------------------------------");
            Array.Sort(arr);
            Console.WriteLine("排序数组元素值为:");
            for (index = 0; index < arr.Length; index++)
                Console.Write("Array[{0}]={1}    ", index, arr[index]);
            Console.WriteLine();
            Console.WriteLine("-------------------------------------------");
            Array.Reverse(arr);
            Console.WriteLine("反转数组元素值为:");
            for (index = 0; index < arr.Length; index++)
                Console.Write("Array[{0}]={1}    ", index, arr[index]);
            Console.WriteLine();
            Console.WriteLine("-------------------------------------------");
            Array.Clear(arr, 2, 2);
            Console.WriteLine("数组清空部分元素后:");
            for (index = 0; index < arr.Length; index++)
                Console.Write("Array[{0}]={1}    ", index, arr[index]);
            Console.ReadKey();
        }
    }
}
```

程序运行结果如图 4-4 所示。

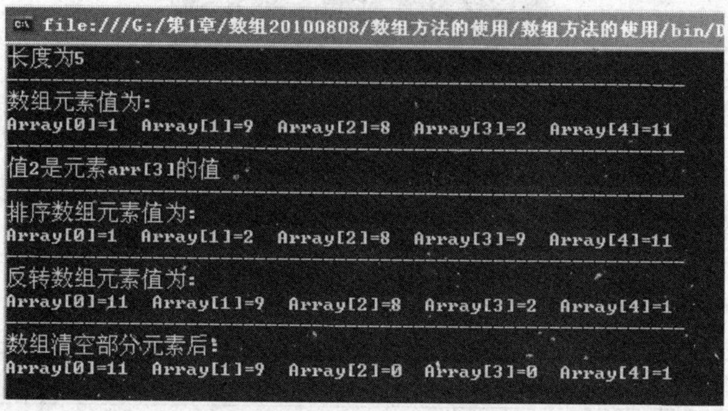

```
file:///G:/第1章/数组20100808/数组方法的使用/数组方法的使用/bin/D
长度为5
数组元素值为:
Array[0]=1  Array[1]=9  Array[2]=8  Array[3]=2  Array[4]=11
值2是元素arr[3]的值
排序数组元素值为:
Array[0]=1  Array[1]=2  Array[2]=8  Array[3]=9  Array[4]=11
反转数组元素值为:
Array[0]=11  Array[1]=9  Array[2]=8  Array[3]=2  Array[4]=1
数组清空部分元素后:
Array[0]=11  Array[1]=9  Array[2]=0  Array[3]=0  Array[4]=1
```

图 4-4　Array 类方法使用后的输出结果

4.1.3　动态数组

前面介绍的数组有一定的局限性，如果数组在创建的时候必须给出数组元素的数量，在数量不确定的情况下，可能会出现数组大小过大或过小，例如一个班的学生可能有 30 个，也有可能为 50 个，这样数组元素的个数是变化的。要解决这个问题，可使用 ArrayList 类。ArrayList 类在行为上像一个数组，在实例化时不需要知道数组的大小，当添加一个新元素时，其容量可以动态增长。

ArrayList 类的所有元素都是 Object 类型，因此访问 ArrayList 中的数据元素时，要执行类型转换。ArrayList 类在 System.Collections 命名空间中，声明时要加上该类所在的命名空间。

1．声明 ArrayList 数组

System.Collections.ArrayList al＝new System.Collections.ArrayList();

2．添加数组元素，使用 Add()方法

al.Add("安徽");

al.Add("合肥");

3．ArrayList 类主要属性

Count 属性：获取 ArrayList 中实际包含的元素个数。

例如：创建、初始化 ArrayList 数组，并输出数组元素的个数。

代码如下：

```
static void Main(string[] args)
{
    /*创建一个新的 ArrayList 对象*/
    System.Collections.ArrayList al=new System.Collections.ArrayList();
    al.Add("安徽");
    al.Add("合肥");
    al.Add("芜湖");
    al.Add("六安");
    Console.WriteLine("al 有{0}元素:", al.Count);
    Console.ReadKey();
}
```

程序运行结果如图 4-5 所示。

图 4-5 输出 ArrayList 数组元素个数

4. ArrayList 类的方法

ArrayList 类的常见方法见表 4.3，可以参考 MSDN 查看其方法的参数和功能。

表 4.3 ArrayList 类的方法

名称	说明	用法	示例
Add	将对象添加到 ArrayList 的结尾处	Add(Object)	al. Add("c#")
Clear	从 ArrayList 中移除所有元素	Clear()	al.Clear()
Insert	将元素插入 ArrayList 的指定索引处	Insert(Int32, Object)	al.Insert(al.Count, "!!!");
Remove	从 ArrayList 中移除特定对象的第一个匹配项	Remove(Object)	al.Remove("lazy");
Sort	对整个 ArrayList 中的元素进行排序	Sort()	al.Sort()

4.1.4 foreach 语句

foreach 语句专用于对数组、集合等数据结构的循环操作，通过它可以列举数组、集合中的每一个元素，并且对这些元素进行需要的操作。foreach 语句的格式和功能如下。

格式：

```
foreach(数据类型符 变量名 in 数组或集合)
循环体;
```

功能：遍历数组或集合中的每一个元素（用“变量名”表示），执行循环体中的语句。

例如：在任务一中使用 for 循环语句输出数组元素。

```
for (int i = 0; i < C.Length; i++)    //输出成绩
Console.Write("{0}    ", C[i]);
```

若使用 foreach 语句，代码如下：

```
foreach ( float i in myList )
Console.WriteLine("{0} ", i );
```

例 4.4 应用foreach语句遍历ArrayList数组。

程序代码如下：

```
using System;
using System.Collections.Generic;
using System.Linq;
using System.Text;
using System.Collections;
namespace UseArrayList
{
    class Program
    {
        static void Main(string[] args)
        {
          //创建一个新的 ArrayList 对象
            System.Collections.ArrayList al = new System.Collections.ArrayList();
```

```
            al.Add("how");
            al.Add("do");
            al.Add("you");
            al.Add("do");
            //显示 ArrayList 的 Count 属性
            al.Insert(al.Count, "Tom");
            Console.Write("al 执行 Insert 后有{0}个元素：", al.Count);
            PrintValues(al);//显示
            al.Remove("do");
            al.Sort();  //对 ArrayList 排序
            Console.Write("al 执行 Sort 后有{0}个元素： ", al.Count);
            PrintValues(al);
            al.Clear();
            Console.WriteLine("al 执行 Clear 后有{0}个元素。", al.Count);
            Console.ReadKey();
            }
    //PrintValues 方法输出 myList 数组元素
      public static void PrintValues( IEnumerable myList )
      {
        foreach ( Object obj in myList )
        Console.WriteLine( "{0} ", obj );
       Console.WriteLine();
        }
    }
}
```

程序运行结果如图 4-6 所示。

```
file:///C:/Documents and Settings/Administrator/My Documen
al执行Insert后有5个元素： how do you do Tom
al执行Sort后有4个元素：  do how Tom you
al执行Clear后有0个元素。
_
```

图 4-6　foreach 语句使用

4.1.5　字符串的处理

1．字符串与 char 数组

字符串可以看作是只读型的 char 数组，因此可以使用下面的语法访问每个字符，但不能为 char 数组的各元素赋值。

例如：

```
string myString ="Astring";
char myChar=myString[1];//正确
myString[1]= "A";//错误
```

2．ToCharArray()方法

使用 ToCharArray()方法，可以获得一个可写的 char 数组。

例如：

```
string myString="Astring";
char[] myChars=myString.ToCharArray();
```

3. Length 属性

Length 属性可以获取字符串中字符的个数。

例如：将用户输入的字符串 myStr 中字符个数输出到控制台。

代码如下：

```
String myStr=Console.ReadLine();
Console.WriteLine("You typed{0} characters.",myStr.Length);
```

4. ToLower()和 ToUpper()方法

ToLower()和 ToUpper()方法分别可以把指定字符串转换为小写和大写形式。程序员在编写程序代码时，为了避免用户输入错误，常常利用它们将用户输入的字符串统一转换为大写或小写形式。例如在系统登录模块，用户在输入登录名称“tom”时，可能会输入成“TOM”、“Tom”、“TOm”等错误形式，此时利用下列代码可以将其统一转换为小写形式，以避免错误。

```
string userName=Console.ReadLine();
if(userName.ToLower()=="tom")
{
    //执行代码部分
}
```

但是要注意的是，这里并没有改变用户输入的字符串，只是将其转换成小写形式与“tom”比较，userName 中保存的仍然是用户初始输入的形式。如果需要保留转换以后的结果，则必须将其赋值给另一个变量。

例如：

```
userNameL= userName.ToLower();
```

5. Trim()方法

Trim()方法可以删除多余空格。由于用户在输入内容时，经常会无意间在输入内容的前面或后面添加了额外的空格，这必然会导致验证输入内容时出现错误。因此可以使用 Trim()方法将这些可能出现的空格删除。

例如：

```
String userName=Console.ReadLine();
userNameyonghuming=userNameyonghuming.Trim();
if(userName.ToLower()=="tom")
{
    //执行代码部分
}
```

另外还使用 Trim()方法删除其他指定字符，只需要在一个 char 数组中指定这些字符即可。

例如：

```
char[ ] trimChars={' ','r'};
    string userName=Console.ReadLine();
    userName=userName.Trim(trimChars);
    if(userName=="tom")
      {
        System.Console.WriteLine("userName={0}", userName);
      }
```

由于上述代码首先利用一个 char 数组 trimChars 指定了需要删除的空格和字母 r，并且将数组 trimChars 作为 Trim()方法的参数，因此当输入“r tom r r”时，执行 Trim()方法后，将删除指定的空格和字母 r，输出结果如图 4-7 所示。

图 4-7　使用 trim()方法后的结果

4.2　多维数组及使用

维度为 1 的数组称为一维数组，维度大于 1 的数组称为多维数组。根据维度的大小又可将多维数组分为二维数组、三维数组等。

数组的每个维度都有一个关联的长度，它是一个大于或等于零的整数。维度的长度确定该维度的下标的有效范围，对于长度为 n 的维度，下标范围可以为 0～n－1。数组中的元素总数是数组中各维度长度的乘积。数组元素的类型可以是任意类型，但所有数组元素必须是同一种类型。

任务二　计算学生多门课程的平均成绩

任务描述

设计一个分别求出某个班级每门课程平均成绩的程序（学生成绩见表 4.4）。

表 4.4　学生成绩

姓名	C#程序设计	数据库应用	英语	网页设计与制作
张明	75	78	90	87
王强	68	78	80	81
李冰	68	65	71	68
程瑞	72	79	76	80.5
黄杰	86	84	82	90

任务解决方案

（1）创建名为“MulArray”的控制台程序。

（2）编写程序代码：

```
using System;
using System.Collections.Generic;
using System.Linq;
using System.Text;
namespace MulArray
{
    class Program
    {
```

```
        static void Main(string[] args)
        {
            float sum = 0;
            double[,] score=new double[5,4]{{75,78,90,87},{68,78,80,81},
            {68,65,71,68},{72,79,76,80.5},{86,84,82,90}};            //定义数组，存储成绩
            double[] course = new double[4];   //定义数组，存储各门课总成绩
            Console.WriteLine("输出数组");
            for (int i = 0; i < 5; i++)        //输出数组元素值
            {
                for (int j = 0; j < 4; j++)
                    Console.Write("{0} ", score[i, j]);
                Console.WriteLine();  //用于换行控制
            }
            for (int i = 0; i < 5; i++)       //统计各门课的成绩
                    for (int j = 0; j < 4; j++)
                    course[j] += score[i, j];
             Console.WriteLine("课程平均成绩为:");
             Console.WriteLine("C#       英语    网页    数据库");
             for (int i = 0; i <4; i++)   //输出成绩
            {      course[i]/=5;
                   Console.Write("{0:F1}    ", course[i]);
             }
            Console.ReadKey();
        }
    }
}
```

（3）测试程序。按 F5 键运行程序，观察程序运行结果，如图 4-8 所示。

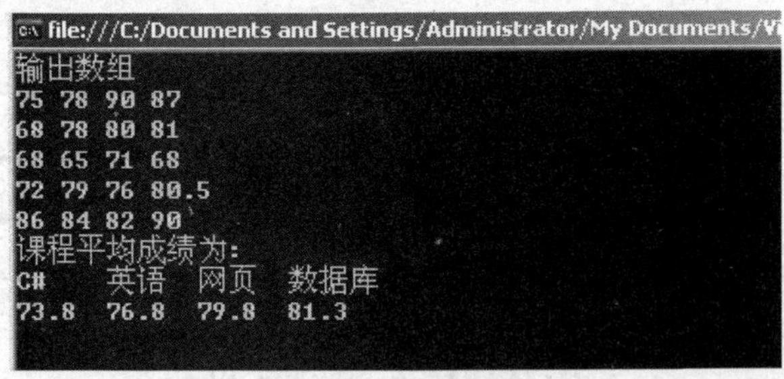

图 4-8 课程平均成绩显示结果

分析描述

在本程序中，使用了一个一维数组和一个二维数组。二维数组用于存储 5 名同学 4 门课程的成绩，然后通过循环嵌套统计出每门课程的总成绩，并存放到一维数组中，最后再通过循环求出每门课程的平均成绩并输出。

相关知识

4.2.1 多维数组的声明、创建和初始化

多维数组也是必须先声明再使用，其声明、创建及访问和一维数组相似。格式如下：

类型[,,…]数组名;

1. 多维数组的创建

类型[,,…]数组名=new 类型[表达式 1,表达式 2,…]

或

数组名=new 类型[表达式 1,表达式 2,…]

例如：

```
double [,,] arr;//声明 arr 三维数组
int[,] Array=new int[3,2]//创建 3 行 2 列的二维数组
int[,] arr2;//声明二维数组
arr2=new int[3,3];//创建二维数组
```

2. 多维数组的初始化

（1）将所有数据写在一个花括号内，数组按列的顺序对各元素赋初值，格式如下：

数组名=new 类型[,,…]{初值表};

（2）分行给多维数组赋初值，格式如下：

数组名=new 类型[,,…]{{0 行数值},{1 行数值},…};

例如：

```
int[,]arr;
arr=new int[,]{1,2,2,3,3,4}
```

或

```
arr=new int[2,3]{1,2,2,3,3,4}
```

或

```
arr=new int[,]{{1,2},{2,3},{3,4}};
```

再例如前面介绍的任务二中，分别对 5 名同学 4 门课程进行赋值的代码如下：

```
double[,] score=new double[5,4]{{75,78,90,87},{68,78,80,81}, {68,65,71,68},
{72,79,76,80.5},{86,84,82,90}};
```

4.2.2　操纵多维数组

访问多维数组元素的形式为：

数组名[下标 1,下标 2,…,下标 n];

多维数组的操作需要借助循环的嵌套来实现。这里主要介绍二维数组的操作，二维数组可看成矩阵的形式，其第一维下标可看成行下标，第二维下标看成列下标。

例 4.5　分别求一个 3 行 3 列二维数组两条对角线元素之和。

分析：

3 行 3 列二维数组的两条对角线，第一条对角线（元素值为：10，50，90）的元素下标的特点是行标和列标是相同的；另一条对角线（元素值为：30，50，70）。这里二维数组对角线元素下标的特点是行标和列标之和是 2。

10	20	30
40	50	60
70	80	90

代码如下：

```
using System;
using System.Collections.Generic;
using System.Linq;
using System.Text;
namespace Diagonal
{
    class Program
    {
        static void Main(string[] args)
```

```
        {
            int sum1=0,sum2=0;
            int [,] arr = new int[3, 3]{{10,20,30},{40,50,60},{70,80,90}}; //创建数组
            Console.WriteLine("数组元素");
            for (int i = 0; i < 3; i++)        //输出数组元素值
            {
                for (int j = 0; j < 3; j++)
                Console.Write("{0} ", arr[i, j]);
                Console.WriteLine();    //用于换行控制
            }
            for (int i = 0; i < 3; i++)     //分别计算两条对角线元素之和
                for (int j = 0; j < 3; j++)
                {
                    if (i == j) sum1 += arr[i, j];
                    if (i + j == 2) sum2 += arr[i, j];
                }
            Console.WriteLine("第一条对角线元素之和为{0}，第二条对角线元素之和
            为{1}",sum1,sum2);
            Console.ReadKey();
        }
    }
}
```

程序运行结果如图 4-9 所示。

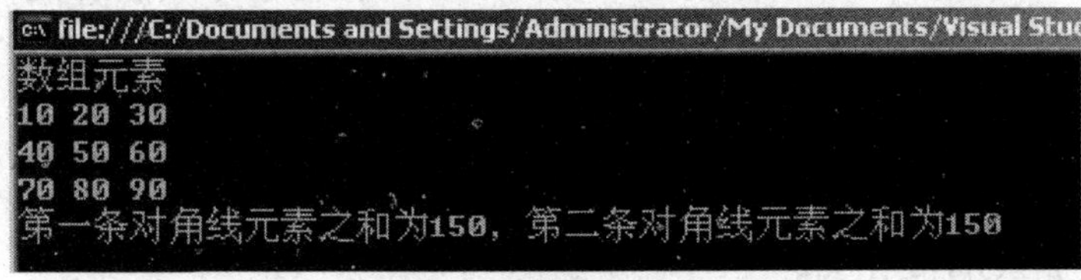

图 4-9 对角线元素之和

习题四

一、选择题

1．假定 int 类型变量占用两个字节，若有定义：int[] x=new int[10]{0,2,4,4,5,6,7,8,9,10};，则数组 x 在内存中所占字节数是（ ）。

A．6　　B．20　　C．40　　D．80

2．以下程序的输出结果是（ ）。

```
Classtemp
{
    public static void Main()
    {
        inti;
        int[]a=new int[10];
        for(i=9;i>=0;i--)a[i]=2*i+1;
```

```
            Console.WriteLine("{0}{1}{2}",a[0],a[5],a[9]);
        }
    }
```

A．258　　B．11119　　C．1119　　D．369

3．有定义语句：int[,]a=new int[5,6];，则下列正确的数组元素的引用是（　）。

A．a(3,4)　　B．a[5][4]　　C．a[3][4]　　D．a[3,4]

4．下列的数组定义语句，不正确的是（　）。

A．int a[]=new int[5]{1,2,3,4,5};　　B．int [,] a=new int a[3][4];

C．int [][]a=new int[3][];　　D．int[] a={1,2,3,4};

二、填空题

1．下列数组定义语句中，定义的数组 a 占用的字节数为________。

```
int[] a=new int[3];
```

2．下列程序段执行后，a[4]的值为________。

```
int[] a={1,2,3,4,5};
a[4]=a[a[2]];
```

3．下列数组定义语句中，数组将在内存中占用________个字节。

```
double[,] d=new int[4,5];
```

4．要定义一个 3 行 4 列的单精度型二维数组 f，使用的定义语句为________。

三、设计题

1．编写能够实现统计 1 门课程不及格人数的程序。

2．编写程序，统计 4×5 二维数组中奇数的个数和偶数的个数。

3．编写程序，从键盘输入一个正整数，将各位数值位的值放入一个数组中，输出数组中的元素所能组合成的最大正整数。

4．编写程序，用一张 100 元钞票换成面值分别为 20 元、10 元、5 元、1 元的四种钞票共 10 张，每种钞票至少 1 张，输出有哪几种可能的兑换方案？每种面值的钞票各多少张？

第 5 章　面向对象程序设计

C#是完全面向对象的，它应用了面向对象的程序设计思想，在分析目标问题时，首先将对象的共性抽象出来，对其进行分类，并且分析出各类之间的关系，使用类来描述同一类的问题，然后对类进行封装和继承，通过类的封装、继承和多态这三种特性构成了面向对象程序设计的基础，可以最大程度地实现代码重用，有效地降低了软件的复杂性。本章将对面向对象编程技术进行介绍。

本章要点

- 类、对象
- 字段、属性、常数
- 成员访问控制
- 方法
- 构造函数、析构函数
- 方法的参数传递
- 方法重载
- 继承性
- 多态性

- 了解面向对象程序设计的特点
- 能够应用类和对象编写简单程序
- 能够正确定义和访问字段、属性、方法等类的成员
- 能使用构造函数初始化对象成员
- 能正确定义和引用静态成员和非静态成员（实例成员）
- 能够在方法调用时使用各种参数传递
- 能正确地使用方法重载
- 能应用基类和派生类编写程序
- 能正确定义抽象类，继承产生派生类
- 能正确定义虚拟方法和重写方法

5.1　类和对象

类和对象在面向对象的程序设计中是需要经常使用的内容，类具有封装性，它可以将字段、属性和方法等成员封装在类中，使用时可以访问；类还支持继承性和多态性，为程序编写提供了更加便捷的方法和手段。本节将介绍类和对象的概念及相互之间关系、类的声明、对象的创建和使用等内容。

任务一　计算长方形周长和面积

任务描述

设计计算长方形面积和周长的界面，在该界面中输入长方形的长和宽，单击“计算”按钮，显示长方形面积和周长；单击“重置”按钮，清空文本框。

任务解决方案

（1）创建名为 circumArea1 的 Windows 应用程序项目。

（2）添加控件并设置属性。选择新建窗体，按照图 5-1 所示界面进行布局设计，从“工具箱”中的“Windows 窗体”选项卡中选择控件，用鼠标将控件拖放到新建窗体的适当位置，并根据表 5.1 设置控件属性。

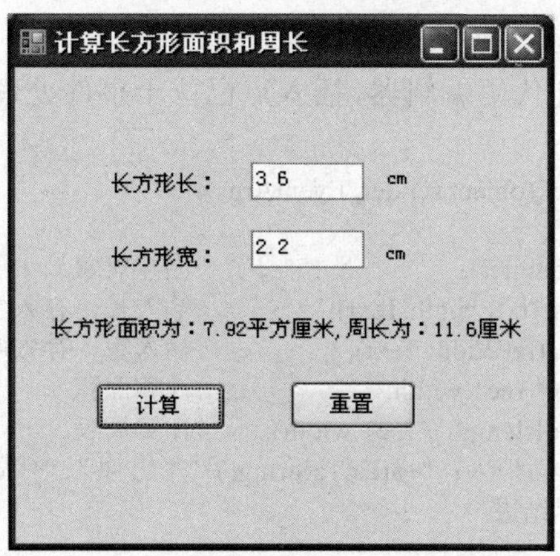

图 5-1　计算长方形面积和周长界面

表 5.1　属性表

控件	属性	设置	控件	属性	设置
Form1	Name	frmCompute	Label5	Name	lblWU
	Text	计算长方形面积和周长		Text	cm
Label1	Name	lblLength	TextBox1	Name	txtLength
	Text	长方形长:	TextBox2	Name	txtWidth

续表

控件	属性	设置	控件	属性	设置
Label2	Name	lblWidth	Button1	Name	btnCalculate
	Text	长方形宽：		Text	计算
Label3	Name	lblResult	Button2	Name	btnReset
Label4	Name	lblLU		Text	重置
	Text	cm			

（3）编写程序代码。

①在窗体 frmCompute 上单击鼠标右键，选择“查看代码”，在弹出的代码编辑器中添加下列程序代码：

```
namespace _circumArea1
{
    public partial class frmCompute : Form
    {
        public frmCompute()
        {
            InitializeComponent();
        }
        public class rectangle          //定义类
        {
            public double length;       //定义字段
            public double width;        //定义字段
        }
    }
}
```

②双击“计算”按钮，打开代码编辑器，插入点已位于事件处理响应方法 btnCalculate_Click()中，插入下列代码：

```
private void btnCalculate_Click(object sender, EventArgs e)
{
    rectangle rec1 = new rectangle();                     //创建对象
    rec1.length = double.Parse(txtLength.Text);           //输入长，存入字段中
    rec1.width = double.Parse(txtWidth.Text);             //输入宽，存入字段中
    double area = rec1.length * rec1.width;               //计算面积
    double perimeter = 2*(rec1.length + rec1.width);      //计算周长
    lblResult.Text = "长方形面积为："+area.ToString()+"平方厘米,"+"周长为："+ perimeter .ToString ()+"
    厘米";  //在标签上显示结果
}
```

③双击“重置”按钮，在其 Click 事件的响应方法 btnReset_Click()中，插入下列代码：

```
private void btnReset_Click(object sender, EventArgs e)
{
    txtLength.Text = string.Empty;      //将文本框清空
    txtWidth.Text = string.Empty;
    lblResult.Text = string.Empty;      //将标签清空
}
```

（4）测试程序。按 F5 键运行程序，显示 Windows 应用程序窗口，输入长方形的长和宽，单击“计算”按钮，显示长方形的面积和周长；单击“重置”按钮，清空输入框和显示内容，运行结果如图 5-1 所示。

分析描述

（1）在窗体 frmCompute 的代码编辑器窗口，建立 rectangle 类，格式如下：

```
public class rectangle
{
    …
}
```

在 rectangle 类中建立成员，定义双精度字段 length 和 width，并且用 public 将其定义为全局变量，这样可以在 btnCalculate_Click()和 btnReset_Click()方法中访问该字段。注意类的定义不能放在事件处理程序内，而是放在事件处理程序之前。

（2）在 btnCalculate_Click 事件处理程序中通过语句 rectangle rec1 = new rectangle();首先创建对象 rec1，即 rectangle 类实例化，这样才可以使用类中的成员，如字段，使用时用“对象名.字段名”，执行赋值语句 rec1.length = double.Parse(txtLength.Text);，将文本框 txtLength 中输入的数据存入 length 字段，将数据存入 width 字段的方法与此相同；通过语句 double area = rec1.length * rec1.width; 计算长方形面积，语句 double perimeter = 2*(rec1.length + rec1.width); 计算周长，再通过 lblResult.Text = "长方形面积为："+area.ToString()+"厘米"+"周长为："+ perimeter.ToString()+"厘米";语句在标签上显示结果。

相关知识

5.1.1　类和对象的概述

一般来说，“类”是对具有相同特征的一类事物所做的抽象，若将类比喻成建筑蓝图的话，那么对象就是在该蓝图规划下建设的各种建筑。在 C#中类是一种抽象的数据类型，而“对象”是一个类的实例，因此又可以理解为“类”是相同对象的集合，类是具有共同特征的对象的抽象描述和概括，而对象是某一类的具体化实例。

在 C#中，几乎所有的内容都被封装在类中，类是 C#的基础，每个类通过字段、属性、方法及其他一些成员来表达事物的状态和行为。编写 C#程序的主要任务就是定义各种类及类中的各种成员。

5.1.2　类的声明

```
[类修饰符] class  类名[:基类类名]
{
    类的成员;
}
```

类的修饰符有下列几种：

public（公有类）：表示外界可以不受限制地对该类访问。

private（私有类）：表示只有本类才能访问。

new（新建类）：表示类由基类中继承而来、与基类中同名的成员。

protected（保护类）：表示只能对其所在类和从该类派生的子类进行访问。

internal（内部类）：表示仅能访问本程序。

abstract（抽象类）：说明该类可以用来做其他类的基类，可以继承但不能单独使用。

Scaled（密封类）：说明该类不能作为其他类的基类，不能派生新的类。

省略类修饰符则表示为 private。

5.1.3 对象的创建

对象是类的定义实例化，创建对象表示创建类的一个实例，因此“类的实例化”与“对象”均表示同样的含义。只有创建了对象才可以用属性和字段访问对象中包含的数据。

1．创建对象

（1）声明对象名。格式：

类名 对象名;

例如：

rectangle rec1;

（2）创建类的实例。格式：

对象名=new 类名();

例如：

rec1 = new rectangle();

以上两步可以合并成一步，格式：

类名 对象名= new 类名();

例如：

rectangle rec1= new rectangle();

2．访问类中成员

创建对象后，可以通过对象访问类中成员。格式：

对象名.方法

或

对象名.数据

例如：

rec1.length

5.1.4 字段

字段为类中的成员，是表示与对象或类关联的变量，占有一定的存储空间，用来存储对象的数据。字段常定义的类型有 public（公有型）、private（私有型）等。

public 类型的字段为公有型字段，表示可以在类的外部访问该字段。

private 类型的字段为私有型字段，只能在声明它的类中使用，外部不能访问该字段，访问受到限制。

例如：

```
class triangle                //定义类
{
    public string name;       //字段成员
    public double sideA;      //字段成员
    public double sideB;      //字段成员
    public double sideC;      //字段成员
}
```

5.1.5 静态字段与非静态字段

类的成员分为静态成员和非静态成员（也称实例成员），声明一个静态成员只需要在声明成员的指令前加上 static 保留字，没有这个保留字的为非静态成员。

二者区别是静态成员属于类所有，非静态成员属于类的对象所有，因此访问静态成员只能由类来访问，而访问非静态成员必须由对象进行访问。

静态字段的访问格式：

类名.静态成员名

非静态字段的访问格式：

对象名.非静态成员名

例如：

```
class Teacher
{
    public string number="1001";        //非静态字段
    public string name="张宁";           //非静态字段
    public static double pay=3650.5;    //静态字段
}
static void Main(string[] args)
{
    Teacher t1 = new Teacher();
    string str;
    str = "职工编号:" + t1.number + ",姓名:" + t1.name + ",工资:" + Teacher.pay.ToString();
    Console.WriteLine(str );
}
```

在上面这段程序代码中，number 和 name 为非静态字段，pay 为静态字段，因此访问前面两个字段用对象调用 t1.number 和 t1.name，访问最后一个字段用类来调用 Teacher.pay。

5.2　方法

类的方法表示一类事物所具备的动作，在 C#中就是类或对象为完成一项任务而执行的指令序列。在编写程序中使用方法主要是便于修改，增加可读性，方法可以重用和封装。

任务二　计算长方形周长和面积

任务解决方案

（1）创建名为 circumArea2 的 Windows 应用程序项目。

（2）界面设计同项目 circumArea1。

（3）编写程序代码。

①在窗体 frmCompute 的代码编辑器窗口，添加下列程序代码：

```
public class rectangle              //定义类
{
    public double length;           //定义字段
    public double width;            //定义字段
    public double Area()            //定义计算长方形面积的方法
    {
        double a = length * width;
        return a;
    }
```

```
        public double Perimeter()    //定义计算长方形周长的方法
        {
            double len=2*(length +width );
            return len;
        }
}
```

②双击“计算”按钮，在其 Click 事件处理程序中，插入下列代码：

```
private void btnCalculate_Click(object sender, EventArgs e)
{
    rectangle rec1 = new rectangle();  //创建对象
    rec1.length = double.Parse(txtLength.Text);    //输入长，存入字段中
    rec1.width = double.Parse(txtWidth.Text);      //输入宽，存入字段中
    double s = rec1.Area();                  //调用 Area 方法计算面积
    double l=rec1.Perimeter();               //调用 Perimeter 方法计算周长
    lblResult.Text = "长方形面积为：" + s.ToString() + "平方厘米,"+"周长为："+l.ToString()+"厘米";
}
```

③双击“重置”按钮，程序代码同项目 circumArea1。

（4）测试程序。按 F5 键运行程序，显示 Windows 应用程序窗口，再次输入长方形的长和宽，单击“计算”按钮，观察显示结果，结果如图 5-1 所示。

分析描述

在 rectangle 类中除了定义双精度字段 length 和 width 外，还定义了求长方形面积的方法 Area 和求周长的方法 Perimeter，并将方法定义为双精度公用型，目的是外部程序代码可以调用该方法。在 btnCalculate_Click 事件处理程序中先创建对象 rec1，通过对象调用方法 rec1. Area()计算长方形面积，调用方法 rec1.Perimeter()计算长方形周长，调用方法用“对象名.方法名”，计算出来的长方形面积存入变量 s 中，周长存入变量 l 中，最后通过标签显示输出。

任务三　根据圆的半径计算圆面积

任务解决方案

（1）创建名为 cirArea 的 Windows 应用程序项目。

（2）添加控件并设置属性。选择新建窗体，按照图 5-2 所示界面进行布局设计，从“工具箱”中的“Windows 窗体”选项卡中选择控件，用鼠标将控件拖放到新建窗体的适当位置，并根据表 5.2 设置控件属性。

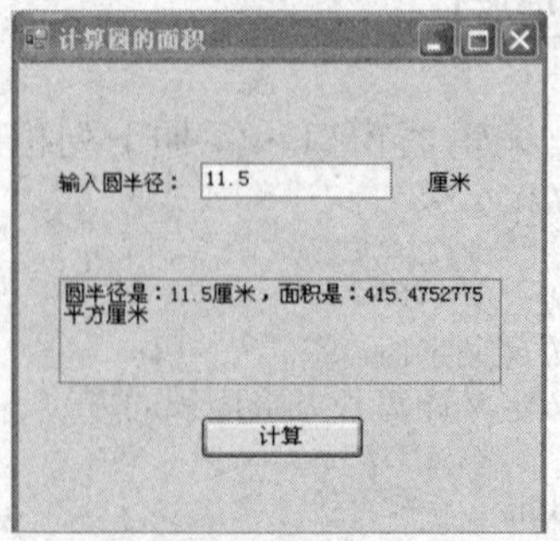

图 5-2　计算圆面积界面

表 5.2　属性表

控件	属性	设置	控件	属性	设置
Form1	Name	frmCircular	TextBox1	Name	txtR
	Text	计算圆的面积		Text	
Label1	Name	lblR	TextBox2	Name	txtResult
	Text	输入圆半径：		ReadOnly	true
Label2	Name	lblU		Multiline	true
	Text	厘米			
Button1	Name	btnCompute			
	Text	计算			

（3）编写程序代码。

①在窗体 frmCircular 的代码编辑器窗口，添加下列程序代码：

```
public class Circle
{
    public const double PI = 3.14159;
    public double r;
    public double Area(double r)
     {
        this.r = r;         //this.r 表示类的字段，r 表示方法 Area 的形参
        double s = PI * this.r * this.r;
        return s;
     }
}
```

②双击“计算”按钮，在其 Click 事件程序中，插入下列代码：

```
private void btnCompute_Click(object sender, EventArgs e)
{
    Circle circle1 = new Circle();
    double r = double.Parse(txtR.Text);
    double s = circle1.Area(r);         //将实参 r 中的值传递给方法 area 中的形参 r
    string res = "圆半径是：" + circle1.r + "厘米，面积是：" + s.ToString() + "平方厘米";
    txtResult.Text = res;
}
```

（4）测试程序。按 F5 键运行程序，显示 Windows 应用程序窗口，输入圆的半径，单击“计算”按钮，显示圆的半径和面积，结果如图 5-2 所示。

（5）修改项目 cirArea 中的程序代码，修改后的程序代码如下：

```
public class Circle
{
    public const double PI = 3.14159;
    public double r;
    public double Area(double r, double s)
     {
        this.r = r;
        s = PI * this.r * this.r;
        return s;
     }
```

```
}
private void btnCompute_Click(object sender, EventArgs e)
{
    double a = 0;
    Circle circle1 = new Circle();
    double r = double.Parse(txtR.Text);
    double s = circle1.Area(r, a);
    string res = "圆半径是：" + circle1.r + "厘米，面积是：" + s.ToString() + "平方厘米，
    " + "a 的值是：" + a;
    txtResult.Text = res;
}
```

（6）测试程序。按 F5 键运行程序，显示 Windows 应用程序窗口，输入圆的半径，单击“计算”按钮，显示圆的半径、面积和 a 的值，注意观察 a 的值，结果如图 5-3 所示。

（7）继续修改项目 cirArea 中的程序代码，修改后的程序代码如下：

```
public class Circle
{
    public const double PI = 3.14159;
    public double r;
    public double Area(double r, ref double s)      //形参前加 ref 修饰
    {
        this.r = r;
        s = PI * this.r * this.r;
        return s;
    }
}
private void btnCompute_Click(object sender, EventArgs e)
{
    double a = 0;        //实参在调用前必须要初始化
    Circle circle1 = new Circle();
    double r = double.Parse(txtR.Text);
    double s = circle1.Area(r, ref a);      //实参前加 ref 修饰
    string res = "圆半径是：" + circle1.r + "厘米，面积是：" + s.ToString() + "平方厘米，
    " + "a 的值是：" + a;
    txtResult.Text = res;
}
```

（8）测试程序。按 F5 键运行程序，显示 Windows 应用程序窗口，输入圆的半径，单击“计算”按钮，显示圆的半径、面积和 a 的值，注意观察 a 的值，结果如图 5-4 所示。

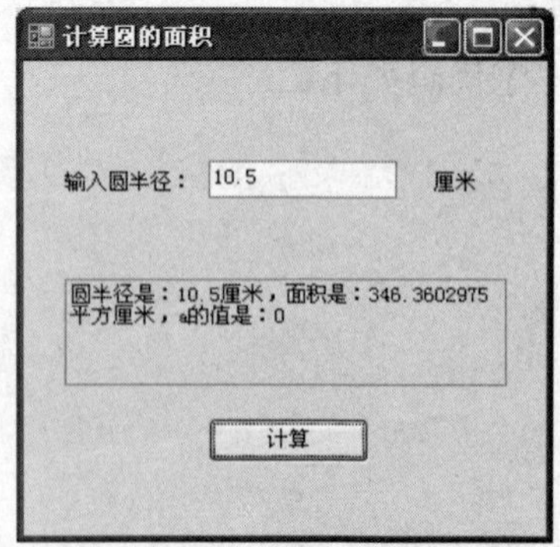

图 5-3　值传递参数计算圆面积

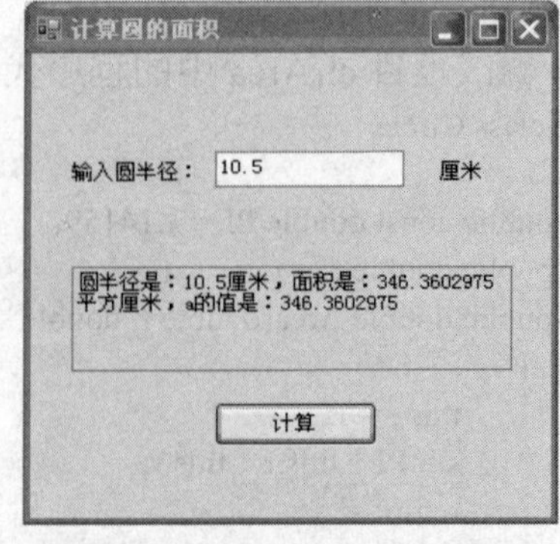

图 5-4　引用传递参数计算圆面积

（9）继续修改项目 cirArea 中的程序代码，修改后的程序代码如下：

```
public class Circle
{
    public const double PI = 3.14159;
    public double r;
    public double area(double r, out double s)
     {
        this.r = r;
        s = PI * this.r * this.r;
        return s;
     }
}
private void btnCompute_Click(object sender, EventArgs e)
{
    double a;   //out 关键字可以指定在方法内初始化变量
    Circle circle1 = new Circle();
    double r = double.Parse(txtR.Text);
    double s = circle1.area(r, out a);
    string res = "圆半径是：" + circle1.r + "厘米，面积是：" + s.ToString() + "平方厘米，
        " + "a 的值是：" + a;
    txtResult.Text = res;
}
```

（10）测试程序。按 F5 键运行程序，显示 Windows 应用程序窗口，输入圆的半径，单击“计算”按钮，显示圆的半径、面积和 a 的值，注意观察 a 的值，结果如图 5-4 所示。

分析描述

（1）在 Circle 类中首先将 PI 定义为常量 3.14159，这样在后面的程序中使用常量 3.14159 时可以用 PI 常量来代替。

（2）定义类中成员 Area()方法与前面介绍的定义方法有所不同，是带参数的方法，可以通过参数来传递数据，定义带参数的方法语句如下：

```
public double Area(double r)
{
}
```

其中 r 为形式参数，该参数用来接收 btnCompute_Click 事件处理程序中调用方法 circle1.Area(r)中的参数 r 值，r 为实际参数。通过这种方式可以达到从外部程序向类传递数据的目的。

在方法中 this.r 表示当前类中的字段，其作用域只在类的内部，它与作为参数的 r 有所不同，它在定义方法之前已通过语句 public double r;定义成全局变量（或称字段），可以不受任何限制被访问。

（3）要访问类中成员，必须通过语句 Circle circle1 = new Circle();先创建对象 circle1，然后再通过 circle1.Area(r)和 circle1.r 调用方法和使用字段。

（4）修改后的程序见任务解决方案中的步骤（5），在定义方法时使用语句 public double Area(double r, double s)，调用方法使用语句 double s = circle1.Area(r, a);，调用方法采用的是值传递方式，将实参 r 的值传递给形参 r，a 的值传递给 s，即使在方法中修改了 s 值，但是在执行完调用方法的语句后，a 的值不能被修改，仍为 0。

（5）修改程序，见任务解决方案中的步骤（7），主要修改了方法中的形参部分 public double Area(double r, ref double s)和调用方法中的实参部分 circle1.Area(r, ref a)，分别在形参 s 前和实参 a 前增加了 ref，表示按引用传递参数，即在方法中若修改了 s 值，执行完调用方法的语句后，a 的值会随着发生改变，需要注意的是 a 要先赋值为 0。

（6）再次修改程序，见任务解决方案中的步骤（9），修改了方法中的形参部分 public double area(double r, out double s)和调用方法中的实参部分 circle1.area(r, out a)，分别在形参 s 前和实参 a 前应用了 out，结果与 ref 相同，唯一区别是实参 a 不需要先赋值。

任务四　根据三角形边长，求三角形周长和面积

任务描述

在窗体上输入三角形的三条边长度，若任意两条边之和大于第三条边，则计算周长和面积，并显示；若两条边之和不大于第三条边，则弹出消息框要求重新输入。

任务解决方案

（1）创建名为 triArea1 的 Windows 应用程序项目。

（2）添加控件并设置属性。选择新建窗体，按照图 5-5 所示界面进行布局设计，从“工具箱”中的“Windows 窗体”选项卡中选择控件，用鼠标将控件拖放到新建窗体的适当位置，并根据表 5.3 设置控件属性。

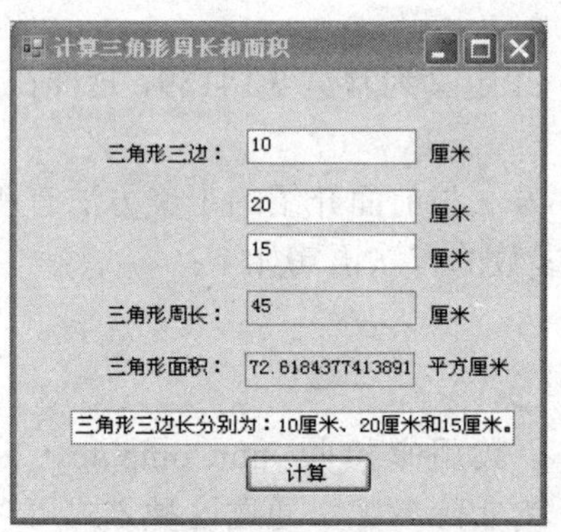

图 5-5　计算三角形周长和面积界面

表 5.3　属性表

控件	属性	设置	控件	属性	设置
Form1	Name	frmTriangle	Label5	Name	lblCir
	Text	计算三角形周长和面积		Text	三角形周长：
Label1	Name	lblSide	Label6	Name	lblU4
	Text	三角形三边：		Text	厘米
Label2	Name	lblU1	Label7	Name	lblArea
	Text	厘米		Text	三角形面积：

续表

控件	属性	设置	控件	属性	设置
Label3	Name	lblU2	Label8	Name	lblU5
	Text	厘米		Text	平方厘米
Label4	Name	lblU3	TextBox1	Name	txtRes
	Text	厘米	Button1	Name	btnCal
				Text	计算

（3）编写程序代码。

①在窗体 frmTriangle 的代码编辑器窗口，添加下列程序代码：

```
class Triangle   //定义类
{
    private double sideA; //定义私有类型字段，在类定义的外部无法访问
    private double sideB;
    private double sideC;
    /// <summary>
    /// 为三边赋值
    /// </summary>
    public void Setside(double paraA, double paraB, double paraC)
    {
        this.sideA = paraA;
        this.sideB = paraB;
        this.sideC = paraC;
    }
    /// <summary>
    /// 输出三角形三边
    /// </summary>
    public string Getside()
    {
        string txt = "三角形三边长分别为：" + sideA + "厘米、" + sideB + "厘米和" + sideC + "厘米。";
        return txt;
    }
    /// <summary>
    /// 测试能否构成三角形
    /// </summary>
    public bool test( )
    {
        if ((sideA + sideB > sideC) && (sideB + sideC >sideA) && (sideA + sideC > sideC))
        return true;
        else
        return false;
    }
    /// <summary>
    /// 求周长
    /// </summary>
    public double triCir()
    {
        double tCir = sideA+sideB+sideC;
        return tCir;
```

```
        }
        /// <summary>
        /// 求面积
        /// </summary>
        public double triArea()
        {
            double p = (sideA + sideB + sideC) / 2;
            double tarea = Math.Sqrt(p*(p-sideA)*(p-sideB)*(p-sideC));
            return tarea;
        }
    }
```

②双击“计算”按钮，在其 Click 事件处理程序中，插入下列代码：

```
private void bntCal_Click(object sender, EventArgs e)
{
    Triangle tri1 = new Triangle();
    double s1,s2,s3,trcir,trarea;
    bool t;
    s1 = double.Parse(txtSideA.Text);
    s2 = double.Parse(txtSideB.Text);
    s3 = double.Parse(txtSideC.Text);
    tri1.Setside(s1, s2, s3);  //为对象 tri1 的 sideA、sideB、sideC 赋值
    t = tri1.test();
    if (!t)
    {
        MessageBox.Show("不能构成三角形请重新输入");
        txtSideA.Text = txtSideB.Text = txtSideC.Text =txtCir.Text=txtArea.Text= "";
        return;
    }
        trcir = tri1.triCir();
        trarea = tri1.triArea();
        txtCir.Text = trcir.ToString();
        txtArea.Text = trarea.ToString();
        txtRes.Text = tri1.Getside();
}
```

（4）测试程序。按 F5 键运行程序，显示 Windows 应用程序窗口，输入三角形三条边长度，单击“计算”按钮，显示三角形周长、面积和边长。

分析描述

（1）在 Triangle 类中将字段成员 sideA、sideB、sideC 定义成私有类型，在 btnCal 按钮的 Click 事件处理程序中不能直接访问这些私有变量，可以先创建对象，再调用对象方法 tri1.Setside(s1, s2, s3)，调用方法时通过参数传递将数据传递给类中字段成员。

（2）调用对象方法 tri1.test()，用来测试任意两条边之和是否大于第三条边，方法的返回值为 bool 型，若返回值为 true，计算三角形的周长和面积；若返回值为 false，弹出消息框提示，并将所有文本框清空。

（3）计算三角形的周长和面积通过调用对象方法 tri1.triCir()和 tri1.triArea()来实现；获取三角形的三条边长度，即类中字段成员 sideA、sideB、sideC 值通过调用对象方法 tri1.Getside()来完成。

相关知识

5.2.1　方法定义

方法定义的形式：

```
访问修饰符　返回类型　方法名 (参数列表)
{
    // 方法的主体……
}
```

其中：

访问修饰符有：public、private。

方法返回类型有：int、double、string、void（无返回值）、…。

方法返回值类型主要分为两大类型，一类是有值的，如 int、double、string 等类型，方法主体中的最后一个语句为 return，将方法体中语句执行后的计算结果返回给方法；还有一类是无值的，如 void 类型，表示该方法只用来完成某方面的操作。

方法名：命名方法名时单词首字母大写。

参数列表：用于参数传递。

例如：

```
public double Area(double r)
{
    this.r = r;
    double s = PI * this.r * this.r;
    return s;
}
```

5.2.2　参数传递方式

1．值传递方式

值传递方式不能保留方法中对参数的修改结果。

例如：

```
private static void Swap(int n1, int n2)   // 交换两个数的方法
{
   int t;          // 中间变量
   t = n1;
   n1 = n2;
   n2 = t;
}
static void Main(string[ ] args)
{
   int n1 =10, n2 = 20;
   Console.WriteLine("交换前 n1 和 n2 的值分别为：{0}和{1}", n1, n2);
   Swap(n1, n2);   // 交换两个数的值
   Console.WriteLine("交换后 n1 和 n2 的值分别为：{0}和{1}", n1, n2);
}
```

运行结果为：

```
交换前 n1 和 n2 的值分别为：10 和 20
交换后 n1 和 n2 的值分别为：10 和 20
```

2. 引用传递方式

引用传递方式可以保留方法中对参数的修改结果，必须在形参和实参前加 ref 或 out，若用 ref 修饰时，需要在方法调用前对参数声明并赋值；若用 out 修饰时，只需要在方法调用前进行声明而不需要赋值。

例如：

```
private static void Swap(ref int n1, ref int n2)      //定义交换两个数的方法
{
    int t;          //中间变量
    t = n1;
    n1 = n2;
    n2 = t;
}
static void Main(string[ ] args)
{
    int n1 =10, n2 = 20;
    Console.WriteLine("交换前 n1 和 n2 的值分别为：{0}和{1}", n1, n2);
    Swap(ref n1, ref n2);        //交换两个数的值
    Console.WriteLine("交换后 n1 和 n2 的值分别为：{0}和{1}", n1, n2);
}
```

运行结果为：

交换前 n1 和 n2 的值分别为：10 和 20
交换后 n1 和 n2 的值分别为：20 和 10

5.2.3 静态方法与非静态方法

方法分为静态方法和非静态方法。如果在一个方法声明中含有 static 修饰符，则该方法为静态方法，没有 static 修饰符的为非静态方法（或称实例方法）。

1. 静态方法

静态方法不对某个特定的实例进行操作，在这样的方法中引用 this 是错误的。调用方法时用“类名.方法名”，可以认为该方法是属于类的。

例如：

```
class Student
{
    public static string Record()
    {
        string name="李芳";
        string profession="信息管理";
        int score=510;
        string str="姓名："+name+"，专业："+profession+"，总分："+score.ToString();
        return str;
    }
}
static void Main(string[] args)
{
    Console.WriteLine(Student.Record());
}
```

按 Ctrl+F5 组合键，运行结果如图 5-6 所示。

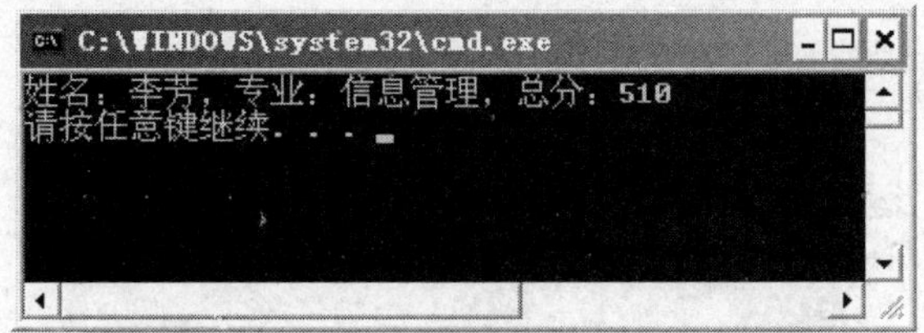

图 5-6　调用静态方法显示结果

2. 非静态方法

非静态方法是对类的给定实例进行操作，可以在方法中引用 this，调用方法时用"对象名.方法名"，可以认为该方法是属于对象的。

例如将上述程序代码修改如下：

```
class Student
{
    public string Record()
    {
        …
    }
}
static void Main(string[] args)
{
    Student stu1 = new Student();
    Console.WriteLine(stu1.Record());
}
```

5.2.4　方法的重载

在类中有两个以上方法名相同，但是参数个数、类型或顺序不同的方法，调用方法时编译器可以根据参数来判断调用类中哪个方法，调用相同方法名，但是方法中提供的参数个数、类型或顺序不同，这种方法调用称为方法重载。

例如：

```
class Compute
{
    public void print(int i)
    {
        int s = i * i;
        Console.WriteLine(s);
        return;
    }
    public void print(int i, int j)
    {
        int s = i * j;
        Console.WriteLine(s);
        return;
    }
}
static void Main(string[] args)
{
    Compute comp1 = new Compute();
```

```
    comp1.print(10);
    comp1.print(10, 20);
}
```

按 Ctrl+F5 组合键，运行结果如图 5-7 所示。

图 5-7 方法重载运行结果

在上述 Compute 类中定义了两个 print()方法，方法名相同，其中参数个数不同，在 Main()中调用 print()方法时，会根据参数的个数判断调用类中哪个方法。

5.3 属性

属性是一种用于访问类或对象性质的成员，它与字段不同的是属性不表示存储位置，不直接操作类的数据内容，而是通过访问器进行访问，使用属性可以像使用公共数据成员一样，这样既可以使类中数据被轻松访问，又可以避免随意访问类中公共数据而出现的安全性问题，提高了程序安全可靠性，充分体现了对象的封装性。

任务五 根据三角形边长，求三角形周长和面积（属性的使用）

任务解决方案

（1）创建名为 triArea2 的 Windows 应用程序项目。

（2）界面设计与项目 triArea1 相同。

（3）编写程序代码。

①在窗体 frmTriangle 的代码编辑器窗口，添加下列程序代码：

```
class Triangle
{
    private double sideA;          //定义私有类型字段
    private double sideB;
    private double sideC;
    public double SideA            //定义 SideA 属性
    {
        get                        //get 访问器
        {
            return sideA;
        }
        set                        //set 访问器
        {
            sideA = value;
```

```
        }
    }
    public double SideB        //定义 SideB 属性
    {
        get
        {
            return sideB;
        }
        set
        {
            sideB = value;
        }
    }
    public double SideC        //定义 SideC 属性
    {
        get
        {
            return sideC;
        }
        set
        {
            sideC = value;
        }
    }
    public bool test( )      //定义测试两条边之和大于第三条边的方法
    {
        if ((sideA + sideB > sideC) && (sideB + sideC >sideA) && (sideA + sideC > sideC))
            return true;
        else
            return false;
    }
    public double triCir()        //定义求三角形周长的方法
    {
        double tCir = sideA+sideB+sideC;
        return tCir;
    }
    public double triArea()       //定义求三角形面积的方法
    {
        double p = (sideA + sideB + sideC) / 2;
        double tarea = Math.Sqrt(p*(p-sideA)*(p-sideB)*(p-sideC));
        return tarea;
    }
}
```

②双击“计算”按钮，在其 Click 事件处理程序中，插入下列代码：

```
private void btnCal_Click(object sender, EventArgs e)
{
    Triangle tri1 = new Triangle();      //创建对象
    double s1, s2, s3, trcir, trarea;
    bool t;
    s1 = double.Parse(txtSideA.Text);
    s2 = double.Parse(txtSideB.Text);
```

```
            s3 = double.Parse(txtSideC.Text);
            tri1.SideA = s1;     //使用属性 set 访问器写入数据
            tri1.SideB = s2;
            tri1.SideC = s3;
            t = tri1.test();
            if (!t)
            {
                MessageBox.Show("不能构成三角形请重新输入");
                txtSideA.Text = txtSideB.Text = txtSideC.Text =txtCir.Text=txtArea.Text= "";
                return;
            }
                trcir = tri1.triCir();
                trarea = tri1.triArea();
                txtCir.Text = trcir.ToString();
                txtArea.Text = trarea.ToString();
                if (tri1.SideA == tri1.SideB && tri1.SideB == tri1.SideC)
                    txtRes.Text = "等边三角形边长为：" + tri1.SideA + "厘米";
                else
                    txtRes.Text = "三角形三边长分别为："+ tri1.SideA + "厘米、" + tri1.SideB + "厘米和"+
                     tri1.SideC + "厘米。";   //使用属性 get 访问器读取数据
        }
```

（4）测试程序。按 F5 键运行程序，显示 Windows 应用程序窗口，输入三角形三条边长度，单击“计算”按钮，显示三角形周长、面积和边长，如图 5-5 所示；若输入相等的三条边长度，单击“计算”按钮，显示等边三角形周长、面积和边长，如图 5-8 所示。

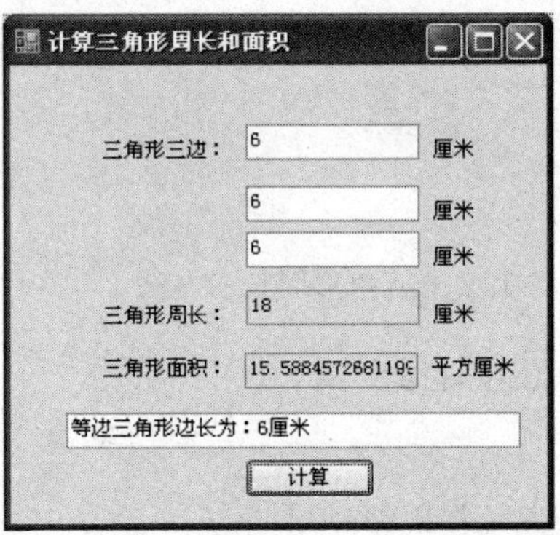

图 5-8　计算等边三角形周长和面积界面

分析描述

（1）在类中将字段成员 sideA、sideB、sideC 定义成私有类型，防止类中数据被随意访问。

（2）访问类中数据可以通过属性成员 SideA、SideB、SideC 来完成，每个属性都定义成 Public 公用型，可以将属性理解成为一个特殊方法，在该方法中 get 访问器用来读取字段中的数据，set 访问器用来写入数据，例如定义 SideA 属性如下：

```
    public double SideA            //定义属性
    {
        get                        //get 访问器
        {
            return sideA;          //返回字段成员的值给属性
        }
```

```
    set                    //set 访问器
    {
        sideA = value;     //将写入属性的值存入字段成员
    }
}
```

（3）类中除了定义字段成员和属性成员外，还定义了三个方法，方法的作用和内容与任务四相同。

（4）要访问类中成员必须先创建对象，通过对象来访问。在 btnCal_Click 事件处理程序中，首先用语句 Triangle tri1 = new Triangle();创建对象 tri1，然后才能利用属性写入数据、读取数据，再利用对象方法完成一定的操作。例如：语句 tri1.SideA = double.Parse(txtSideA.Text);，是将文本框中输入的数据写入对象的属性成员 SideA，通过属性的 set 访问器将数据存入对象的字段成员 sideA 中；再例如：语句 txtRes.Text = "三角形三边长分别为："+tri1.SideA+"厘米、"+tri1.SideB+"厘米和"+ tri1.SideC + "厘米。";，通过调用对象属性 tri1.SideA、tri1.SideB、tri1.SideC 来读取数据，实际上是通过 get 访问器将字段成员 sideA、sideB、sideC 中的值读出，并将读出的数据连接后显示在文本框中。

（5）增加了判断等边三角形的功能。

```
if (tri1.SideA == tri1.SideB && tri1.SideB == tri1.SideC)
                txtRes.Text = "等边三角形边长为：" + tri1.SideA + "厘米";
        else
                txtRes.Text = "三角形三边长分别为："+ tri1.SideA + "厘米、" + tri1.SideB + "厘米和"
                + tri1.SideC + "厘米。";
```

通过 if 语句进行判断，若三条边长度相等，则输出等边三角形的边长；若三条边长度不相等，则输出三角形三条边的长度。

相关知识

5.3.1　属性的声明

属性是用来表达事物的状态，是对象或类的特性。有一部分属性可以由系统提供，例如：窗体的标题、颜色、大小等，还有一部分是根据需要由用户自定义，属性实际上是方法，下面介绍属性的声明方式。

属性声明方式：

```
[修饰符]  属性的类型  属性名
{
    get
    {
        //可执行语句
    }
    set
    {
        //可执行语句
    }
}
```

说明：

属性修饰符可以是：public、private、new、protected、internal、static、virtual、override、abstract。

属性是带有 set 和 get 访问器的方法，访问器的作用是属性值被读取或写入时执行的语句，这些语句可以对字段和属性进行计算，并将计算结果返回。

属性可以有参数，也可以没有参数，若有参数的话，参数必须是值参数，参数列表与方法相同。

属性与字段的区别：字段有存储位置，属性不表示存储位置；属性有访问器，对于用户来说像字段。

例如：在 Student 类中定义 Name 属性。

```
Class Student
private string myName;
public string Name
{
    get
    {
        return myName;
    }
    set
    {
        myName =value;
    }
}
```

在属性的 get 访问器中，通过 return 将返回值作为属性值；在属性的 set 访问器中，将新的属性值通过 set 访问器的参数进行传递。若声明了一个显式参数，该参数的类型必须与属性类型相同；若不声明参数，系统编译器将通过隐式参数 value 来表示写给属性的新值。

如果属性没有 set 访问器，则表示属性为只读，不能给属性赋值；如果属性没有 get 访问器，则表示属性为只写，不能对其进行引用。

在属性的 set 访问器中还可以设计一些条件，对输入的数据加以限制，使输入的数据满足需求。

例如：在 Student 类中增加 Score 属性。

```
Class Student
private string myName;
private int myScore;
……
public int Score
{
    get
    {
        return myScore;
    }
    set
    {
        myScore =value>=0? value:0;      //当写入属性的值为负数时，将 0 存入字段
    }
}
```

通过 set 访问器中的 myScore =value>=0? value:0;语句，可以控制负数的输入，当出现写入给属性的值为负数时，将 0 存入字段，当今后读取属性时结果为 0。

5.3.2　属性的访问

类的属性访问方法与类的字段成员访问方法一样，根据属性声明时是否为静态有下列两种访问形式。

非静态属性成员访问：

对象名.属性名

静态属性成员访问：

类名.属性名

例如：访问 Student 类中的属性。

```
Student student=new Student();          //创建对象
student.Name="李芳";                     //向属性 Name 写入数据
student.Score=-100;                     //向属性 Score 写入数据
Console.WriteLine(student.Name);        //读取属性 Name 中的数据并输出
Console.WriteLine(student.Score);       //读取属性 Score 中的数据并输出
```

对属性访问时将会调用属性的 set 访问器和 get 访问器，如语句 student.Name="李芳";是对 student 对象的 Name 属性进行访问，将字符串"李芳"写入属性，将会调用属性 Name 的 set 访问器，将字符串存入 myName 字段成员中；语句 student.Score=-100;是对 student 对象的 Score 属性进行访问，将负数-100 写入属性，调用属性 Score 的 set 访问器，将 0 存入 myScore 字段成员中；而语句 Console.WriteLine(student.Name);是通过 student.Name 访问对象 Name 属性读取数据，调用属性的 get 访问器，将 myName 字段成员中的值读出；语句 Console.WriteLine(student.Score);是读取属性 Score 数据，调用属性的 get 访问器，将 myScore 字段成员中的值读出，结果为 0。

由于属性可以实现读写操作，并可以对用户输入的数据进行有效的检查，可以返回经过计算和加工处理过的数据以达到控制数据的目的，因此在 C#程序代码的编写过程中一般采用下列原则来使用字段成员和属性成员：

（1）类中的字段成员一般定义为 private，只在类的内部使用，以防止外部程序调用。

（2）对外公布事物的状态信息和特性，则使用属性，属性可供外部程序调用。

（3）属性一般与类中的字段成员有对应关系。

5.3.3　this 关键字的使用

通过 this 关键字来表示对象自身，可以用来引用当前实例的对象变量，它可以在构造函数、方法、属性访问器中使用。如果 this 用在构造函数中，可以区别同名的构造函数参数和类成员变量；this 还可以在传递参数时将对象作为参数传递。

例如：

```
class Round
{
    private int r;
    public Round()
    {

    }
    public Round(int r)
    {
        this.r = r;             // this.r 表示字段，r 表示构造函数的参数
```

```
    }
    public int R
    {
        get { return r; }
    }
}
```

5.4 构造函数及构造函数重载

构造函数主要是用来给对象进行初始化，当类实例化时首先调用类中的特殊方法，这个特殊方法称为构造函数，将需要进行初始化的内容作为构造函数中的语句块，执行完构造函数后返回，然后再执行对象的其他操作。

任务六　根据三角形边长，求三角形周长和面积（构造函数应用）

任务解决方案

（1）创建名为 triArea3 的 Windows 应用程序项目。

（2）界面设计与项目 triArea1 相同。

（3）编写程序代码，在 triArea2 项目程序代码中增加和修改部分代码：

```
class Triangle
{
    private double sideA;
    private double sideB;
    private double sideC;
    public Triangle()     //系统默认构造函数
      {

      }
    public Triangle(double sA)   //构造函数
      {
          sideA = sideB = sideC = sA;
      }
   ……
}

private void btnCal_Click(object sender, EventArgs e)
{
    Triangle tri1 = new Triangle(0);
    double s1, s2, s3, trcir, trarea;
    bool t;
    s1 = double.Parse(txtSideA.Text);
    s2 = double.Parse(txtSideB.Text);
    s3 = double.Parse(txtSideC.Text);
    tri1.SideA = s1;      //使用 set 访问器
    tri1.SideB = s2;
    tri1.SideC = s3;
    t = tri1.test();
```

```
        if (!t)
        {
            MessageBox.Show("不能构成三角形请重新输入");
            txtSideA.Text = txtSideB.Text = txtSideC.Text =txtCir.Text=txtArea.Text= "";
            return;
         }
            trcir = tri1.triCir();
            trarea = tri1.triArea();
            txtCir.Text = trcir.ToString();
            txtArea.Text = trarea.ToString();
            if (tri1.SideA == tri1.SideB && tri1.SideB == tri1.SideC)
                txtRes.Text = "等边三角形边长为：" + tri1.SideA + "厘米";
            else
                txtRes.Text = "三角形三边长分别为："+ tri1.SideA + "厘米、"+ tri1.SideB +
                "厘米和"+ tri1.SideC + "厘米。";
    }
    private void frmTriangle_Load(object sender, EventArgs e)
    {
        double s1,s2,s3,trcir, trarea;
        Triangle tri1 = new Triangle(0);
        s1 = double.Parse(tri1.SideA.ToString());
        s2 = double.Parse(tri1.SideB.ToString());
        s3 = double.Parse(tri1.SideC.ToString());
        txtSideA.Text = s1.ToString();
        txtSideB.Text = s2.ToString();
        txtSideC.Text = s3.ToString();
        trcir = tri1.triCir();
        trarea = tri1.triArea();
        txtCir.Text = trcir.ToString();
        txtArea.Text = trarea.ToString();
        if (tri1.SideA == tri1.SideB && tri1.SideB == tri1.SideC)
            txtRes.Text = "等边三角形边长为：" + tri1.SideA + "厘米";
        else
            txtRes.Text = "三角形三边长分别为：" + tri1.SideA + "厘米、" + tri1.SideB +
            "厘米和" + tri1.SideC + "厘米。";
    }
```

（4）测试程序。按 F5 键运行程序，显示 Windows 应用程序窗口，在窗口中出现初始化数据，如图 5-9 所示，重新输入三角形三条边长度，单击“计算”按钮，显示三角形周长、面积和边长。

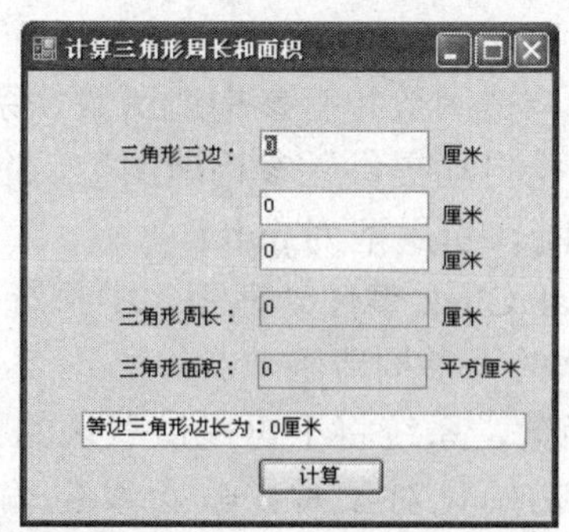

图 5-9　显示等边三角形初始值界面

分析描述

（1）在 Triangle 类中增加了构造函数 Triangle()和 Triangle(double sA)，前者为无参数的构造函数，后者为含有一个参数的构造函数，在有参构造函数中参数值对私有类型的字段 sideA、sideB、sideC 初始化。

（2）在 frmTriangle_Load 事件处理程序中首先通过语句 Triangle tri1 = new Triangle(0);创建对象，在创建对象时自动调用类中的构造函数 Triangle(double sA)，将 0 作为初始值传递给构造函数的形参 sA，执行函数中的语句给字段赋值后返回，然后执行对象的其他操作，通过语句 s1 = double.Parse(tri1.SideA.ToString());和 txtSideA.Text = s1.ToString();读取对象 tri1 的属性成员 SideA 值并将初始值显示在文本框上，对属性成员 SideB 和 SideC 处理方法与属性成员 SideA 相同，再通过对象调用方法 triCir()和 triArea()计算周长和面积，将周长、面积和边长的初始值显示出来。

（3）在 Triangle 类中分别定义了 public Triangle()和 public Triangle(double sA)两个构造函数，它们函数名相同，只是参数个数不同，这种结构称作构造函数重载。代码如下：

```
public Triangle()     //系统默认构造函数
{

 }
public Triangle(double sA)   //构造函数
{
        sideA = sideB = sideC = sA;
}
```

相关知识

5.4.1 构造函数声明

构造函数是与类同名的特殊方法，构造函数不能被直接调用，只能在创建对象时调用，调用时将提供的参数值传递给构造函数对应的形参，执行完构造函数后返回。

构造函数声明格式：

```
类名称（形参表）
{
语句块
}
```

说明：

类中声明的构造函数有无参构造函数和有参构造函数，系统默认提供无参数的构造函数，即在类中没有声明构造函数时系统自动提供无参构造函数，并使用默认值初始化对象字段（数值型字段为 0，布尔型字段为 false，引用型为 null）。

例如：项目 triArea1，在 btnCal_Click 事件处理程序中执行创建对象语句 Triangle tri1 = new Triangle();，会自动调用类中默认的无参构造函数。

当在类中声明了有参构造函数，系统将不再提供默认的无参构造函数，因此这时程序中若调用一个无参的构造函数来初始化对象时，就会发生编译错误。例如：若在任务六的 btnCal_Click 事件处理程序中增加创建对象语句 Triangle tri1 = new Triangle();，再将类中无参构造函数除去，将发生编译错误。

构造函数的名字必须与类名相同；构造函数可以带参数，但没有返回值；构造函数在对象定义时被自动调用；构造函数可以被重载，但不可以被继承；如果没有给类定义构造函数，则编译系统会自动生成一个默认的构造函数。

5.4.2　构造函数重载

类中含有两个或两个以上参数个数、类型、种类不同的构造函数时，称为构造函数重载。构造函数实际上是对象实例化时调用的方法。

例如：求圆的面积。

```
class Program
{
    static void Main(string[] args)
    {
        Circle quyuan1=new Circle();               //创建对象，执行构造函数
        quyuan1.Printarea(quyuan1.R);              //调用类中的方法
        Circle quyuan2 = new Circle(10);           //创建对象，执行构造函数
        quyuan2.Printarea (quyuan2.R);             //调用类中的方法
    }
}
class Circle      //定义类 Circle
{
    private const double PI = 3.1415926;   //常量大写
    private double r;      //类的成员字段
    public Circle()   //构造函数
    {
        r = 10; //给 r 赋值
    }
    public Circle(double myr)
    {
        r = 10 + myr;
    }
    public double R
    {
        get
         {
             return r;
         }
    }
    public void Printarea(double paraR)
    {
        double S = paraR * paraR * PI ;
        Console.WriteLine(S);
    }
}
```

5.4.3　析构函数

析构函数也是类的特殊方法，主要用于释放类的实例。

析构函数声明格式：

```
~类名称()
{
语句块
}
```

析构函数的名字与类名相同，但它的前面需要加一个“~”符号；与构造函数不同的是析构函数不能带参数，也没有返回值；当撤消对象时，自动调用析构函数；析构函数不能被继承，也不能被重载。

例如：

```
class Round
{
    private int r;
    public Round()
    {

    }
    public Round(int r)
    {
        this.r = r;
    }
    public int R
    {
        get { return r; }
    }
    ~Round()          //析构函数
    {
        Console.WriteLine("~Round () is release");
    }
}
static void Main(string[] args)
{
    Round round1 = new Round(1);
    Console.WriteLine(round1.R);
}
```

按 Ctrl+F5 组合键，运行结果如图 5-10 所示。

图 5-10　显示字段初始值和析构函数执行结果

5.5　继承与多态

面向对象编程的重要特性有：封装、继承和多态。封装性已在前面做了介绍，下面介绍另外两个重要特性：继承性和多态性。

继承性是指在类之间建立一种关系，即在基类的基础上建立新的类称为派生类，使得新定义的派生类可以继承基类的成员，还可以定义新的成员，建立起类的新层次。

多态性是指在类中定义了功能不同但名称相同的方法或属性，通过在类中声明虚拟方法和属性，在派生类中重写这些方法成员的实现，使得调用名称相同的方法成员所执行的操作可能不同，展示出类的多态性。

任务七　“学生信息管理系统”项目——用户信息录入模块

任务描述

首先定义基类 Human，使其具有人的一般属性：“姓名”和“性别”，在基类基础上通过继承定义派生类 User，添加新的属性：“工号”、“所在单位”、“初始密码”、“用户权限”和“联系电话”，并将这五项基本信息输出，如图 5-11 所示。

任务解决方案

（1）创建名为 StudentInfo 的 Windows 应用程序项目。

（2）添加控件并设置属性。选择新建窗体，按照图 5-11 所示界面进行布局设计，从“工具箱”中的“Windows 窗体”选项卡中选择控件，用鼠标将控件拖放到新建窗体的适当位置，并根据表 5.4 设置控件属性。

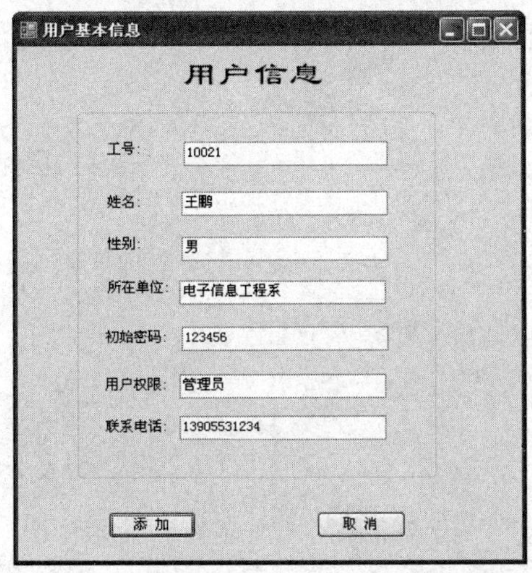

图 5-11　输入和显示用户基本信息窗口

表 5.4　属性表

控件	属性	设置	控件	属性	设置
Form1	Name	frmUserInfo	Label7	Name	lblTel
	Text	用户基本信息		Text	联系电话:
Label1	Name	lblUserID	TextBox1	Name	txtUserID
	Text	工号:	TextBox2	Name	txtUserName

续表

控件	属性	设置	控件	属性	设置
Label2	Name	lblUserName	TextBox3	Name	txtSex
	Text	姓名:	TextBox4	Name	txtUnit
Label3	Name	lblSex	TextBox5	Name	txtPwd
	Text	性别:	TextBox6	Name	txtPur
Label4	Name	lblUnit	TextBox7	Name	txtTel
	Text	所在单位:	Button1	Name	btnAdd
Label5	Name	lblPsw		Text	添加
	Text	初始密码:	Button2	Name	btnCancel
Label6	Name	lblPur		Text	取消
	Text	用户权限:			

（3）编写程序代码。

①在窗体 frmUserInfo 的代码编辑器窗口，添加下列程序代码：

```
public class Human
{
    private string name;
    private string sex;
    public Human()
    { }
    public Human(string myname,string mysex)
    {
        name = myname;
        sex = mysex;
    }
    public string Name
    {
        get
        {
            return name;
        }
        set
        {
            name = value;
        }
    }
    public string Sex
    {
        get
        {
            return sex;
        }
        set
        {
            sex = value;
        }
```

```
        }
        public string Print()
        {
            string str1 = "    姓名：" + name + "    性别：" + sex;
            return str1;
        }
}
public class User : Human
{
    private string id;
    private string unit;
    private string pwd;
    private string purview;
    private string tel;
    public string Id
    {
        get
        {
            return id;
        }
        set
        {
            id = value;
        }
    }
    public string Unit
    {
        get
        {
            return unit;
        }
        set
        {
            unit = value;
        }
    }
    public string Pwd
    {
        get
        {
            return pwd;
        }
        set
        {
            pwd = value;
        }
    }
    public string Purview
    {
        get
        {
            return purview;
```

```
            }
            set
            {
                purview = value;
            }
        }
        public string Tel
        {
            get
            {
                return tel;
            }
            set
            {
                tel = value;
            }
        }
        public new string Print()
        {
            string str2 = "职工号：" + id + base.Print() + " 所在单位："
                        + unit + "初始密码：" + pwd + "用户权限：" + purview
                        + "联系电话：" + tel;
            return str2;
        }
    }
```

②双击“添加”按钮，在其 Click 事件处理程序中，插入下列代码：

```
private void btnAdd_Click(object sender, EventArgs e)
{
    User myUser = new User();
    myUser.Id =txtUserID.Text.Trim();
    myUser.Name = txtUserName.Text.Trim();
    myUser.Sex = txtSex.Text.Trim();
    myUser.Unit = txtUnit.Text.Trim();
    myUser.Pwd = txtPwd.Text.Trim();
    myUser.Purview = txtPur.Text.Trim();
    myUser.Tel = txtTel.Text.Trim();
    string str = myUser.Print();
    MessageBox.Show(str, "确认信息", MessageBoxButtons.OKCancel,MessageBoxIcon.Information);
 }
```

③双击“取消”按钮，在其 Click 事件处理程序中，插入下列代码：

```
private void btnCancel_Click (object sender, EventArgs e)
{
    txtUserID.Text = "";
    txtUserName.Text = "";
    txtSex.Text = "";
    txtUnit.Text = "";
    txtPwd.Text = "";
```

```
        txtPur.Text = "";
        txtTel.Text = "";
}
```

（4）测试程序。按 F5 键运行程序，显示 Windows 应用程序窗口，在文本框中输入工号、姓名等内容，单击“添加”按钮，将弹出“确认信息”提示框，在提示框中显示工号、姓名等基本信息；单击“取消”按钮，清除文本框中内容。

分析描述

（1）在基类 Human 中包含有两个字段 name 和 sex，两个构造函数，两个属性 Name 和 Sex，一个方法 Print，方法 Print 用来返回 name 和 sex 值，作为输出信息的内容。

（2）声明派生类 User。声明派生类格式与声明其他类格式基本相同，唯一区别是在派生类名后加“:基类名”，指定继承的基类。

声明 User 派生类格式如下：

```
class User:Human
{ … }
```

由于 User 具有 Human 的属性和性能，因此定义派生类 User 时需要继承 Human 基类，这样在派生类中就不需要重复写与 Human 中代码相同的内容，只要将新增的内容写入派生类，如新增五个字段 id、unit、pwd、purview 和 tel，五个属性 Id、Unit、Pwd、Purview 和 Tel，一个方法 Print。

（3）由于在派生类中定义的方法 Print 与基类定义的方法名称相同，但内容不同，则需要在派生类的定义方法语句中加入修饰符 new，可以显式地隐藏从基类继承的方法成员 Print。若在派生类中需要访问基类的 Print 方法，用 base.Print()。

（4）在派生类 User 中不包含任何构造函数声明，则默认提供一个无参构造函数，该构造函数会调用基类无参构造函数，若基类 Human 包含有参构造函数，则必须声明一个无参构造函数，否则会发生编译错误。

任务八　计算圆面积和周长、圆柱体表面积和体积

任务描述

通过多级继承，完成圆面积和周长的计算、圆柱体表面积和体积的计算，要求：

首先将圆心坐标定义为基类，在基类中包含坐标 X 属性和 Y 属性，定义 Print 方法用来输出圆心坐标位置；继承基类建立圆派生类，新增圆的半径 R 属性，定义求圆面积和周长的方法，并重写 Print 方法用来输出圆心坐标、圆面积和周长；再将圆作为基类建立圆柱体派生类，新增圆柱体的高度 Height 这一属性，重写求面积方法，改为求圆柱体表面积，定义求体积的方法，重写 Print 方法用来输出圆柱体表面积和体积等。

任务解决方案

（1）创建名为 cylArea1 的 Windows 应用程序项目。

（2）添加控件并设置属性。选择新建窗体，按照图 5-12 所示界面进行布局设计，从“工具箱”的“Windows 窗体”选项卡中选择控件，用鼠标将控件拖放到新建窗体的适当位置，

并根据表 5.5 设置控件属性。

（a）（b）（c）

图 5-12 显示圆心的坐标、面积、圆柱体表面积和体积界面

表 5.5 属性表

控件	属性	设置	控件	属性	设置
Form1	Name	frmInherit	Button2	Name	btnRound
	Text	类继承		Text	圆
TextBox1	Name	txtResult	Button3	Name	btnColumn
	Multiline	true		Text	圆柱
Button1	Name	btnCentre	Button4	Name	btnClear
	Text	圆心		Text	清除

（3）编写程序代码。

①在窗体 frmInherit 的代码编辑器窗口，添加下列程序代码：

```
public class Centre        //定义基类
{
    private int x;
    private int y;
    public Centre()
    { }
    public Centre(int myx,int myy)
    {
        x = myx;
        y = myy;
    }
    public int X
    {
        get { return x; }
        set { x = value; }
    }
    public int Y
    {
```

```
            get { return y; }
            set { y= value; }
        }
        public virtual string Print()
        {
          string str = "圆心坐标：(" + X.ToString() + "," + Y.ToString() + ")";
          return str;
        }
    }
    public class Round:Centre      //定义派生类
    {
        private int r;
        public Round()
        { }
        public Round(int myx,int myy,int myr):base(myx ,myy)
        {
            r = myr;
        }
        public int R
        {
            get { return r; }
            set { r = value; }
        }
        public virtual double Area()   //定义计算圆面积的方法
        {
            double s = R * R * Math.PI;
            return s;
        }
        public double Perimeter()          //定义计算圆周长的方法
        {
            double l = 2 * R * Math.PI;
            return l;
        }
        public override string Print()
        {
            string str = base.Print()+"\r\n"+"圆的面积："+Area().ToString()+"\r\n"+"圆的周长："+
            Perimeter().ToString();
            return str;
        }
    }
          public class Column : Round       //定义派生类
    {
       private int height;
       public Column()
       { }
       public Column(int myx,int myy,int myr,int myheight):base(myx,myy,myr)
       {
          height = myheight;
       }
       public int Height
       {
          get { return height; }
```

```
            set { height = value; }
        }
        public override double Area()        //定义计算圆柱体表面积的方法
        {
            double s = 2*base.Area()+base.Perimeter() * height;
            return s;
        }
        public double Volume()        //定义计算圆柱体体积的方法
        {
            double v = base.Area() * Height;
            return v;
        }
        public override string Print()
        {
            string str = "圆柱体表面积：" + Area().ToString() + "\r\n" + "圆柱体体积：" + Volume().ToString();
            return str;
        }
    }
```

②双击“圆心”按钮，打开代码编辑器，输入事件处理程序：

```
private void btnCentre_Click(object sender, EventArgs e)
{
    Centre centre1 = new Centre(6,10);
    string output=centre1.Print();
    txtResult.Text = output.ToString();
}
```

③双击“圆”按钮，输入事件处理程序：

```
private void btnRound_Click(object sender, EventArgs e)
{
    Round round1 = new Round(5,5,10);
    string output = round1.Print();
    txtResult.Text = output.ToString();
}
```

④双击“圆柱”按钮，输入事件处理程序：

```
private void btnColumn_Click(object sender, EventArgs e)
{
    Column column1 = new Column(2,3,10,20);
    string output = column1.Print();
    txtResult.Text = output.ToString();
}
```

⑤双击“清除”按钮，输入事件处理程序：

```
private void btnClear_Click(object sender, EventArgs e)
{
    txtResult.Text = "";
}
```

（4）测试程序。按 F5 键运行程序，显示 Windows 应用程序窗口，单击“圆心”按钮，在文本框中显示圆心的坐标，单击“圆”按钮，在文本框中显示圆心的坐标、圆面积和周长，单击“圆柱”按钮，在文本框中显示圆柱体表面积和体积，结果如图 5-12 所示；单击“清除”按钮，清除文本框中内容。

分析描述

（1）Centre 类。将 Centre 类定义为基类，其中定义了表示圆心坐标的两个字段 x 和 y 为 private 类型（字段一般都定义为私有类型），只能在类中访问使用，派生类和其他外部程序都不能访问；定义了两个属性 X 和 Y 为 public 类型，提供给类的外部程序代码输入输出数据；定义了两个构造函数，一个是无参数的，一个是有两个参数的，用来在类实例化时将基类中的字段 x 和 y 初始化为指定值；定义了一个方法 Print，用来表示圆心的坐标，并且将该方法通过 virtual 关键字定义为虚拟方法；而派生类中的方法 Print 与此方法执行的操作内容不同，需要“重写”。

（2）Round 类。以 Centre 类为基类定义成派生类，继承了基类的字段、属性和方法成员，新增了自己特有的字段、属性和方法。定义了表示圆的半径字段 r 为 private 类型；定义了属性 R 为 public 类型；定义了构造函数，在 Round 类实例化时显式地调用基类的构造函数 base(…)，将类中的字段 r 和基类中字段 x、y 初始化为指定值。如：

```
public Round(int myx,int myy,int myr):base(myx ,myy)
{
    r = myr;
}
```

在 Round 派生类中定义求圆周长的方法 Perimeter 和求圆面积的方法 Area，将 Area 方法声明为 virtual 虚拟方法，目的是在派生类中可以“重写”该方法；Print 方法通过关键字 override 进行了重写，用来表示圆心的坐标、圆的面积和周长，与基类 Print 方法执行的内容不同，这也展示了类的多态性。

（3）Column 类。以 Round 类为基类定义成派生类，在派生类中新定义了表示圆柱体高度的字段 height，并将其定义为 private 类型；定义了属性 Height 为 public 类型；同样也定义了构造函数，用来在 Column 类实例化时显式调用基类的构造函数，使字段 x、y、r、height 初始化为指定值；定义了 Volume 方法用来求圆柱体的体积；将 Area 方法用 override 进行了重写，虽然方法名与基类方法名相同，但内容不同，改为求圆柱体的表面积；对 Print 方法也进行了重写，用来表示圆柱体的表面积和体积。

（4）关键字 base 的使用。关键字 base 是用来从派生类中访问基类的属性和方法成员，如：Column 类 Volume 方法中的语句 double v = base.Area() * Height;，其中 base.Area()表示调用 Round 类中的 Area 方法，该方法表示圆柱体的底面积；同样的，在 Round 类的 Print 方法和 Area 方法中也都用到 base 来调用基类的方法；若要访问基类属性也可以用 base，如在 Column 类中要访问基类属性 R 可以用 base.R。关键字 base 还有另一个方面的应用就是在构造函数中显式调用基类的构造函数。

任务九　使用抽象类，计算圆面积和周长、圆柱体表面积和体积

任务描述

通过抽象方法和抽象类，完成圆面积和周长的计算、圆柱体表面积和体积的计算，要求：首先定义抽象类 Circular，在 Circular 类中包含 X 属性和 Y 属性，以及抽象方法 Area 和 Print、将方法 Perimeter 和 Volume 定义成虚拟方法；其次 Centre 类继承抽象类 Circular，Round

类继承 Centre 类，Column 类继承 Round 类，在派生类中重写抽象方法和虚拟方法。

任务解决方案

（1）创建名为 cylArea2 的 Windows 应用程序项目。

（2）添加控件并设置属性。界面布局设计与项目 cylArea1 相同。

（3）编写程序代码。

①在窗体代码编辑器窗口，添加下列程序代码：

```
public abstract class Circular
{
    private int x;
    private int y;
    public Circular()
    { }
    public Circular(int myx, int myy)
    {
        x = myx;
        y = myy;
    }
    public int X
    {
        get { return x; }
        set { x = value; }
    }
    public int Y
    {
        get { return y; }
        set { y = value; }
    }
    public abstract string Print();
    public abstract double Area();
    public virtual double Perimeter()
    {
        return 0;
    }
    public virtual double Volume()
    {
        return 0;
    }
}
public class Centre:Circular
{
    public Centre()
    { }
    public Centre(int myx,int myy):base(myx,myy)
    { }
    public override string Print()
    {
        string str = "圆心坐标：(" + X.ToString() + "," + Y.ToString() + ")";
        return str;
    }
```

```
        public override double Area()
        {
            return 0;
        }
    }
    public class Round:Centre
    {
        private int r;
        public Round()
        { }
        public Round(int myx,int myy,int myr):base(myx,myy)
        {
            r = myr;
        }
        public int R
        {
            get { return r; }
            set { r = value; }
        }
        public override double Area()
        {
            double s = R * R * Math.PI;
            return s;
        }
        public override double Perimeter()
        {
            double l = 2 * R * Math.PI;
            return l;
        }
        public override string Print()
        {
            string str = base.Print ()+"\r\n"+"圆的面积："+Area().ToString()+"\r\n"+"圆的周长："+
            Perimeter().ToString();
                return str;
        }
    }
    public class Column : Round
    {
        private int height;
        public Column()
        { }
        public Column(int myx,int myy,int myr,int myheight):base(myx,myy,myr )
        {
            height = myheight;
        }
        public int Height
        {
            get { return height; }
            set { height = value; }
        }
        public override double Area()
        {
```

```
            double s = 2*base.Area()+ base.Perimeter() * height;
            return s;
        }
        public override double Volume()
        {
            double v = base.Area() * Height;
            return v;
        }
        public override string Print()
        {
            string str = "圆柱体表面积：" + Area().ToString() + "\r\n" + "圆柱体体积：" + Volume().ToString();
            return str;
        }
    }
```

②“圆心”、“圆”、“圆柱”等命令按钮的事件代码与任务八中命令按钮的事件代码相同。

（4）测试程序。按 F5 键运行程序，显示 Windows 应用程序窗口，单击“圆心”按钮，在文本框中显示圆心的坐标；单击“圆”按钮，在文本框中显示圆心的坐标、圆面积和周长；单击“圆柱”按钮，在文本框中显示圆柱体表面积和体积，结果如图 5-12 所示；单击“清除”按钮，清除文本框中内容。

分析描述

（1）Circular 类。通过 abstract 关键字将 Circular 类定义为抽象类，这是因为 Circular 类中包含有抽象成员，此时该类必须声明为抽象类。在 Circular 类中声明了 X 和 Y 两个属性、Area 和 Print 两个抽象方法、Perimeter 和 Volume 两个虚拟方法。在不同层次的派生类中，由于所求的面积不同，如在 Round 类中求圆的面积，在 Column 类中求圆柱体表面积，因此在 Circular 类中将方法 Area 声明为抽象方法，在其派生类通过重写实现该方法，以达到计算圆面积的目的。同样的道理，将 Print 方法也声明为抽象方法。Perimeter 方法声明为虚拟方法，在抽象类 Circular 中该方法的返回值为 0，派生类 Centre 表示的是圆心坐标而不需要计算周长，所以不需要声明该方法；在派生类 Round 中要求计算圆的周长，通过重写该虚拟方法以实现圆周长的计算。同样的道理，在派生类 Column 中要求计算圆柱体体积，只要在该类中重写虚拟方法 Volume 以实现圆柱体体积的计算。

（2）抽象方法。声明抽象方法 Area 和 Print 必须放在抽象类 Circular 中，在声明方法时通过 abstract 关键字进行修饰，由于它不提供方法的具体实现，所以与其他方法的区别是没有方法体，并且不需要跟一对大括号，方法声明语句以分号结束。

例如：

```
public abstract string Print();
public abstract double Area();
```

抽象方法必须在派生类中提供实现，通过 override 关键字重写方法，提供相应的方法体。如抽象方法 Area 和 Print，必须在 Centre 类中提供该方法的实现。

例如：

```
public override string Print()
{
    string str = "圆心坐标：(" + X.ToString() + "," + Y.ToString() + ")";
```

```
        return str;
    }
    public override double Area()
    {
        return 0;
    }
```

（3）虚拟方法。在抽象类 Circular 中声明的虚拟方法 Perimeter 和 Volume，在其派生类中可以不声明（已实现），可以直接引用，也可以在需要更改该方法的派生类中通过 override 关键字进行重写。

（4）抽象类不能实例化，但可以建立抽象类变量，将对象赋给该变量或将该变量作为参数进行传递。

例如：

```
private void btnCentre_Click(object sender, EventArgs e)
{
    Centre centre1 = new Centre(6,10);
    Circular circular1 = centre1;      //建立抽象类变量，并赋给对象 centre1
    string output = circular1.Print();
    txtResult.Text = output.ToString();
}
```

相关知识

5.5.1 派生类

派生类声明格式：

```
Class 派生类名:基类名
{
    语句块
}
```

1. 派生类与基类

派生类是从基类中继承成员，并且添加新成员或重新定义成员，一般称被继承的类为基类或父类，继承后产生的新类称为派生类或子类。

基类中构造函数和析构函数不能被派生类继承，其他成员都能被继承。

2. 基类成员修饰符

基类成员修饰符可为 public、protected、private，其含义如下：

public：访问该成员不受任何限制，可以被基类和派生类访问，也可以被外部代码访问。

protected：访问该成员仅限于派生类，基类和外部代码都不能访问。

private：该成员仅限于包含它的类，不能被派生类和外部代码访问。

例如：在任务七的程序代码中，Human 类中的 name 和 sex 字段定义成 private 类型，所以只能在本类中访问使用，在派生类 User 和 btnAdd_Click 事件代码中都不能访问；若将这两个字段改为 protected 类型，则不仅本类中可以访问使用，在派生类 User 中也可以访问，但在 btnAdd_Click 事件代码中不能访问；若将这两个字段改为 public 类型，则在派生类 User 和 btnAdd_Click 事件代码中都能访问，但这样可以随意访问类中数据会出现安全性问题，所以一般定义为 private 类型。

```
public class User : Human
{
    private string id;
    private string unit;
    private string pwd;
    private string purview;
    private string tel;
    public string Id
    {
        get
        {
            return id;
        }
        set
        {
            id = value;
        }
    }
    public string Unit
    {
        get
        {
            return unit;
        }
        set
        {
            unit = value;
        }
    }
    public string Pwd
    {
        get
        {
            return pwd;
        }
        set
        {
            pwd = value;
        }
    }
    public string Purview
    {
        get
        {
            return purview;
        }
        set
        {
            purview = value;
        }
    }
    public string Tel
```

```
        {
            get
            {
                return tel;
            }
            set
            {
                tel = value;
            }
        }
        public new string Print()
        {
            string str2 = "职工号：" + id + base.Print() + "  所在单位："
                            + unit + "初始密码：" + pwd + "用户权限：" + purview
                            + "联系电话：" + tel;
            return str2;
        }
    }
```

3. Base 关键字的作用

Base关键字是用于从派生类中访问基类的成员。有两种基本用法：

（1）指定创建派生类实例时应调用的基类构造函数，在派生类中显式调用直接基类构造函数，完成对基类成员的初始化工作。

例如：修改任务七的程序代码，在派生类中添加有参数的构造函数，添加部分如下（见带底纹部分）：

```
public class User: Human
{
    private string id;
    private string unit;
    private string pwd;
    private string purview;
    private string tel;
    public User ( string myid,string name,string sex, string myunit,string mypurview,
    string mytel):base(name,sex )
    {
        id = myid;
        unit= myunit;
        purview = mypurview;
        tel = mytel;
    }
}
```

（2）在派生类中访问基类成员。

Base.方法名

或

Base.属性名

例如：在任务七的 User 派生类中用 base 调用 Print 方法（见带底纹部分）。

```
public new   string Print()
{
    string str2 = "职工号："+id+base.Print() + "   所在单位：" + unit + "初始密码：" + pwd+ "用户权限："
```

```
    + purview+ "联系电话：" + tel;
    return str2;
}
```

4. new 修饰符的作用

若派生类中的成员和基类的成员使用了相同名称、相同参数和类型时，系统编译时会发出警告，但不会发生错误。这时可以用 new 修饰符显式地隐藏从基类继承的成员。

5.5.2 虚拟方法和重写方法

1. 虚拟方法

派生类继承了基类方法，如果在派生类中需要用到与基类相同的方法名，但方法执行的操作内容不同时，则需要“重写”它们，即重写方法成员的实现。在基类中声明方法时用 virtual 关键字来修饰，表示此方法为虚拟方法，用 virtual 声明的方法可以在派生类中重写。虚拟方法声明中不能包含 static、abstract、override 修饰符。

在声明方法时没有用 virtual 关键字的，该方法为非虚拟方法。非虚拟方法的执行是不变的，不管方法在它声明的类的实例还是在派生类的实例中被调用，执行都是相同的。

例如：

```
public class Parent
{
    public virtual void Job()
    {
        Console.WriteLine("软件行业。");
    }
}
```

2. 重写方法

重写方法就是在派生类中用相同的名称重写基类继承的虚拟方法，也就是在派生类中重新定义此虚拟方法的实现，在声明方法时用 override 关键字来修饰，表示该方法为重写方法。

虚拟方法的执行可以被派生类重写后改变，具体实现时要求重写方法的方法名、返回值类型、参数表中的参数个数、类型、顺序都必须与基类中的虚拟方法完全一致。在方法声明中不能有 new、static、virtual 修饰符。

例如：

```
public class Child:Parent
{
    public override void Job()
    {
        Console.WriteLine("代码编写。");
    }
}
```

5.5.3 多态性的应用

下面通过一个例子来介绍多态性的应用。

例如：

```
public class Parent
{
    public void Profession()
    {
```

```
            Console.WriteLine("我是一个技术人员。");
        }
        public virtual void Job()
        {
            Console.WriteLine("软件行业。");
        }
    }
    public class Child:Parent
    {
        public new void Profession()
        {
            Console.WriteLine("我是一个软件工程师。");
        }
        public override void Job()
        {
            Console.WriteLine("代码编写。");
        }
    }
    static void Main(string[] args)
    {
        Parent p = new Parent();
        p.Profession();
        p.Job();
        Child c = new Child();
        p = c;
        p.Profession();
        p.Job();
        c.Profession();
        c.Job();
    }
```

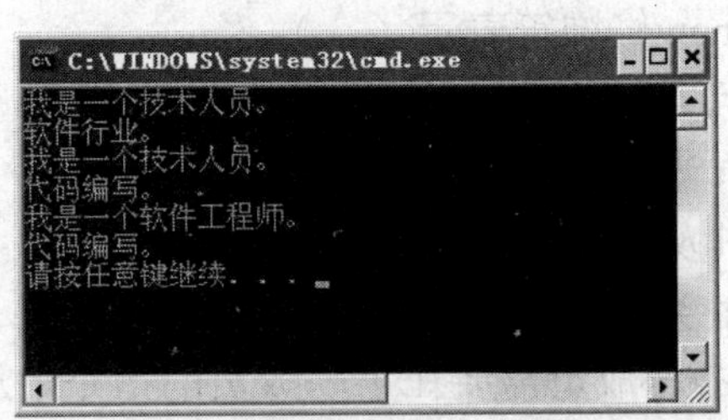

图 5-13　显示调用基类和派生类方法的结果

按 Ctrl+F5 组合键运行程序，运行结果如图 5-13 所示。观察结果，发现基类实例化对象 p 被派生类实例对象 c 赋值后，p 调用的非虚拟方法 Profession()结果不变，这是因为该方法是在编译时确定的；而它调用的 Job()方法在基类中是虚拟方法，在派生类中是重写方法，它是由运行时引用的对象来确定，呈现多态性，p 运行时引用了对象 c，它是派生类对象，所以调用派生类中的 Job()方法。

5.5.4　抽象类和抽象成员

1．抽象类

在类声明中用 abstract 关键字进行修饰，表明此类只能是其他类的基类，称为抽象类。在类中含有一个或一个以上的抽象成员的类必须声明为抽象类，抽象类也可以包含非抽象类成员，当类中一个抽象类成员都没有的情况下，也可以将该类声明为抽象类。抽象类是为了提供一个比较合适的类，由此派生出其他的类，它不能实例化，而是在派生类中实现。

2. 抽象成员

抽象类中包含的抽象成员可以是抽象属性和抽象方法，声明时都用 abstract 关键字进行修饰，表示该属性和方法未实现，其中抽象方法没有方法体，但必须声明，在它的派生类中通过重写提供实现。

例如：

```
public class abstract Goods
{
    Public abstract string kind
    {
        get;
    }
    Public abstract double Money();
}
```

习题五

一、选择题

1．在类的声明语句中，要使类不受任何限制地被访问可以选择的修饰符是（ ），使类用来做其他类的基类但又不能单独使用可以选择的修饰符是（ ）。

A．private、protected　　B．public、protected

C．public、abstract　　D．private、protected

2．在类的声明语句中用new修饰符表示（ ）。

A．只有本类才能访问

B．类由基类中继承而来，有与基类中同名的成员

C．只能对其所在类和从该类派生的子类进行访问

D．该类不能作为其他类的基类，不能派生新的类

3．要将类的成员定义为静态成员需要在声明成员的指令中加上（ ）保留字，没有这个保留字的为非静态成员。

A．static　　B．steady　　C．scaled　　D．const

4．对静态方法的描述有错误的是（ ）。

A．静态方法用类名来调用　　B．静态方法用对象名来调用

C．静态方法属于类，不属于实例　　D．静态方法属于实例，不属于类

5．方法只用来完成某方面的操作，而无返回值，可以在方法名前加上（ ）。

A．int　　B．double　　C．string　　D．void

6．方法按引用传递方式传递参数，可以保留方法中对参数的修改，必须（ ）。

A．在形参和实参前加 ref 或 out

B．只在形参前加 ref 或 out

C．只在实参前加 ref 或 out

D．在形参前加 ref，而在实参前加 out

7．属性是通过访问器来读写数据，属性中访问器的配备描述错误的是（　）。

A．必须同时有 set 访问器和 get 访问器

B．可以只有 set 访问器

C．可以只有 get 访问器

D．可以同时没有 set 访问器和 get 访问器

8．派生类和基类的关系描述是（　）。

A．派生类继承了基类所有成员

B．派生类可以访问基类成员

C．基类可以访问派生类成员

D．派生类访问基类属性和方法需要使用 base 关键字

9．类中 this 关键字可以在（　）中使用。

A．构造函数　　B．方法　　C．属性访问器　　D．以上三者

10．在派生类中对虚拟方法重写需要在重写的方法语句中加（　）关键字。

A．new　　B．abstract　　C．virtual　　D．override

二、应用题

1．创建一个学生类，要求有学号：StudentId、姓名：Name、性别：Sex、所属系部：Department、专业：Specialty、班级：Class、总分：Score 等字段，建立一个方法能够显示所有字段的值，输出可以选择用窗体或控制台。

2．创建一个成绩类，要求在类中包含有属性：学号、姓名、英语成绩、数学成绩、数据库技术成绩，有计算总分的方法，并能输入和输出。

3．创建一个商品类，要求有商品名称、单价、数量、金额字段及属性，计算出它的金额，并显示在窗体上，界面设计如图 5-14 所示。

图 5-14　商品销售金额计算和显示界面

4．应用类的继承性，通过基类和派生类完成以下功能：给出正方形的边长，计算正方形周长和面积；给出正方体的高，计算出正方体的表面积和体积；根据给出的正方形，计算出正方形内切圆的周长和面积；给出圆锥体的高，计算圆锥体的表面积和体积。

第 6 章　WinForm 应用程序设计

Windows 窗体是WinForm应用程序设计的基础,窗体控件封装了用户界面功能,并且可以用于客户端 Windows 应用程序。本章将通过一个典型的管理系统——“学生信息管理系统”来介绍 Windows 窗体及主要控件的属性、事件和方法，使读者可以掌握 WinForm 应用程序设计中基本的事件处理程序绑定机制和代码编写方法。

- Windows 窗体属性及常用事件
- 事件处理程序绑定机制
- 编写事件处理程序代码
- 常用控件
- 菜单栏、工具栏、状态栏
- 多文档界面（MDI）

- 能正确使用控件设计界面
- 能正确编写事件处理程序代码
- 能创建菜单、窗口和多文档界面（MDI）

6.1　菜单栏、工具栏和状态栏

任务一　“学生信息管理系统”项目——主界面的设计

任务描述

设计“学生信息管理系统”项目的主界面。用户可以使用菜单和工具栏分别实现“基本信息管理”、“学生档案管理”、“学生成绩管理”、“帮助”和“退出系统”等功能，并可以在状态栏中显示用户当前的操作，如图 6-1 所示。

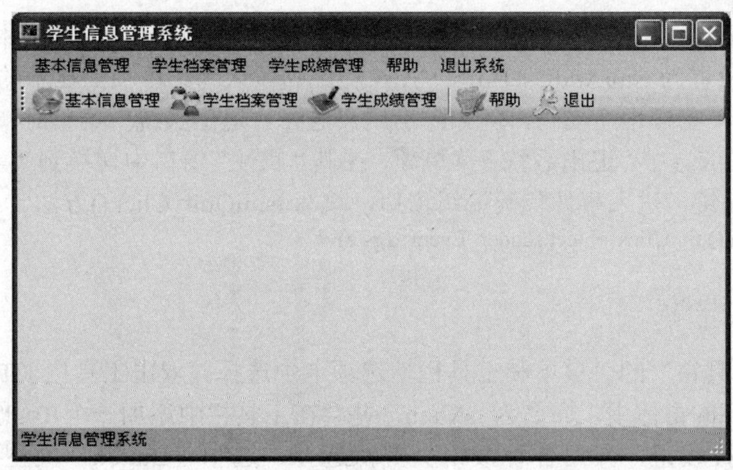

图 6-1　“学生信息管理系统”项目的主界面

任务解决方案

（1）创建名为 StudentInfo 的 Windows 应用程序项目。

（2）新建窗体，命名为 frmMain，作为系统的主界面，并根据表 6.1 设置控件属性。

表 6.1　frmMain 属性

控件	属性	设置
Form1	Name	frmMain
	Text	学生信息管理系统
	Icon	添加界面图标
	Size	1024, 768
	Startposition	CenterScreen

（3）从“工具箱”的“菜单和工具栏”选项卡中选择并双击菜单栏（MenuStrip）控件，将其添加到 frmMain 窗体中，命名为 msMain，如图 6-2 所示。

（4）单击“请在此处键入”框，输入第一个顶层菜单“基本信息管理”，当新的菜单项添加到菜单栏上之后，在它的右侧和下方将会出现两个“请在此处键入”框，可以继续添加下级菜单项和同级菜单项，如图 6-3 所示。

图 6-2　添加菜单栏

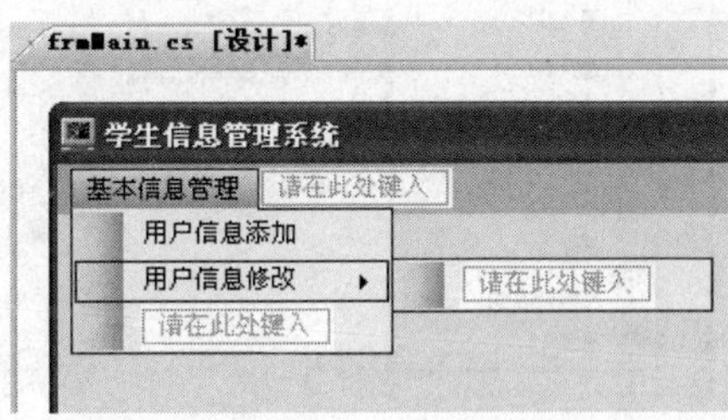

图 6-3　添加菜单项

（5）按照图 6-4 所示分别输入“基本信息管理”、“学生档案管理”、“学生成绩管理”、“帮助”和“退出系统”等一级菜单项和子菜单，并分别设置每个菜单项的 Name 和 Text 属性。

其中 Name 属性要求以 tsmi 作为前缀，加上一个有意义的名称，例如：“基本信息管理”菜单项的 Name 属性设置为 tsmiAddUserInfo；Text 属性则默认为菜单项上显示的文字。

（6）编写菜单响应程序代码，例如：当用户选择“退出系统”菜单时，系统退出。要完成此项功能，首先应选中“退出系统”菜单项，在其“属性”窗口中切换到“事件”，选择 Click 事件并双击鼠标左键，进入事件代码编辑窗口，编写 tsmiQuit_Click()方法。

```
private void tsmiQuit_Click(object sender, EventArgs e)
{
    Application.Exit();
}
```

（7）从“工具箱”的“菜单和工具栏”选项卡中选择并双击工具栏（ToolStrip）控件，将其添加到 frmMain 窗体中，命名为 tsMain，并会在工具栏中添加一个 ToolStripButton 按钮，单击该按钮的下拉按钮，弹出各种按钮类型供选择，选中“Button”类型，将按钮命名为 tsbnAddBaseInfo，如图 6-5 所示。

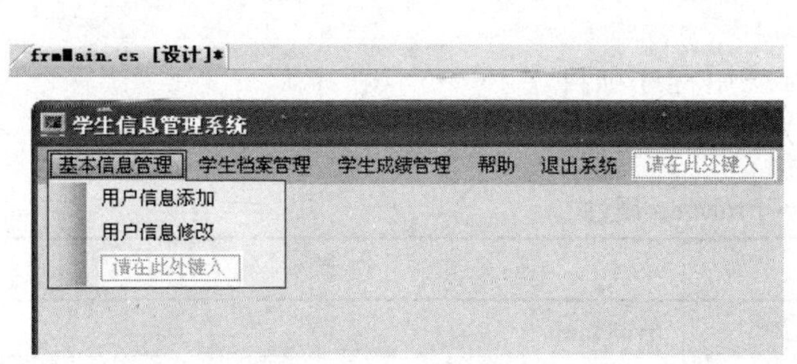

图 6-4 添加了菜单的 frmMain 窗体

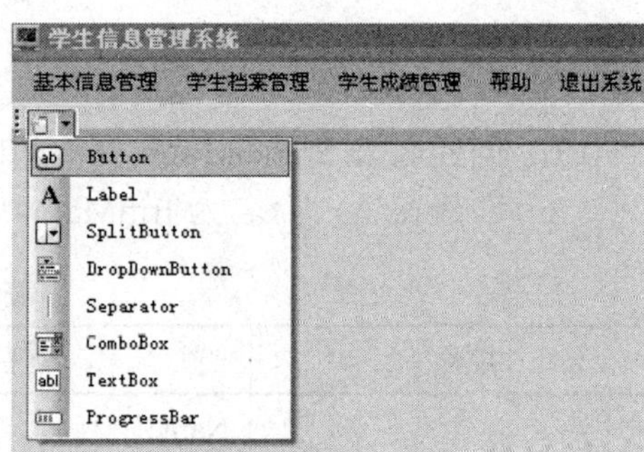

图 6-5 添加工具栏

（8）选中新增的按钮，右击鼠标，设置按钮显示类型，选择“DisplayStyle”中的“ImageAndText”（即图片和文本）选项，如图 6-6 所示。

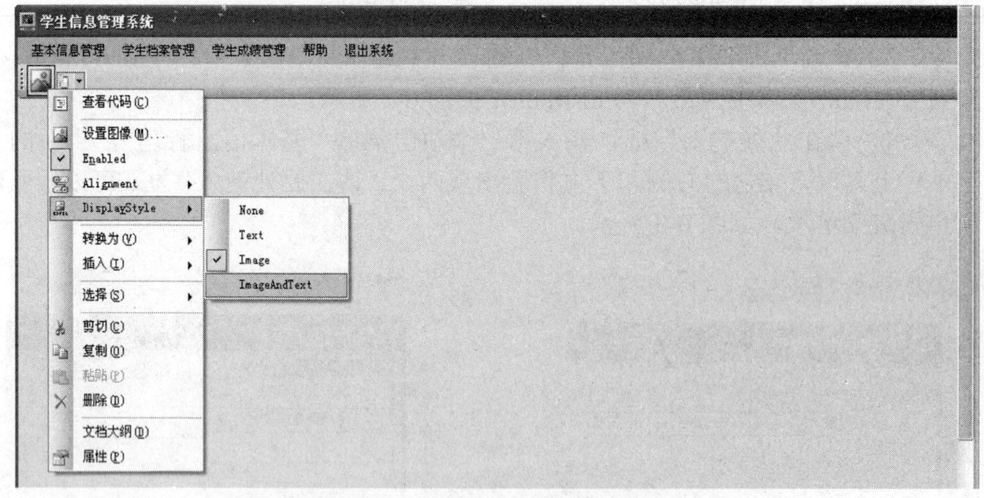

图 6-6 设置工具栏按钮显示类型

（9）按照图 6-7 所示添加工具栏按钮，并分别设置每个按钮的 Name、Text 和 Image 属性。

图 6-7　添加完成的工具栏

（10）编写工具栏按钮响应程序代码。由于工具栏按钮的功能和菜单功能完全一致，其响应程序代码可以和菜单响应程序代码内容完全一致，但是系统的冗余代码较多，因此建议直接调用相应的菜单响应程序代码。例如：需要利用工具栏按钮实现退出功能，可以选中工具栏中的“退出”按钮，在其“属性”窗口中切换到“事件”，选择 Click 事件，双击鼠标左键，进入代码编辑窗口，编写 tsbntQuit_Click()方法。

```
private void tsbntQuit_Click(object sender, EventArgs e)
{
    tsmiQuit_Click(sender, e)
}
```

（11）添加状态栏的方法基本和工具栏一致，可以从“工具箱”中的“菜单和工具栏”选项卡中选择并双击状态栏（StatusStrip）控件，添加一个状态栏控件到 frmMain 窗体中，将其命名为 ssMain，在该控件中选择 StatusLabel 选项，如图 6-8 所示，为状态栏添加一个标签，并将其命名为 slblMain，把该标签的 Text 属性设为“学生信息管理系统”。

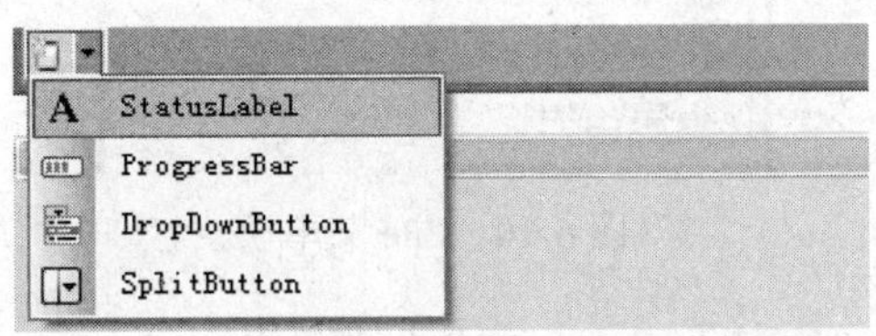

图 6-8　添加状态栏

分析描述

为 WinForm 应用程序设计菜单栏、工具栏和状态栏是系统开发中一个重要的组成部分，Visual Studio 2008 提供了 MenuStrip 控件、ToolStrip 控件和 StatusStrip 控件，通过设置相关属性和编写事件代码就可以快速创建操作方便、功能齐全的菜单栏、工具栏和状态栏。

相关知识

6.1.1　MenuStrip 控件

在本系统中菜单栏的设置相对比较简单，如果需要创建如图 6-9 所示的较复杂菜单时，则必须要设置 MenuStrip 控件的相关属性来实现。

1. MenuStrip 的常用属性

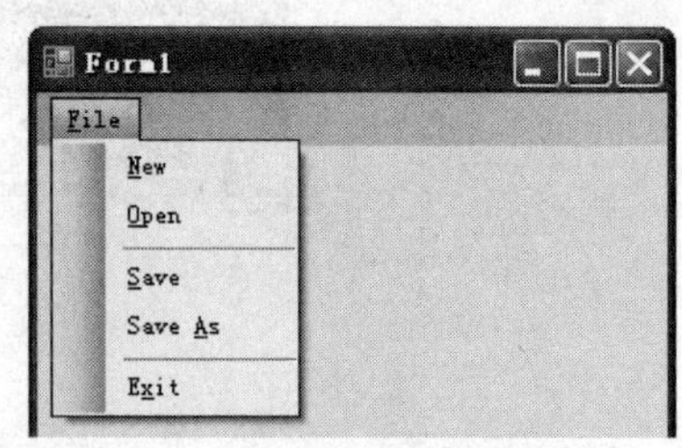

图 6-9 File 菜单项

（1）Name。MenuStrip 控件的名字，根据常用命名规范统一用 ms+菜单名，如：msMain、msManagement。

（2）Text。指示菜单项的文本标题，用户既可以在属性窗口设置该内容，也可以在菜单中直接单击菜单项进行设置和更改，还可以在作为访问键的字符前面加一个“&”字符来指定访问键。如果将 Text 属性设置为“-”，则可以设置一个分栏线。

例如：设置如图 6-10 所示的菜单时，可以在 File 项下面的文本区域输入如下内容：

&New
&Open
-
&Save
Save &As
-
E&xit

（3）ShortcutKeys。通过 ShortcutKeys 属性值，用户可以设置与菜单项关联的快捷键。

（4）ShowShortcutKeys。设置 ShowShortcutKeys 属性值为“True”时，在程序运行时显示与菜单项关联的快捷键。

例 6.1 设置如图 6-10 所示的菜单，增加快捷键，可以按照表 6.2 设置各控件的属性。

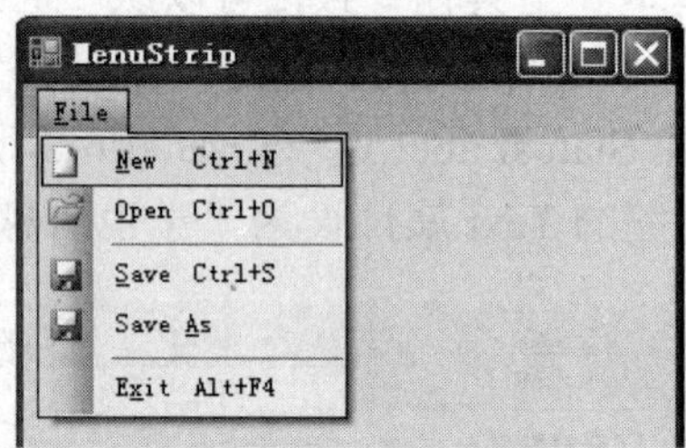

图 6-10 File 菜单项

表 6.2 属性表

控件	属性	设置
Form1	Name	frmMenuStrip
	Text	MenuStrip
MenuStrip1	Name	mnusFile
ToolStripMenuItem1	Name	tsmiFile
	Text	&File
ToolStripMenuItem2	Name	tsmiNew
	Text	&New
	ShortcutKeys	Ctrl+N
	ShowShortcutKeys	True
	Image	添加相应图片

续表

控件	属性	设置
ToolStripMenuItem3	Name	tsmiOpen
	Text	&Open
	ShortcutKeys	Ctrl+O
	ShowShortcutKeys	True
	Image	添加相应图片
ToolStripMenuItem4	Name	tsmiSp1
	Text	-
ToolStripMenuItem5	Name	tsmiSave
	Text	&Save
	ShortcutKeys	Ctrl+S
	ShowShortcutKeys	True
	Image	添加相应图片
ToolStripMenuItem6	Name	tsmiSaveAs
	Text	Save &As
	Image	添加相应图片
ToolStripMenuItem7	Name	tsmiSp2
	Text	-
ToolStripMenuItem8	Name	tsmiExit
	Text	E&xit
	ShortcutKeys	Alt+F4
	ShowShortcutKeys	True
	Image	添加相应图片

2. ToolStripMenuItem 控件的常用属性

ToolStripMenuItem 控件的常用属性见表 6.3。

表 6.3　ToolStripMenuItem 控件的常用属性

属性	说明
Checked	表示菜单是否被选中
DropDownItems	这个属性返回一个项集合，用于菜单项相关的下拉菜单
CheckOnClick	根据 Checked 属性显示菜单是否被选中
Enabled	设置菜单是否可用

3. ToolStripMenuItem 主要事件

ToolStripMenuItem 响应用户的选择，主要有两个事件：Click 事件和 CheckedChanged 事件。

（1）Click 事件。在用户单击菜单项时，引发该事件。在大多数情况下 ToolStripMenuItem

都是通过该事件来响应用户的选择。

（2）CheckedChanged 事件。当用户单击带有 CheckOnClick 属性的菜单项时，引发这个事件。

例 6.2 在例 6.1 的基础上，在窗体中再分别增加两个菜单项 Format 和 Help，如图 6-11 所示。具体属性设置见表 6.4。

图 6-11 Format 菜单项

表 6.4 属性表

控件	属性	设置
MenuStrip1	Name	mnusFile
ToolStripMenuItem9	Name	tsmiFormat
	Text	Format
ToolStripMenuItem10	Name	tsmiShow
	Text	Show Help Menu
	CheckOnClick	True
	Checked	True
	CheckOnClick	True
ToolStripMenuItem11	Name	tsmiHelp
	Text	Help

选择 tsmiShow，在“属性”面板的事件部分双击 CheckedChanged，给该事件添加处理程序如下：

```
private void tsmiShow_CheckedChanged(object sender, EventArgs e)
{
    ToolStripMenuItem item = (ToolStripMenuItem)sender;
    tsmiHelp.Visible = item.Checked;
}
```

运行应用程序，单击“Show Help Menu”菜单项，改变 Checked 属性的状态，Help 菜单就会消失或出现。

6.1.2 ToolStrip 控件

通过菜单可以访问应用程序中的大多数功能，但是也可以使用工具栏快速地实现与菜单相同的常用功能。工具栏上的按钮可以只包含图片不包含文本，也可以既包含图片又包含文本。

ToolStrip 与 MenuStrip 很相似，但也存在着一些区别。例如：ToolStrip 的最左边有 4 个垂直排列的点，这些点表示工具栏可以移动，也可以停靠在父应用程序窗口中。在默认情况下，工具栏按钮显示的是图像，也可以通过 ToolStrip 控件显示的下拉菜单项选择类型，来确定显示方式。

1. ToolStrip 控件的常用属性

ToolStrip 控件的属性与前面介绍的 MenuStrip 具有许多相同的地方，因此这里只介绍 ToolStrip 控件一些特定的属性，见表 6.5。

表 6.5　ToolStrip 控件的常用属性

属性	说明
GripStyle	控制 4 个垂直排列的点是否显示在工具栏的最左边。若隐藏栅格后，用户就不能移动工具栏
LayoutStyle	控制工具栏上项目的显示方式，默认为水平显示
Items	工具栏中所有项的集合
ShowItemToolTip	确定是否显示工具栏上的提示
Stretch	默认情况下，工具栏比包含在其中的项略宽或略高。如果把 Stretch 属性设置为 true，工具栏就会占据其容器的总长

2. 工具栏子项

在 ToolStrip 中可以使用的控件如图 6-12 所示，这些控件的功能见表 6.6。

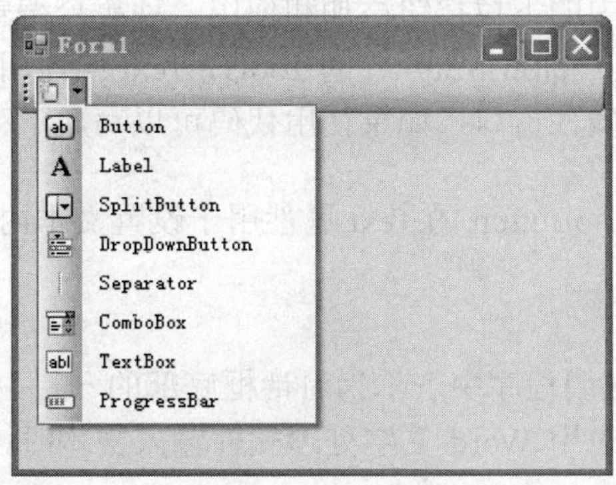

图 6-12　工具栏子项

表 6.6　ToolStrip 控件

控件	描述
ToolStripButton	表示一个按钮，用于带文本和不带文本的按钮
ToolStripLabel	表示一个标签，这个控件还可以显示图像，也就是说，这个控件可以用于显示一个静态图像，放在不显示其本身信息的另一个控件上面，例如：文本框或组合框
ToolStripSplitButton	显示一个右端带有下拉按钮的按钮，单击该下拉按钮，就会在它的下面显示一个菜单。如果单击控件的按钮部分，该菜单不会打开
ToolStripSeparator	为各个项创建水平或垂直分隔符

续表

控件	描述
ToolStripDropDownButton	带有下拉数组图像的按钮，单击控件的任一部分，都会打开其菜单部分
ToolStripComboBox	显示一个组合框
ToolStripProgressBar	在工具栏上嵌入一个进度条
ToolStripTextBox	显示一个文本框

3. ToolStripButton 的常用属性

由于上述 ToolStrip 中的各种控件属性基本类似，这里以 ToolStripButton 为例来介绍它们的属性。

（1）Name。首先应当区分 ToolStrip 和 ToolStripButton，ToolStrip 是工具栏，而 ToolStripButton 是指工具栏中的按钮。ToolStrip 的 Name 属性表示工具栏的名称，默认的工具栏名称为“ToolStrip1”、“ToolStrip2”、“ToolStrip3”等，一般应将其修改成前缀为“tls”的名称，如：“tlsMain”等。

ToolStripButton 的 Name 属性用于设置工具栏中按钮的名称，其默认名称为“toolStripButton1”、“toolStripButton2”、“toolStripButton3”等，一般应将其修改成前缀为“tlsBtn”的名称，如：“tlsBtnSave”等。

（2）BackgroundImage。ToolStripButton 的 BackgroundImage 属性用于设置子项背景图片，以增强子项的显示效果，其设置方法一般使用属性窗口直接进行设置。

（3）Items 属性。ToolStripButton 的 Items 属性用于设置工具栏中显示的子项，添加子项的方法有直接单击设计界面中的下拉按钮添加和使用“项集合编辑器”对话框添加两种。

（4）ToolTipText 属性。ToolStripButton 的 ToolTipText 属性用于设置显示在子项上的提示文本内容，设置时一般使用属性窗口，如果使用代码可以写成下列语句：

```
tlsBtnSave.ToolTipText = "保存";
```

（5）Text 属性。ToolStripButton 的 Text 属性用于设置文本内容。

6.1.3 StatusStrip 控件

StatusStrip 控件在许多应用程序中表示为对话框底部的一栏，它通常用于显示应用程序当前状态的简短信息，例如，应用 Word 文字处理软件输入文本时，Word 会在状态栏中显示当前的页面、列、行等。

在 StatusStrip 控件中不仅可以使用 ToolStrip 中的 ToolStripDropDownButton、ToolStripProgressBar 和 ToolStripSplitButton 控件，还可以使用 StatusStrip 专用的 StatusStripStatusLabel 控件，它是一个默认项，StatusStripStatusLabel 使用文本和图像向用户显示应用程序当前状态的信息。它和普通的标签控件类似。

StatusStrip 派生于 ToolStrip，因此其使用方法和 ToolStrip 基本一致。添加状态栏子项的方法以及状态栏常用的属性与上一节介绍的工具栏类似，这里就不再赘述。

6.1.4 MDI 应用程序

Windows 应用程序可以分为 3 类，分别是基于对话框的应用程序、单一文档界面（SDI）应用程序和多文档界面（MDI）应用程序。

基于对话框的应用程序主要特点是提供一个对话框，该对话框提供了所有的功能。例如：图 6-13 所示的计算器就是一个典型的对话框应用程序，这种应用程序通常用途比较单一，只能完成用户输入量非常少的特定任务，或者专门处理某一类型的数据。

图 6-13 计算器

单一文档界面（SDI）应用程序的特点是向用户显示一个菜单、一个或多个工具栏和一个窗口，在该窗口中，用户可以执行一个特定任务。但是它只能允许用户把要处理的单一文档加载到应用程序中。例如：常用的“记事本”应用程序，在“记事本”中只能打开一个文本文件，如果想打开另一个文本文件，只能将当前的文本文件关闭或再打开一个“记事本”程序来实现。

多文档界面（MDI）应用程序正是针对单一文档界面（SDI）应用程序的缺点，拓展了功能，可以同时在不同的窗口中保存多个已打开的文档。例如：常用的 Excel 电子表格处理软件，就是一个典型的多文档界面（MDI）应用程序。

MDI 应用程序至少要由两个窗口组成：“父窗口”和“子窗口”，如图 6-14 所示。“父窗口”是 MDI 容器（Container），可以在容器中显示的窗口叫作 MDI 子窗口。

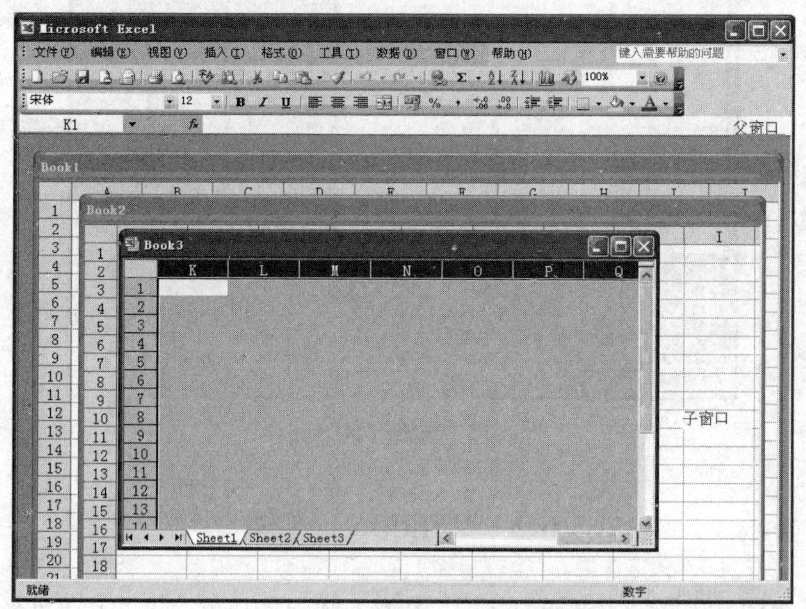

图 6-14 Excel 的 MDI 窗口

例 6.3 将“学生信息管理系统”项目设置成 MDI 应用程序（将学生信息录入界面设置为子窗体）。

（1）在任务一的基础上将父窗体（主界面 frmMain）的 IsMdiContainer 属性设置为 true。

（2）在 frmMain 的菜单栏中添加一个一级菜单项，命名为 tsmiWindows，Text 属性设置为“窗口”。

（3）新建“学生信息录入”窗体，命名为 frmStuInfoAdd（具体设置在任务三中详细介绍）。

（4）双击 frmMain 菜单栏中的“学生档案管理”→“学生信息录入”，编写“学生信息录入”菜单响应方法 tsmiAddStuInfo_Click()的代码如下：

```
private void tsmiAddStuInfo_Click(object sender, EventArgs e)
{
    // 创建新建用户窗体
    frmStuInfoAdd myfrmStuInfoAdd = new frmStuInfoAdd();
    myfrmStuInfoAdd.MdiParent = this;   // 设置父窗体
    myfrmStuInfoAdd.Show();   // 显示新建用户窗体
}
```

（5）将主菜单控件（msMain）的 MdiWindowListItem 属性设置为“窗口”菜单项，并命名为 tsmiWindows。

（6）将“Program.cs”中的启动窗体更改为主界面 frmMain，按 F5 键运行该程序，将显示如图 6-15 所示的结果。

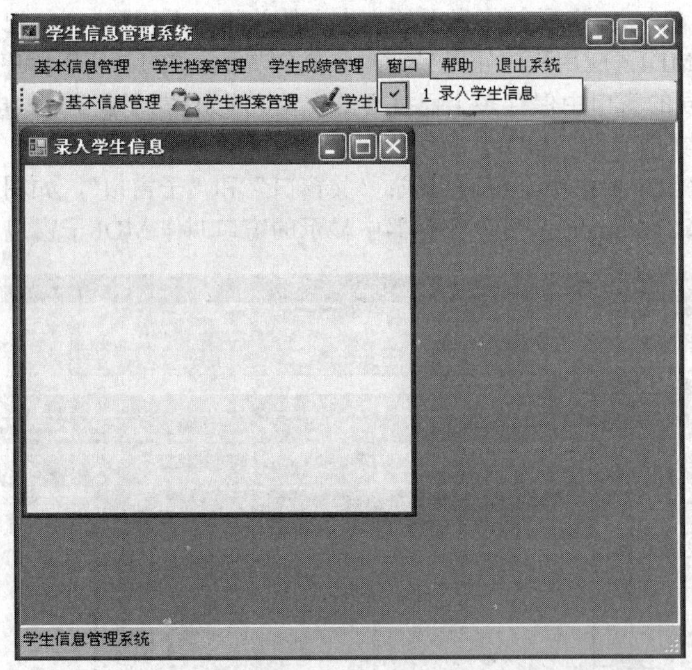

图 6-15　系统的 MDI 窗口

6.2　Windows 窗体

Windows 窗体是程序界面设计的基础，它具有自己的属性、方法和事件，还可以作为其他控件的容器，用户可以将其他控件放置在 Windows 窗体上，例如 Label 控件、TextBox 控件和 Button 控件等。

任务二　“学生信息管理系统”项目——登录界面的设计

任务描述

设计“学生信息管理系统”项目的登录界面。单击“确定”按钮，首先检查登录的用户名和密码是否为空，为空则弹出警告窗口；如果用户名和密码不为空，则跳转到“学生信息管理系统”主界面。结果如图 6-16～图 6-18 所示。

图 6-16　登录界面

图 6-17　用户名为空

图 6-18　密码为空

任务解决方案

（1）在任务一已经建立的 StudentInfo 项目中，选择新建窗体，命名为 frmLogin，作为系统的登录界面。从“工具箱”的“公共控件”选项卡中分别选择 Label、TextBox 和 Button 等控件，按照图 6-16 所示的界面布局，用鼠标拖放到窗体的适当位置，并根据表 6.7 设置控件属性。

表 6.7　属性表

控件	属性	设置	控件	属性	设置
Form1	Name	frmLogin	TextBox1	Name	txtLoginName
	Text	用户登录	TextBox2	Name	txtLoginPwd
	Icon	添加界面图标		PasswordChar	*
	BackgroundImage	添加背景图片	Button1	Name	btnLogin
	Startposition	CenterScreen		Text	确定

续表

控件	属性	设置	控件	属性	设置
Label1	Name	lblLoginName	Button2	Name	btnCancel
	Text	用户名：		Text	取消
Label2	Name	lblLoginPwd			
	Text	密码：			

（2）编写程序代码。

①双击“确定”按钮，此时将打开代码编辑器，插入点已位于事件处理响应方法btnLogin_Click()中，插入下列代码：

```
private void btnLogin_Click(object sender, EventArgs e)
{
    if (TestInput())   //验证用户已经输入用户名和密码
    {
        // 显示主窗体
        frmMain mainform = new frmMain();
        mainform.Show();
        // 如果验证通过，就显示相应的用户窗体，并将当前登录窗体设为不可见
        this.Visible = false;
    }
}
```

②在 frmLogin 窗体的代码中添加自定义方法 TestInput()，验证用户是否输入了用户名和密码。

```
private bool TestInput()
{
    if (txtLoginName.Text.Trim() == "")
    {
        MessageBox.Show("请输入用户名", "输入提示", MessageBoxButtons.OK,
        MessageBoxIcon.Information);
        txtLoginName.Focus();
        return false;
    }
    else if (txtLoginPwd.Text.Trim() == "")
    {
        MessageBox.Show("请输入密码", "输入提示", MessageBoxButtons.OK,
        MessageBoxIcon.Information);
        txtLoginPwd.Focus();
        return false;
    }
    else
    {
        return true;
    }
}
```

③双击“取消”按钮，在其 Click 事件的响应方法 btnCancel_Click()中，插入下列代码：

```
private void btnCancel_Click(object sender, EventArgs e)
{
    Application.Exit();
}
```

（3）测试程序。

①将“Program.cs”中的启动窗体更改为登录窗体 frmLogin。

```
static void Main()//Main 方法，程序的入口
{
    Application.EnableVisualStyles();
    Application.SetCompatibleTextRenderingDefault(false);
    Application.Run(new frmLogin());
}
```

②按 F5 键运行该程序，分别测试不输入用户名、密码的情况，观察程序运行效果。

分析描述

当用户单击“取消”按钮时，触发“取消”按钮的 Click 事件，执行 btnCancel_Click 事件处理程序，调用 Application.Exit()退出整个应用程序；当用户单击“确定”按钮时，执行 btnLogin_Click 事件处理程序，首先调用自定义方法 TestInput()，当验证用户已经输入了用户名和密码信息才能调用系统的主界面 frmMain，并关闭登录窗口；否则无论是缺少用户名还是密码信息，都会给出提示信息，并要求用户重新登录。

相关知识

6.2.1　MessageBox 对象

在本程序中当用户未按要求输入用户名和密码时，系统会弹出如图 6-19 所示的消息框，让用户确认后再进行下一步操作。该消息框就是调用了 MessageBox 的 Show()方法。

图 6-19　消息框

MessageBox.Show()方法可以使用下列所示的格式调用。

```
MessageBox.Show ([String], [String], [MessageBoxButtons],
                [MessageBoxIcon], [MessageBoxDefaultButton],
                [MessageBoxOptions])
```

1. MessageBoxButtons

MessageBoxButtons 定义了多个按钮，可以通过点运算符来选择需要的按钮。例如：AbortRetryIgnore 表示显示 Abort、Retry 和 Ignore 按钮；OKCancel 表示显示 OK 和 Cancel 按钮。

2. MessageBoxIcon

MessageBoxIcon 的作用是设置在消息框中显示的图标，也可以通过点运算符来选择需要

的图标。例如：Information 显示信息图标，Error 显示错误图标，Exclamation 显示感叹号图标。

3. MessageBoxDefaultButton

MessageBoxDefaultButton 可以指定消息框中的默认按钮。这样可以让用户在读取消息之后按 Enter 键，执行默认按钮指定的操作。默认按钮的设置在消息框中是按从左到右的按钮顺序进行的。例如：如果要将显示的 Yes、No 和 Cancel 三个按钮中的第三个按钮作为默认按钮，那么 Cancel 就是默认按钮，默认按钮将突出显示。

4. MessageBoxOptions

MessageBoxOptions 可指定消息框使用的显示选项和关联选项。例如：RightAlign 表示消息框中的文本右对齐，DefaultDesktopOnly 表示消息框显示在活动桌面上。

例如：在任务二定义的 TestInput()方法中，当没有输入用户名时，弹出消息框，代码如下：

```
if (txtLoginName.Text.Trim() == "")
{
    MessageBox.Show("请输入用户名", "输入提示", MessageBoxButtons.OK,
    MessageBoxIcon.Information);
    txtLoginName.Focus();
    return false;
}
```

如图 6-17 所示的消息框中显示的消息为：“请输入用户名”，标题为“输入提示”，只有一个“确定”按钮，显示图标为蓝色信息标志。

例 6.4 将图 6-17 所示的消息框中显示的消息更改为：“请输入用户名”，标题为“输入提示”，这两项内容都为右对齐显示；有三个按钮，分别是“是”、“否”和“取消”，其中第二个按钮为默认按钮；显示图标为黄色警告标志，如图 6-20 所示。

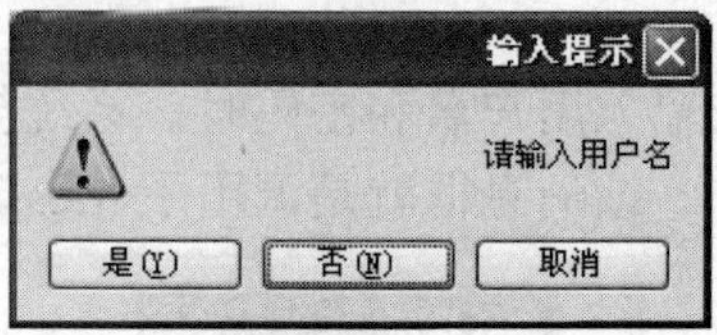

图 6-20 提示框

代码如下：

```
if (txtLoginName.Text.Trim() == "")
{
    MessageBox.Show("请输入用户名", "输入提示", MessageBoxButtons.YesNoCancel,
    MessageBoxIcon.Warning, MessageBoxDefaultButton.Button2,
    MessageBoxOptions.RightAlign);
    txtLoginName.Focus();
    return false;
}
```

5. DialogResult 消息框的返回值

在程序设计过程中，很多情况下都需要知道用户在消息框中单击的按钮，以便为下一步程序运行的接口做出选择，如图 6-21 所示，MessageBox 提供了 DialogResult 属性来解决此问题。如果选择“确定”按钮，就把 DialogResult 属性设置为“OK”；如果选择“取消”按钮，则把 DialogResult 属性设置为“Cancel”。在 C#中，DialogResult 的属性可以通过点（.）运算符设置为 None、OK、Cancel、Abort、Retry、Ignore、Yes、No 多种枚举，分别对应

MessageBoxButtons 定义的多个按钮类型。

例如：将例 6.4 中的代码做如下修改：

```
if (txtLoginName.Text.Trim() == "")
{
    //定义 DialogResult 类型的变量 result，用于接受消息框的返回值
    DialogResult result;
    result = MessageBox.Show("请输入用户姓名", "输入提示",
    MessageBoxButtons.OKCancel, MessageBoxIcon.Information);
    //通过“.”运算符取得在消息框单击“确定”按钮的结果
    if (result == DialogResult.OK)
    {
        MessageBox.Show("你选择了确认按钮");
        txtLoginName.Focus();
        return false;
    }
    else
    {
        MessageBox.Show("你选择了取消按钮");
        return false;
    }
}
```

图 6-21　提示框返回值

则当用户单击“确定”按钮时，result == DialogResult.OK 的值为真，系统将再显示一个消息框，该消息框的显示消息为：“你选择了确认按钮”，否则显示消息为：“你选择了取消按钮”。运行结果如图 6-22 所示。

图 6-22　提示框返回确认按钮

6.2.2 窗体的常用属性

1. Name

窗体对象的名字类似于变量的名字，根据常用命名规范统一用 frm+窗体名，如：frmLogin、frmMain。

2. 外观属性

窗体的外观属性及说明见表 6.8。

表 6.8 窗体的外观属性及说明

属性	说明
BackColor	窗体背景色
BackGroundImage	设置窗体的背景图片
Text	窗体标题栏显示的文字
Fore	窗体标题字体属性，包括字体、字号、颜色等
WindowState	窗体出现时最初的状态（正常、最大化、最小化）
Icon	窗体标题栏显示的图标

3. 位置属性

TopMost：设置窗体是否为最顶端的窗体，默认值为 false。

Size：设置窗体的大小，其下拉菜单中有 Width 和 Height 两个属性，分别用于设置窗体的宽和高。修改窗体的大小，只需更改 Width 和 Height 属性的值即可完成。

StartPosition：窗体第一次出现时的位置，默认值为 WindowsDefaultLocation。例如：让窗体在当前窗口居中位置显示，可以设置为 CenterScreen。

6.2.3 窗体的常用事件

Windows 是事件驱动的操作系统，对 Form 类的任何交互都是基于事件来实现的。Form 类提供了大量的事件用于响应对窗体执行的各种操作，表 6.9 列举了几个常用的窗体事件。

表 6.9 窗体的常用事件

事件	说明
TextChange	用户加载窗体时发生
Paint	控件需要重新绘制时发生
MouseMove	鼠标指针移过控件时发生
KeyPress	当 TextBox 得到焦点并且在用户按下某键并松开时触发

为事件添加处理程序主要有两种方式。一种是双击控件，进入控件默认事件的处理程序，这个事件对于不同的控件来说是不同的，如果该事件就是需要的事件，就可以在该事件中编写事件代码处理程序。如果需要的事件与默认的事件不同，则需要在“属性”窗口中单击“事件”按钮，选中具体的事件后，双击该事件，就会给控件生成订阅该事件的代码，以及处理该事件的方法签名。

1. Load 事件

窗体的最主要事件是 Load 事件，它是在窗体加载时被触发。

例 6.5　在任务二的登录程序界面中，当系统刚启动时就将“确定”按钮设置为不可用，在文本框 txtLoginName 中输入信息后“确定”按钮才变为可用。

具体操作如下：

（1）单击登录程序界面的窗体 frmLogin。

（2）在“属性”窗口中单击“事件”按钮。

（3）找到“Load”事件并单击，选中该事件。

（4）在对应的位置填写事件处理程序的方法名称，也可以直接在该处双击鼠标左键，系统将自动给事件处理程序加方法名，方法名为“frmLogin_ Load”，如图 6-23 所示。

图 6-23　事件窗口

注意：也可以省略步骤（1）～（4），在登录程序界面的窗体 frmLogin 上双击鼠标左键，直接进入默认的 Load 事件处理程序。

（5）定位到事件处理方法，编写代码如下：

```
private void frmLogin_Load(object sender, EventArgs e)
{
    btnLogin.Enabled = false;
}
```

（6）单击 frmLogin 窗体中的文本框 txtLoginName。

（7）在“属性”窗口中单击“事件”按钮。

（8）找到“TextChanged”事件并选中。

（9）在对应的位置双击鼠标左键，系统将自动给事件处理程序命名为 txtLoginName_TextChanged，并定位到事件处理方法。

（10）编写代码如下：

```
private void txtLoginName_TextChanged(object sender, EventArgs e)
{
    btnLogin.Enabled = true;
}
```

（11）按 F5 键运行程序，运行结果如图 6-24 所示，在“用户名”文本框中输入“a”，显示结果如图 6-25 所示，注意观察“确定”按钮的变化。

图 6-24 “Load”事件

图 6.25 “TextChanged”事件

6.2.4 窗体间的跳转

实现窗体间的跳转可以分为两步进行：创建窗体对象和显示窗体。

1. 创建窗体对象

格式：

被调用的窗体类 窗体对象名=new 被调用的窗体类();

2. 显示窗体

格式：

窗体对象名. Show();

例如在任务二中，正常登录后跳转到系统主界面的代码如下：

```
private void btnLogin_Click(object sender, EventArgs e)
{
    // 如果验证通过，就显示相应的用户窗体，并将当前窗体设为不可见
    if (TestInput())
    {
        frmMain mainform = new frmMain();
        // 显示相应用户的主界面窗体
        mainform.Show();
        // 关闭登录窗体
        this.Visible = false;
    }
}
```

当事件处理程序执行到 if 语句，验证输入方法 TestInput()的返回值为 True 时，跳转到系统主界面窗体（被调用的窗体名称为 frmMain），并关闭当前窗体。运行结果如图 6-26 所示。

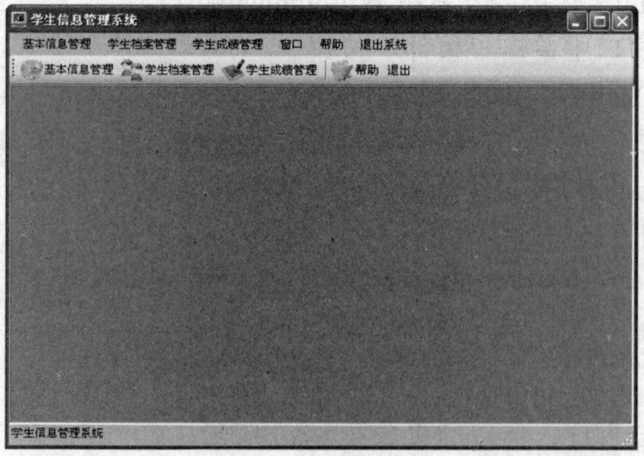

图 6-26 系统主窗体

6.2.5　窗体控件的排列

一个应用程序的开发成功与否，除了功能能满足客户需求以外，程序操作界面作为人机交互的必要手段，美观与否也是一个重要的评价因素。例如图 6-27 所示的界面就存在着明显的缺陷。

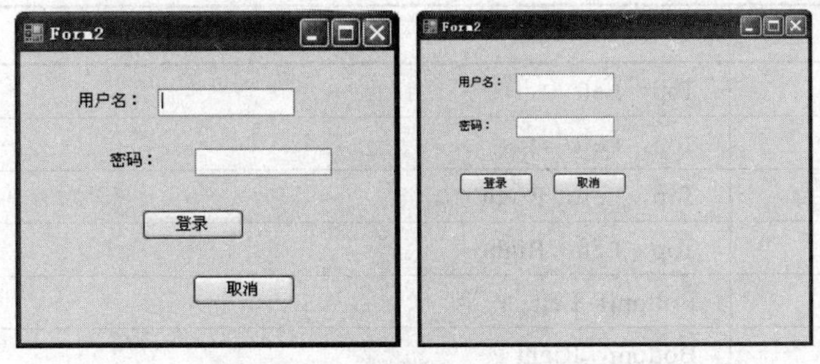

图 6-27　窗体控件排列不美观

图 6-27 中第一个窗体的主要问题是控件排列不整齐，而第二个窗体则是在窗体大小改变时，窗体上的控件却没有跟着做相应的调整。要解决这些问题可以使用.Net 提供的多种方法来解决。

1. 对齐

（1）依次选择需要对齐的控件。

（2）在菜单中，选择“格式”→“对齐”命令，再选择需要的对齐方式，如图 6-28 所示。此时，所选中的控件都与所选择的第一个控件对齐，因此较复杂的控件则可以分步骤进行对齐。

2. 使用 Anchor 属性

在窗体大小改变时，窗体上的控件却没有跟随窗体进行调整，这种情况可以通过设置控件的 Anchor 属性来解决。

Anchor 属性可以将控件绑定到容器（例如窗体）的边缘，绑定后控件的边缘与被绑定的容器边缘之间的距离保持不变。具体操作如下：

（1）选中需要锚定的控件（可以按下 Ctrl 键选择多个控件，一起设置 Anchor 属性）。

（2）单击 Anchor 属性右边的箭头，显示一个编辑器，该编辑器显示一个十字线，如图 6-29 所示。

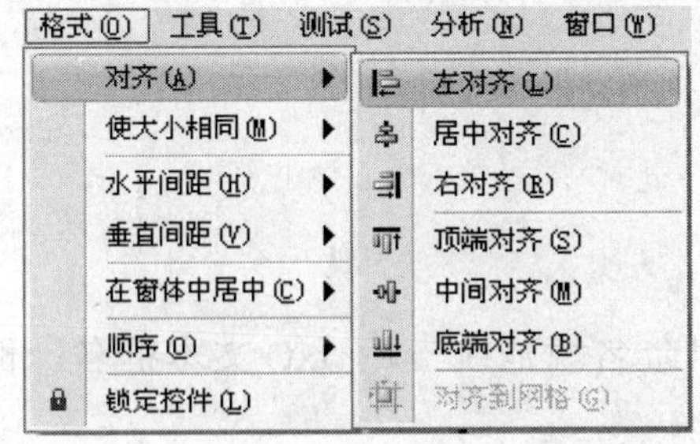

图 6-28　对齐控件

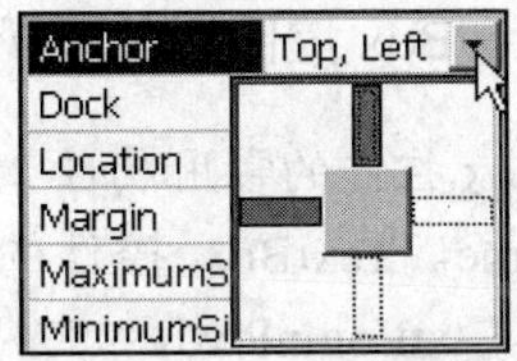

图 6-29　Anchor 属性

若要设置定位点，单击该十字线的上、下、左、右部分，分别设置 Top、Bottom、Left 和 Right，变黑的方位即为设定的方位控制，默认情况下，控件锚定到上边和左边。若要清除已锚定的控件边，再单击该十字线的相应臂；再次单击 Anchor 属性名称以关闭 Anchor 属性编辑器。

如果要调整图 6-27 所示的第二个界面，可以根据表 6.10 分别设置窗体中各控件的 Anchor 属性。

表 6.10 Anchor 属性设置

控件	Anchor 属性
Label1（用户名）	Top，Left
Label2（密码）	Top，Left
TextBox1（用户名）	Top，Left，Right
TextBox2（密码）	Top，Left，Right
Button1（登录）	Bottom，Left
Button2（取消）	Bottom，Right

3. 使用 Dock 属性

在设计应用程序界面时，除了将控件锚定，使其能够根据它所在容器的状态，动态调整大小外，有时候还需要将控件始终保持在窗体的边缘或整个填充窗体。例如常见的新闻发布界面除了菜单所占的部分外，文本输入区域总是填满窗体的剩余部分。这时候就需要使用 Dock 属性。

Dock 属性可以定义控件的停靠模式。具体操作如下：

（1）选择要停靠的控件。在“属性”窗口中，单击 Dock 属性右边的箭头，显示一个编辑器，如图 6-30 所示，其中显示一系列表示窗体边缘和中心的按钮。

（2）单击表示控件停靠位置的按钮。例如，如果要填满窗体或容器控件，可以单击中心框。如果要禁用停靠，则单击“None”。

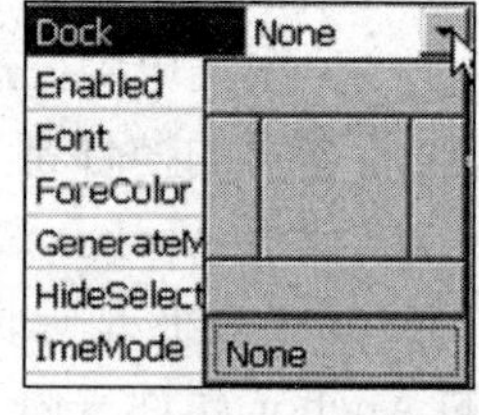

图 6-30 Dock 属性

6.2.6 Label 控件

Label 控件的常用属性有：

（1）Name。Label 控件的名字，根据常用命名规范统一用 lbl+标签名，例如：lblLoginName、lblLoginPwd。

（2）Text。标签显示的文字，例如：

```
lblLoginName.Text="用户名：";
```

6.2.7 TextBox 控件

1. TextBox 控件的常用属性

（1）Name。TextBox 控件的名字，根据常用命名规范统一用 txt+文本框名，例如：txtLoginName、txtLoginPwd。

（2）Text。文本框显示的文字。

（3）MultiLine。设置文本框是否可以为多行，其属性值是一个布尔值，默认为 False，表示以单行方式显示文本；当设置为 True 时，表示以多行方式显示文本。

（4）ReadOnly。ReadOnly 只读属性，默认为 False，表示文本框既可以用于输入也可以用于输出；当设置为 True 时，表示只能用于输出，不能获得焦点用于输入。

（5）PasswordChar。设置密码字符。在该属性中设置一个字符，用于屏蔽单行文本框中输入的密码字符。例如：在程序中将 PasswordChar 设置为“*”，当用户输入密码时，文本框中只显示相应位数的“*”。

注意：如果将 MultiLine 属性设为 True，则 PasswordChar 属性将不产生任何效果，但是可以禁止用户在文本框中执行剪切、复制和粘贴操作。

（6）ScrollBars。在多行文本框控件中设置滚动条，默认是没有滚动条，用户可以根据需要设置水平滚动条（Horizontal）、垂直滚动条（Vertical）或两种滚动条都有（Both）。

2. TextBox 控件的常用事件

TextBox 控件的常用事件见表 6.11。

表 6.11 TextBox 控件的常用事件

事件	说明
TextChange	文本被改变时触发
Click	单击时触发
DoubleClick	双击时触发
KeyPress	当 TextBox 得到焦点并且在用户按下某键并松开时触发
EnabledChanged	更改 TextBox 控件启用状态时触发

6.2.8 Button 控件

1. Button 控件的常用属性

（1）Name。Button 控件的名字，根据常用命名规范统一用 btn+按钮名，例如：btnLogin、btnCancel。

（2）Text。按钮上显示的文字。例如：“登录”按钮，可以在属性窗口中直接将 Text 属性设置为“登录”，也可以用命令：

```
btnLogin.Text="登录";
```

（3）Enabled。Enabled 属性值是一个布尔值，默认为 True，当设置为 False 时，表示按钮为不可用状态。

（4）FlatStyle。按钮的样式，如果把样式设置为“PopUp”，则该按钮显示为平面外观，直到用户把鼠标指针移动到该按钮上为止。此时，按钮会弹出，显示为 3D 外观。

2. Button 控件的常用事件

Click 事件是按钮最常用的事件，当用户单击按钮，就会触发该事件，同样在按钮得到焦点，且用户按下了回车键时，也会触发 Click 事件。

6.3 常用基本控件

设计 Windows 应用程序的用户界面时，必须使用控件来实现设计功能，每种类型的控件都具有其自己的属性、方法和事件，以便该控件适合于特定用途，编程人员可以通过设置控件的这些属性、方法和事件来操作控件。

任务三 “学生信息管理系统”项目——学生信息录入界面的设计

任务描述

设计“学生信息管理系统”项目的学生信息录入界面。用户可以在该界面中实现录入学生的学号、姓名、性别、出生日期、系部名称、班级名称、联系电话、身份证号、家庭住址和备注信息的功能，如图 6-31 所示。

图 6-31 “录入学生信息”界面

任务解决方案

（1）在 StudentInfo 项目中选择在例 6.5 中已经建立的“录入学生信息”窗体 frmStuInfoAdd。

（2）从“工具箱”的“容器”选项卡中选择 Panel 控件，并将其按照图 6-31 所示布局要求拖至合适位置。

（3）从“工具箱”的“公共控件”选项卡中分别选择 Label、TextBox、RadioButton、DateTimePicker、ComboBox、Button 等控件添加到 frmStuInfoAdd 窗体中，按照图 6-31 所示进行布局，并按照表 6.12 设置控件属性（此处省略了所有 Label 控件的属性设置）。

表 6.12 属性表

控件	属性	设置	控件	属性	设置
Form1	Name	frmStuInfoAdd	RadioButton2	Name	rbtW
	Text	录入学生信息		AutoSize	True
	Startposition	CenterScreen		Checked	False

续表

控件	属性	设置	控件	属性	设置
TextBox1 （学号）	Name	txtStudentID	ComboBox1	Name	cboDepartName
	Text			DropDownStyle	DropDownList
TextBox2 （姓名）	Name	txtStudentName		Items	添加系部名称
	Text		ComboBox2	Name	cboClassName
TextBox3 （家庭住址）	Name	txtAddress		DropDownStyle	DropDownList
	Text			Items	添加班级名称
TextBox4 （联系电话）	Name	txtStudentTel	DateTimePicker1	Name	dtpStudyDate
	Text			Format	Short
TextBox5 （身份证号）	Name	txtStudentIDCard	Button1	Name	btnConfirm
	Text			Text	添加
TextBox6 （备注）	Name	txtExtendField	Button2	Name	btnCancel
	Text			Text	取消
	Multiline	True			
RadioButton1	Name	rbtM			
	AutoSize	True			
	Checked	True			

（4）编写程序代码。

①双击“添加”按钮，在其 Click 事件的响应方法 btnConfirm_Click()中，插入下列代码：

```
private void btnConfirm_Click(object sender, EventArgs e)
{
    //将输入的内容赋值给各个字符串变量
    string paramStudentID = this.txtStudentID.Text.Trim();
    string paramStudentName = this.txtStudentName.Text.Trim();
    string paramStudentSex = string.Empty;
    if (rbtM.Checked)
            paramStudentSex = this.rbtM.Text.Trim();
    else
            paramStudentSex = this.rbtW.Text.Trim();
    string paramStudyDate = dtpStudyDate.Value.ToShortDateString();
    string paramDepartName = this.cboDepartName.Text.Trim();
    string paramClassName = this.cboClassName.Text.Trim();
    string paramStudentTel = this.txtStudentTel.Text.Trim();
    string paramStudentIDCard = this.txtStudentIDCard.Text.Trim();
    string paramAddress = this.txtAddress.Text.Trim();
    string paramExtendField = this.txtExtendField.Text.Trim();
    int returnValue = 0;
    //调用自定义方法 addStuInfo，实现向数据库中添加记录的功能
    returnValue = addStuInfo(paramStudentID, paramStudentName, paramStudentSex,
    paramStudyDate, paramDepartName, paramClassName, paramStudentIDCard, paramAddress,
    paramStudentTel, paramExtendField);
        if (returnValue > 0)      //根据方法返回值判断添加是否成功
        MessageBox.Show("添加成功！");
```

```
        else
            MessageBox.Show("添加不成功");
    }
```

②双击“取消”按钮，在其 Click 事件的响应方法 btnCancel_Click()中，插入下列代码：

```
private void btnCancel_Click(object sender, EventArgs e)
{
    if (MessageBox.Show("确定退出系统吗？", "提示信息", MessageBoxButtons.OKCancel) ==
    DialogResult.OK)
    {
        this.DialogResult = DialogResult.No;
        this.Close();
    }
}
```

（5）运行系统，正常登录后在系统主界面 frmMain 的菜单栏中选择“学生档案管理”→“学生信息录入”命令，正确填写学生信息，单击“添加”按钮，观察程序运行效果。

分析描述

当用户单击“添加”按钮时触发“添加”按钮的 Click 事件，执行 btnAdd_Click 事件处理程序，可以将学生信息录入界面中录入的信息通过调用自定义方法 addStuInfo()来实现向数据库中添加记录的操作（具体方法将在第 7 章中详细介绍）。当用户单击“取消”按钮时，触发“取消”按钮的 Click 事件，执行 btnCancel_Click 事件处理程序，在得到用户确认后退出录入信息界面。

相关知识

6.3.1 RadioButton、CheckBox 控件

在开发 Windows 应用程序的过程中，很多场合需要给用户提供选择，这其中既有单项选择，如性别：“男/女”选项，也有多项选择，如兴趣爱好：“体育/文艺/计算机/书法”选项等。Visual C# 2008 提供了单选按钮（RadioButton）控件和复选框（CheckBox）控件，来解决这些问题。

1. RadioButton 控件

单选按钮的左边有一个图标○，一般来说，它总是成组（单选按钮组）出现的，用户在一组单选按钮中选择，当某一项被选中后，其左边的小圆圈中会出现一个点⊙，在任意时刻，窗体上只有一个 RadioButton 被选中。

（1）RadioButton 控件的常用属性。RadioButton 控件的常用属性见表 6.13。

表 6.13 RadioButton 控件的常用属性

属性	说明
Name	获取或设置单选按钮控件的名称，一般用 rbt+名称的方式命名
Text	设置单选按钮控件的显示标题
AutoSize	自动调整单选按钮控件的大小以适应其内容的大小
Checked	表示控件的状态。如果控件有一个选中标记，它就是 true，否则为 false

（2）RadioButton 控件的主要事件。RadioButton 控件的主要事件见表 6.14。

表 6.14　RadioButton 控件的主要事件

事件	说明
CheckedChanged	当 RadioButton 的 Checked 的值发生改变时发生
Click	鼠标单击单选按钮时发生

Click 事件是每次单击 RadioButton 时触发的事件，而 CheckedChanged 事件则略有不同，当用户连续两次或多次单击 RadioButton 时，它的 Checked 属性只改变一次，且只有将 Checked 属性改变成和以前未选中时的值不同时才可以触发该事件。

虽然单选按钮具有互斥性，但是可以将单选按钮组合在一起，给它们创建一个逻辑单元，可以使用 GroupBox 控件在窗体上拖放一个组框，再把需要的 RadioButton 按钮拖放到组框内，RadioButton 按钮会自动改变自己的状态，用来反映组框中唯一被选中的选项，在这种情况下 GroupBox 包含在窗体中，它就成为窗体的一个子控件；同时 GroupBox 本身又包含了 RadioButton 等控件，所以它又是这些控件的父控件。当移动组框时，其中的所有控件也会移动；如果要禁用组框中的所有控件，只需要把组框的 Enabled 属性设置为 false 即可。

例 6.6　根据用户在“性别”组框和“生源”组框中选择的单选按钮，在文本框中显示学生性别及生源情况，如图 6-32 所示。

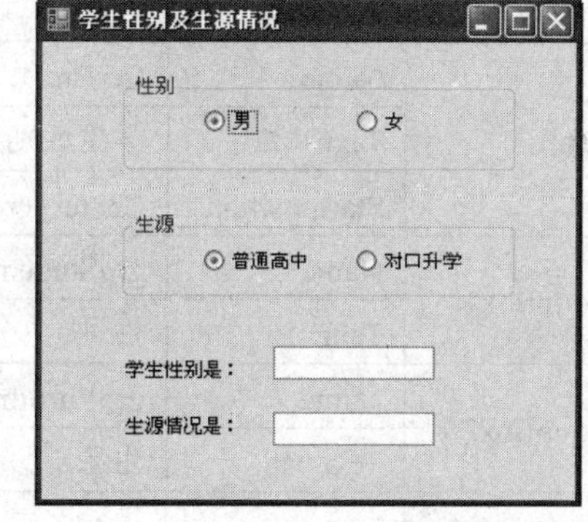

图 6-32　“学生性别及生源情况”界面

具体操作如下：

①创建一个 Windows 应用程序项目，并将主窗体 Form1 命名为 frmBtn。

②从“工具箱”的“容器”选项卡中选择 GroupBox 控件，并将其按照图 6-32 所示的布局要求拖置合适位置。

③按照图 6-32 所示的布局要求，从“工具箱”的“公共控件”选项卡中选择 RadioButton 控件，将其拖放到 GroupBox 控件中，再选择 Label、TextBox 控件添加到窗体中。

④根据表 6.15 设置控件属性。

⑤为 4 个单选按钮的 CheckedChanged 事件添加处理方法 rbtS_CheckedChanged()和 rbtE_CheckChanged()。

程序代码如下：

```
using System;
using System.Text;
using System.Windows.Forms;
namespace StudentInfo
{
    public partial class rbt : Form
    {
        public rbt()
        {
            InitializeComponent();
```

```
        }
        private void rbtS_CheckedChanged(object sender, EventArgs e)
        {
            RadioButton rb =new RadioButton();
            rb=(RadioButton)sender;
            txtRbtS.Text = rb.Text;
        }
        private void rbtE_CheckedChanged(object sender, EventArgs e)
        {
            RadioButton rb = new RadioButton();
            rb = (RadioButton)sender;
            txtRbtE.Text = rb.Text;
        }
    }
}
```

表 6.15 属性表

控件	属性	设置	控件	属性	设置
Form1	Name	frmBtn	RadioButton3	Name	rbtHS
	Text	学生性别及生源情况		AutoSize	True
	Startposition	CenterScreen		Checked	True
GroupBox1	Name	grpStudentSex	RadioButton4	Name	rbtVHS
	Text	性别		AutoSize	True
GroupBox2	Name	grpEnrollment		Checkcd	False
	Text	生源	Label1	Name	lblRbt
RadioButton1	Name	rbtM		Text	学生性别是:
	AutoSize	True	Label2	Name	lblRbtE
	Checked	True		Text	生源情况是:
RadioButton2	Name	rbtW	TextBox1	Name	txtRbtS
	AutoSize	True	TextBox2	Name	txtRbtE
	Checked	False			

在“属性”窗口的“事件”选项卡中，将“性别”的两个单选按钮控件的 CheckedChanged 事件设置为 rbtS_CheckedChanged()方法，“生源”的两个单选按钮控件的 CheckedChanged 事件设置为 rbtE_CheckedChanged()方法。

⑥将“Program.cs”中的启动窗体更改为登录窗体 frmBtn，按 F5 键运行该程序，单击“男”或“普通高中”单选按钮时，文本框中不显示任何内容，只有改变单选按钮的选择后，文本框中才能正确显示选中的选项，这是因为刚开始单击“男”或“普通高中”单选按钮时 Checked 属性没有改变，因此 CheckedChanged 事件未触发。

修改设置，将程序中的原事件触发方法删除，重新将“性别”的两个单选按钮控件的 Click 事件设置为 rbtS_CheckedChanged()方法，将“生源”的两个单选按钮控件的 Click 事件设置为 rbtE_CheckedChanged()方法，此时只要单击任何单选按钮，文本框都能正确显示选中的选项。

2. CheckBox 控件

复选框（CheckBox）控件左边有一个图标□，使用复选框列出可供用户选择的选项，用户可以根据需要选定其中的一项或者多项。当某一项被选中后，其左边的小方框中出现一个对号☑。

（1）CheckBox 控件的常用属性。CheckBox 控件的属性和事件非常类似于 RadioButton 控件，其 Checked 属性同样也表示控件的状态，当该属性值为 True 时表示该复选框被选中(☑)，当属性值为 False 时表示未被选中（□）。还有两个常用属性，见表 6.16。

表 6.16　CheckBox 控件的常用属性

属性	描述
ThreeState	当属性为 false 时，复选框控件不允许设置不确定状态（Indeterminate），只可以在代码中把 CheckState 属性改为 Indeterminate
CheckState	获取或设置复选框控件的状态，取值分别为 Checked（选中）、Unchecked（未选中）和 Indeterminate（不确定，控件旁边的复选框通常是灰色的，表示复选框的当前值是无效的，或者无法确定）

（2）CheckBox 控件的主要事件。CheckBox 控件的主要事件见表 6.17。

表 6.17　CheckBox 控件的主要事件

事件	描述
CheckedChanged	当复选框的 Checked 属性发生改变时，就引发该事件
CheckedStateChanged	当 CheckedState 属性改变时，引发该事件

例 6.7　根据用户在“特长”组框中选择的复选按钮，在列表框中显示学生特长信息；当未选中任何一项特长时，“全部”选项显示不确定状态（Indeterminate），如图 6-33 所示。

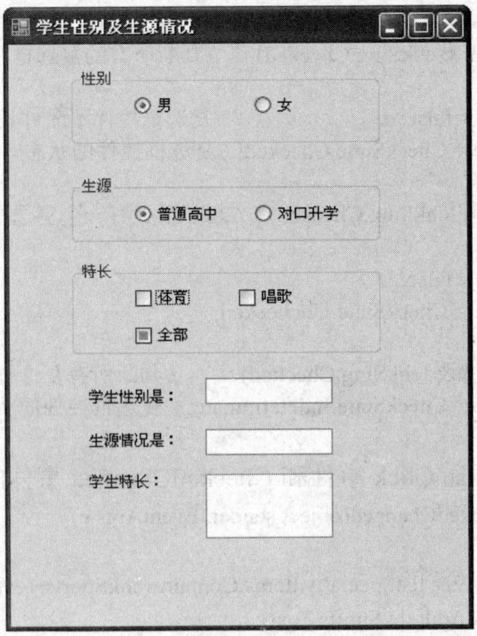

图 6-33　“学生性别及生源情况”界面

具体操作如下：

①在例 6.6 窗体布局的基础上，从“工具箱”的“容器”选项卡中选择 GroupBox 控件，按照图 6-33 的窗体布局要求将其拖放到窗体的合适位置。

②从“工具箱”的“公共控件”选项卡中选择 CheckBox 添加到新建组框中，再分别选择 Label、TextBox 控件添加到窗体上。

③并根据表 6.18 设置控件属性。

表 6.18 属性表

控件	属性	设置
GroupBox3	Name	grpSpecialty
	Text	特长
CheckBox1	Name	chkSports
	Text	体育
CheckBox2	Name	chkSing
	Text	唱歌
CheckBox3	Name	chkAll
	Text	全部
Label3	Name	lblChkS
	Text	学生特长：
ListBox1	Name	lstSpecialty

④在窗体 frmBtn 的代码中，自定义一个方法 setchkAll()，用以实现对“全部”选项的状态设置，具体代码如下：

```
private void setchkAll()
{
    if (chkSports.Checked && chkSing.Checked)     //判断所有的复选框已经被选中
    {
        chkAll.ThreeState = false;                 //复选框控件不允许设置不确定状态
        chkAll.CheckState = CheckState.Checked; //复选框控件的状态，取值为 Checked
    }
    if (!chkSports.Checked || !chkSing.Checked)   //判断至少有一个复选框未被选中
    {
        chkAll.ThreeState = false;
        chkAll.CheckState = CheckState.Unchecked;
    }
    if (!chkSports.Checked && !chkSing.Checked)        //判断所有复选框未被选中
        chkAll.CheckState = CheckState.Indeterminate; //复选框控件的状态，取值为不确定状态
}
```

⑤分别为 3 个复选框添加 Click 事件和 CheckedChanged 事件的处理方法，具体代码如下：

```
private void chkSports_CheckedChanged(object sender, EventArgs e)
{
    if (chkSports.Checked && !lstSpecialty.Items.Contains(chkSports.Text))
        lstSpecialty.Items.Add(chkSports.Text);
    else
```

```
        lstSpecialty.Items.Remove(chkSports.Text);
}
private void chkSports_Click(object sender, EventArgs e)
{
    chkAll.ThreeState = true;                    //复选框控件允许设置不确定状态
    setchkAll();
}
private void chkSing_CheckedChanged(object sender, EventArgs e)
{
    if (chkSing.Checked &&! lstSpecialty.Items.Contains(chkSing.Text))
        lstSpecialty.Items.Add(chkSing.Text);
    else
        lstSpecialty.Items.Remove(chkSing.Text);
}
private void chkSing_Click(object sender, EventArgs e)
{
    chkAll.ThreeState = true;
    setchkAll();
}
private void chkAll_Click(object sender, EventArgs e)
{
    if (chkAll.CheckState == CheckState.Checked)
    {
        chkSports.Checked = true;
        chkSing.Checked = true;
    }
    else if (chkAll.CheckState == CheckState.Unchecked)
    {
        chkSports.Checked = false;
        chkSing.Checked = false;
    }
}
```

⑥按 F5 键运行程序，选中“体育”或“唱歌”中的任一个复选框，文本框中显示学生的特长信息，此时“全部”复选框为未选中状态；当“体育”和“唱歌”复选框全部选中时，“全部”复选框为选中状态；当“体育”和“唱歌”复选框都未选中时，“全部”复选框为不确定状态。

6.3.2　ListBox、ComboBox 控件

列表框（ListBox）和组合框（ComboBox）都可以向用户提供包含一些选项和信息的列表，由用户从中进行选择，两者的主要区别是：

列表框：任何时候都能看到多个选项。

组合框：平时只能看到一个选项，单击组合框右端的下拉箭头可以打开多个选项的列表。

1. ListBox 控件

列表框（ListBox）控件，可以非常方便地向用户提供包含一些选项和信息的列表，由用户自由选择其中一项进行操作。如果选项较多，超出控件显示范围，则会自动加上垂直滚动条。

（1）ListBox 控件的常用属性，见表 6.19。

表 6.19 ListBox 控件的常用属性

属性	说明
Name	获取或设置列表框控件的名称，一般用"lst+名称"的方式命名
Items	用于存放列表框中的所有选项，是一个集合。使用该属性，可以添加列表项、移除列表项和获得列表项的数目
MultiColumn	是否支持多列，当值为 true 时表示支持多列，当值为 false 时不支持多列
SelectedIndex	获取或设置 ListBox 控件中当前选定项从零开始的索引。如果未选定任何项，则返回值为 1
Text	该属性用来获取或搜索 ListBox 控件中当前选定项的文本。当把此属性值设置为字符串值时，ListBox 控件将在列表框内搜索与指定文本匹配的项并选择该项。若在列表中选择了一项或多项，该属性将返回第一个选定项的文本
ColumnWidth	在包含多个列的列表框中，这个属性指定列的宽度
SelectedItems	它是一个集合，可以获取或设置 ListBox 中当前选定的所有选项
Count	用于返回列表框中列表项的个数
Sorted	把这个属性设置为 true，会使列表框对它包含的选项按照字母顺序排序
SelectionMode	用来获取或设置在 ListBox 控件中选择列表项的方法。默认为 One：一次只能选择一个选项。其他几种模式为： None：不能选择任何选项。 MultiSimple：可以选择多个选项。使用这个模式，在单击列表中的一项时，该项就会被选中，即使单击另一项，该项也仍保持选中状态，除非再次单击它。 MultiExtended：可以选择多个选项，用户还可以使用 Ctrl、Shift 和箭头键进行选择。它与 MultiSimple 不同，如果先单击一项，然后单击另一项，则只选中第二个单击的项

（2）ListBox 控件的常用方法，见表 6.20。

表 6.20 ListBox 控件的常用方法

方法	调用格式	说明
Add()	ListBox 对象.Items.Add("s")	把字符型参数 s 添加到 ListBox 对象指定的列表框的列表项中
Insert()	ListBox 对象.Items.Insert(n, "s")	把字符型参数 s 插入到 ListBox 对象指定的列表框中索引为 n 的位置处
IndexOf()	ListBox 对象.Items.IndexOf("s");	用于返回指定项 s 在集合中的索引
Remove()	ListBox 对象.Items.Remove("s");	从 ListBox 对象中移除字符型参数列表项 s
RemoveAt()	ListBox 对象.Items.RemoveAt(s);	从 ListBox 对象中移除指定索引号的列表项
Clear()	ListBox 对象.Items.Clear()	清除列表框中的所有项
FindString()	ListBox 对象.Items.FindString("s")	查找列表框中第一个以指定字符串 s 开头的字符串

（3）ListBox 控件的 SelectedIndexChanged 事件。列表框的 SelectedIndexChanged 事件是列表框最重要的一个事件，当选择的列表项发生改变时（即索引号发生改变）触发该事件。

例 6.8　将班级学生名单显示在列表框中，当用户选中某学生姓名时，选中的姓名可以显示在文本框中；通过“添加”和“删除”按钮还可以随意在两个班级列表框中添加和移除选中项，如图 6-34 所示。

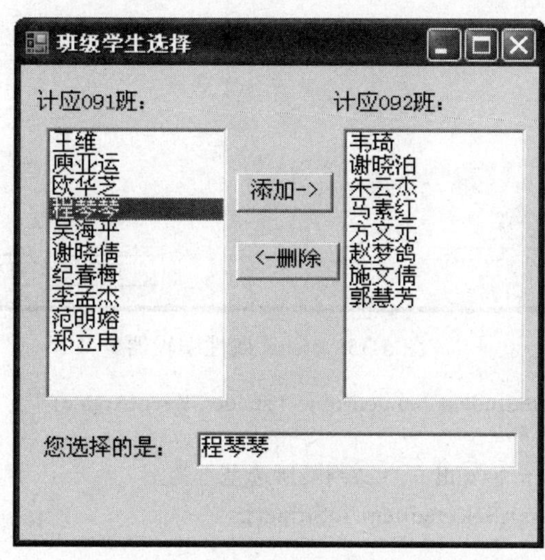

图 6-34　“班级学生选择”界面

具体操作如下：

①创建一个 Windows 应用程序项目，并将主窗体 Form1 命名为 frmClassStu。

②并按图 6-34 所示的控件布局要求在窗体上添加控件，并根据表 6.21 设置控件属性。

表 6.21　属性表

控件	属性	设置	控件	属性	设置
Form1	Name	frmClassStu	ListBox1	Name	lstClass1
	Text	班级学生选择		Items	王维 庚亚运 ……
Label1	Name	lblClass1	ListBox2	Name	lstClass2
	Text	计应 091 班：		Items	韦琦 谢晓泊 ……
Label2	Name	lblClass2	Button1	Name	btnAdd
	Text	计应 092 班：		Text	添加->
Label3	Name	lblSel	Button2	Name	btnDel
	Text	您选择的是：		Text	<-删除

③分别在列表框 lstClass1 和 lstClass2 控件的“属性”窗口找到 Items 属性，单击右边的按钮，打开它的编辑器，如图 6-35 所示，添加学生姓名。

④编写列表框 lstClass1 和 lstClass2 的 SelectedIndexChanged 事件，实现将列表框中用户选中学生的姓名显示在文本框中，代码如下：

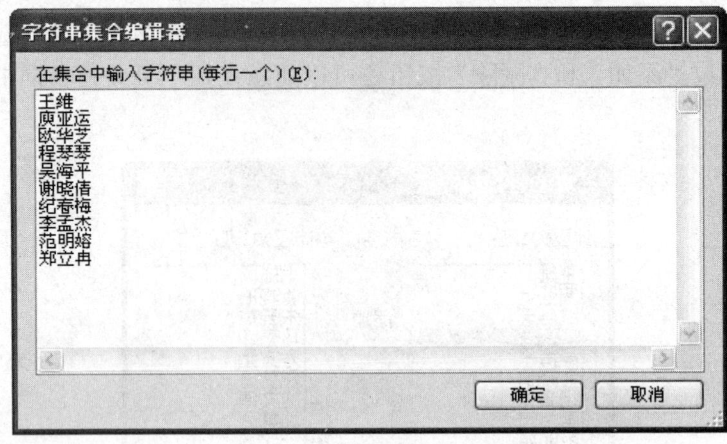

图 6-35 Items 属性编辑器

```
private void lstClass1_SelectedIndexChanged(object sender, EventArgs e)
{
    if (lstClass1.SelectedItem != null )        //判断所选是否为空
        txtSel.Text = lstClass1.SelectedItem.ToString();
}

private void lstClass2_SelectedIndexChanged(object sender, EventArgs e)
{
    if (lstClass2.SelectedItem != null)
        txtSel.Text =lstClass2.SelectedItem.ToString();
}
```

⑤单击“添加->”按钮时，将计应 091 班列表框中选定的学生添加到计应 092 班列表框中，并将该学生从计应 091 班中删除；同样的，单击“<-删除”按钮时，将计应 092 班列表框中选定的学生添加到计应 091 班中，并将该学生从计应 092 班中删除。编写“添加->”按钮和“<-删除”按钮的 Click 事件代码以实现上述功能，代码如下：

```
private void btnAdd_Click(object sender, System.EventArgs e)
{
    if (lstClass1.SelectedItem != null && !lstClass2.Items.Contains(lstClass1.SelectedItem))
        //判断所选不为空，且目的列表框中不包含该学生
            lstClass2.Items.Add(lstClass1.SelectedItem);//将选中学生添加到计应班列表
    lstClass1.Items.Remove(lstClass1.SelectedItem);//将选中学生在计应班列表中删除
}
private void btnDel_Click(object sender, EventArgs e)
{
    if (lstClass2.SelectedItem != null && !lstClass1.Items.Contains(lstClass2.SelectedItem))
        lstClass1.Items.Add(lstClass2.SelectedItem);
    lstClass2.Items.Remove(lstClass2.SelectedItem);
}
```

⑥按 F5 键运行该程序，测试功能。

2. ComboBox 控件

组合框（ComboBox）是综合了文本框和列表框特征的一种控件，它兼有文本框和列表框的功能，既可以像文本框一样，用键入的方式选择项目（输入的内容不能自动添加到列表中）；

也可以在单击下拉按钮后，选择所需要的项目。若选中了某列表项，则该项的内容会自动显示在组合框中。组合框与列表框的属性、方法和事件基本相同，只是要特别注意它的“DropDownStyle”属性用法，见表 6.22。

表 6.22 DropDownStyle 属性

值	描述
DropDown	组合框的文本部分是可以编辑的，用户可以输入值。用户必须单击箭头按钮，才能显示列表内容
DropDownList	文本部分不能编辑，用户必须从列表中选择
Simple	类似于 DropDown，但列表总是可见的

6.3.3 DateTimePicker 控件

DateTimePicker 控件包含一个带有滚动箭头的图形化日历，使用它能够很方便地在应用程序中获取日期和时间。例如在录入学生出生日期时可以单击下拉式日历右边的按钮来选择一个日期。单击下拉日期列表中与日期相关的和按钮可以选择不同的月份，如图 6-36 所示。

图 6-36 “录入学生信息”界面

1. DateTimePicker 控件的常用属性

DateTimePicker 控件的常用属性见表 6.23。

表 6.23 DateTimePicker 控件的常用属性

属性	描述
Name	获取或设置 DateTimePicker 控件的名称，一般用“dtp+名称”的方式命名
Value	用于表示当前日期/时间值。若当前日期为“2008 年 4 月 22 日 10 点 12 分 28 秒”，则表达式“dtpNow.Value”的值为“2008-4-22 10:12:28”
Date	用于获取当前日期/时间值的日期部分。若当前日期为“2008 年 4 月 22 日 10 点 12 分 28 秒”，则表达式“dtpNow.Value.Date”的值为“2008-4-22”

续表

属性	描述
Year、Month、Day、Hour、Minute、SecondDayOfWeek、DayOfYear	分别用于获取当前日期/时间值的年、月、日、小时、分钟、秒、星期几和当年第几天部分
ShowUpDown	指定 DateTimePicker 控件的显示模式，其默认值为 False，表示下拉日历模式。若设置为 True，则表示 DateTimePicker 控件显示数字显示框，此时 DateTimePicker 控件不具有下拉日期，但具有上下调节箭头
MaxDate	表示 DateTimePicker 控件中可以选择的最大日期值
MinDate	表示 DateTimePicker 控件中可以选择的最小日期值
Format	获取或设置控件中显示的日期和时间格式，默认值为 Long，还可以设置为 Short、Time 和 Custom
CustomFormat	当 Format 属性设置为 Custom 时，可以用于格式化 DateTimePicker 控件中显示的日期和（或）时间的自定义格式字符串。例如："MM'/'dd'/'yyyy HH':'mm':'ss"，这时候日期显示为"八月 26, 2010 20:29:35"

2. DateTimePicker 控件的常用方法

（1）ToLongDateString()方法。ToLongDateString()方法用于将 DateTimePicker 控件的值转换为其等效的长日期字符串表示形式。例如当前日期为"2010 年 8 月 12 日 12 点 10 分 20 秒"，则表达式"dtpNow.Value.ToLongDateString()"的值为"2010 年 8 月 12 日"。

（2）ToLongTimeString()方法。ToLongTimeString()方法用于将 DateTimePicker 控件的值转换为其等效的长时间字符串表示形式。若当前日期为"2010 年 8 月 12 日 12 点 10 分 20 秒"，则表达式"dtpNow.Value.ToLongTimeString()"的值为"12:10:20"。

（3）ToShortDateString()方法。ToShortDateString()方法用于将 DateTimePicker 控件的值转换为其等效的短日期字符串表示形式。若当前日期为"2010 年 8 月 12 日 12 点 10 分 20 秒"，则表达式"dtpNow.Value.ToShortDateString()"的值为"2010-8-12"。

（4）ToShortTimeString()方法。ToShortTimeString()方法用于将 DateTimePicker 控件的值转换为其等效的短时间字符串表示形式。若当前日期为"2010 年 8 月 12 日 12 点 10 分 20 秒"，则表达式"dtpNow.Value.ToShortTimeString()"的值为"12:10"。

6.4 PictureBox 控件和 Timer 控件

任务四 "学生信息管理系统"项目——版本信息界面的设计

任务描述

设计"学生信息管理系统"项目的版本信息界面。用户在该界面中可以查看该系统的版本信息及技术支持信息，界面下方"谢谢使用"自左向右循环滚动显示。

任务解决方案

（1）在 StudentInfo 项目中添加新窗体，命名为 frmSysInfo。

（2）从“工具箱”的“公共控件”选项卡中分别选择 PictureBox 和 Label 控件添加到 frmSysInfo 窗体中，按照图 6-37 所示的窗体布局要求拖至合适位置，并根据表 6.24 设置控件属性。

图 6-37　“学生信息管理系统”项目的版本信息界面

表 6.24　属性表

控件	属性	设置	控件	属性	设置
Form1	Name	frmSysInfo	Label1	Name	lblThank
	Text	版本信息		Text	谢谢使用
	Startposition	CenterScreen	Timer1	Name	tmiThank
	BackgroundImage	添加背景图片		Enable	True
PictureBox	Name	picIcon		Interval	100
	Image	添加图片			

（3）从“工具箱”的“组件”选项卡中选择 Timer 控件添加到 frmSysInfo 窗体中。

（4）编写程序代码。双击 Timer 控件，在其 Tick 事件处理程序中，插入下列代码：

```
private void tmrThank_Tick(object sender, EventArgs e)
{
    lblThank.Left -= 2;//将“谢谢使用”标签向左移动 2 个像素
    if (lblThank.Right < 0)//判断标签的右边是否已经移出窗体
     {
         lblThank.Left = this.Width;//将标签的左边定位到窗体右侧
     }
}
```

（5）使用菜单调用“版本信息”窗体。双击主界面 frmMain 中“帮助”→“版本信息”菜单项，编写“版本信息”菜单响应方法 tsmiSysInfo_Click()，代码如下：

```
private void tsmiSysInfo_Click(object sender, EventArgs e)
{
```

```
    frmSysInfo myfrmSysInfo = new frmSysInfo();
    myfrmSysInfo.MdiParent = this;  //设置父窗体
    myfrmSysInfo.Show();  //显示新建用户窗体
}
```

（6）运行系统，正常登录后在系统主界面菜单中选择“版本信息”命令，观察程序运行结果。

分析描述

由于事先已经将 Timer 控件的 Enable 属性设置为 True，因此程序将会间隔 0.1 秒执行 1 次 Timer 控件的 Tick 事件处理程序 tmiThank_Tick，使得“谢谢使用”标签在窗体中自左向右循环滚动显示。

相关知识

6.4.1 PictureBox 控件

图片框（PictureBox）控件，它主要用于显示位图、图标、JPEG 或 GIF 文件中的图形，如果控件不足以显示整幅图像，则自动裁剪图像以适应控件的大小。在默认情况下 PictureBox 控件在显示时没有任何边框。

PictureBox 控件的常用属性有：

（1）Name。PictureBox 控件的名字，根据常用命名规范统一用 pic+名称。

（2）Image 属性。获取或设置PictureBox显示的图像。该属性用于设置显示在图片框中的图片，选中 Image 属性后，可以单击右边的...按钮，通过弹出的“选择资源”对话框进行设置，如图 6-38 所示。

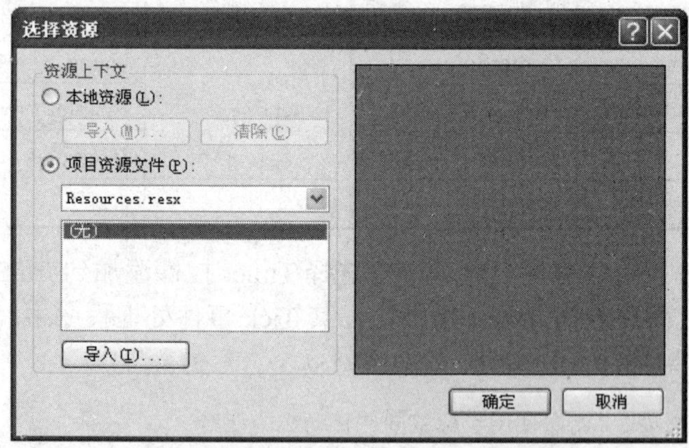

图 6-38 “选择资源”对话框

“选择资源”对话框有“本地资源”和“项目资源文件”两个选项，选中相应的选项和需要的图片后单击“导入”按钮，即可设置需要在图片框中显示的图片。

当然，也可以使用代码设置，其语法格式为：

```
PictureBox.Image = System.Drawing.Bitmap.FromFile(PicturePath);
```

其中 PicturePath 表示图片的存放路径，如“D:\\1.bmp”。

（3）SizeMode 属性。SizeMode 属性用来设置图片的显示模式，有 Normal、StretchImage、

AutoSize、CenterImage 和 Zoom 5 种显示模式。

Normal 表示普通的显示模式，在此模式下，图片置于 PictureBox 的左上角，图片的大小由 PictureBox 控件的大小决定，当图片的尺寸大于 PictureBox 的尺寸时，多余的图像将被剪裁掉。

当采用 StretchImage 模式时，PictureBox 会根据自身尺寸的长宽调整图片的比例，使图片在 PictureBox 中完整地显示出来，图片形状可能会失真。

Zoom 模式表示将按图片的尺寸比例缩放图片，使其完整地显示在 PictureBox 中。此种模式下的缩放图片形状不会失真。

AutoSize 模式表示图片框会根据图片的大小自动调整自身的大小以显示图片的全部内容。

在 CenterImage 模式下，当图片尺寸小于 PictureBox 尺寸时，使图片显示在 PictureBox 工作区的正中央，当图片大于 PictureBox 大小时，就显示图片的中央部分。

（4）BorderStyle 属性。指示控件的边框样式，属性值为 BorderStyle 枚举值之一，BorderStyle 枚举值见表 6.25。

表 6.25　BorderStyle 枚举值

属性	说明
Fixed3D	三维边框
FixedSingle	单行边框
None	无边框

6.4.2　Timer 控件

时钟（Timer）控件，也称为计时器控件，主要用来计时，通过计时处理，可以实现各种复杂的操作，如延时、动画等。它按一定时间间隔周期性地自动触发 Tick 事件，在程序运行时，定时控件是不可见的。

1．Timer 控件的常用属性

（1）Name。Timer 控件的名字，根据常用命名规范统一用 tmr+名称。例如 tmrThank。

（2）Enabled 属性。Timer 控件的 Enabled 属性用于设置 Timer 控件是否工作，它有“True”和“False”两个值，True 为工作状态，False 为暂停，默认为 False。Timer 控件在程序运行中不可见，设置 Timer 控件的 Enabled 属性代码如下：

```
tmrThank.Enabled = false;                    // 计时器停止工作
```

（3）Interval 属性。Interval 属性表示两个计时器事件（即 Tick 事件）之间的时间间隔，其值是一个介于 0～64767 之间的整数，以毫秒为单位，设置属性值可以使用属性窗口，也可以使用代码，例如需要每隔 0.1 秒触发一个计时器事件，这时应将 Timer 控件的 Interval 属性设为 100，代码如下：

```
tmrThank.Interval = 100;
```

再如要使计时器停止工作，可以将 Timer 控件的 Enabled 属性设置为 False，也可以将其 Interval 属性设为 0，代码如下：

```
tmrThank.Interval = 0;
```

2．Timer 控件的常用事件

Timer 控件的常用事件为 Tick 事件。在 Enabled 属性值为“True”的情况下，Timer 控件每隔 Interval 毫秒触发一次 Tick 事件。

例 6.9 设计一个时钟程序，用标签控件显示当前日期和时间，要求每 1 秒钟更新一次当前时间，显示结果如图 6-39 所示。

图 6-39 显示当前日期和时间界面

具体操作如下：

①首先新建一个名为“Timer”的 Windows 应用程序，然后为窗体上分别添加一个 Label 控件和一个 Timer 控件，再按照表 6.26 设置窗体和窗体上各控件的属性。

表 6.26 属性表

控件	属性	设置
Form1	Name	frmShowTime
	Text	Timer
Label1	Name	lblShowTime
	Text	
Timer1	Name	tmrShowTime

②为窗体 frmShowTime 的 Load 事件增加事件处理程序，代码如下：

```
private void frmTimer_Load(object sender, EventArgs e)
{
    this.tmrShowTime.Interval = 100;
    this.tmrShowTime.Enabled = true;
}
```

③每 1 秒钟更新一次当前时间，由 Timer 控件（tmrShowTime）的 Tick 事件完成，接下来双击 tmrShowTime，编写 tmrShowTime 的 Tick 事件处理程序，代码如下：

```
private void tmrShowTime_Tick(object sender, EventArgs e)
{
    lblShowTime.Text = System.DateTime.Now.ToString();
}
```

④按 F5 键运行程序，观察结果。

习题六

一、选择题

1．要使窗体开始运行时显示在屏幕的中央，应设置窗体的（　）属性。

A．WindowState　　B．StartPosition

C．CenterScreen　　D．CenterParent

2．在设计菜单时，若希望某个菜单项前面有一个“√”号，应把该菜单项的（　）属性设置为 true。

A．Checked　　B．RadioCheck
C．ShowShortcut　　D．Enabled

3．WinForm 中，关于 ToolBar 控件的属性和事件的描述不正确的是（　）。

A．Buttons 属性表示 ToolBar 控件的所有工具栏按钮
B．ButtonSize 属性表示 ToolBar 控件上的工具栏按钮的大小，如高度和宽度
C．DropDownArrows 属性表明工具栏按钮（该按钮有一列值需要以下拉方式显示）旁边是否显示下箭头键
D．ButtonClick 事件在用户单击工具栏任何地方时都会触发

4．要创建多文档应用程序，需要将窗体的（　）属性设为 true。

A．DrawGrid　　B．ShowInTaskbar
C．Enabled　　D．IsMdiContainer

5．如果将窗体的 FormBolderStyle 设置为 None，则（　）。

A．窗体没有边框并且不能调整大小　　B．窗体没有边框但能调整大小
C．窗体有边框但不能调整大小　　D．窗体是透明的

6．以设计“学生成绩管理系统”为例，“个人成绩查询”窗体所对应的事件应该包括窗体装载、（　）和单击命令按钮。

A．窗体运行　　B．窗体卸载
C．排序　　D．输出

7．文本框是一个（　）区域，用于文本的输入、输出、编辑等。

A．文本显示　　B．文本格式化
C．文本编辑　　D．矩形

8．图片框的主要作用是在（　）显示图形信息。

A．对象中　　B．窗体上　　C．事件中　　D．过程中

9．MDI 窗体的所有子窗体都显示在 MDI 窗体内，子窗体也可以（　）。

A．变为 MDI 窗体　　B．移动到 MDI 窗体外
C．显示在 MDI 窗体外　　D．改变大小或进行移动

二、应用题

1．设计制作“学生宿舍管理系统”的登录界面，要求：

（1）单击“登录”按钮，首先检查登录的用户名和密码不能为空，如果用户名为空，则弹出“用户名和密码不能为空”的警告窗口；如果密码为空则弹出“密码不能为空”的警告窗口。

（2）检查用户名和密码不为空，则提示“登录成功”。

2．设计“学生宿舍管理系统”项目的主界面。用户可以使用菜单和工具栏分别实现“基本信息管理”、“公寓管理”、“学生管理”、“帮助”和“退出系统”等功能，并可以在状态栏中显示用户当前的操作。

3．设计“学生宿舍管理系统”项目的学生信息录入界面。用户可以在该界面中实现录入楼房编号、楼层数、房间数、居住性别、投入使用时间，备注信息的功能，如图 6-40 所示。

4．设计一个简易的购物车程序，如图 6-41 所示。

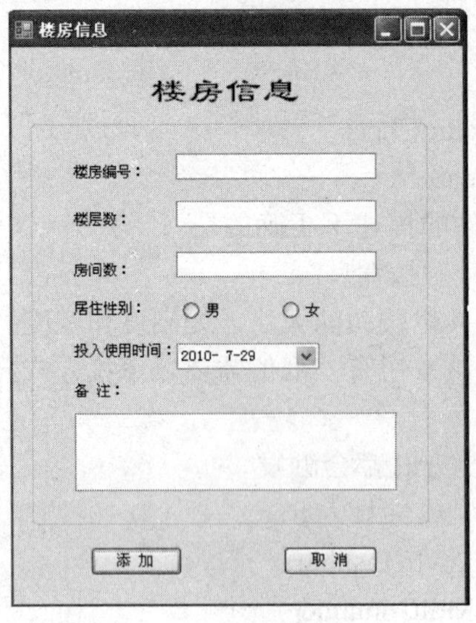

图 6-40 “楼房信息”界面

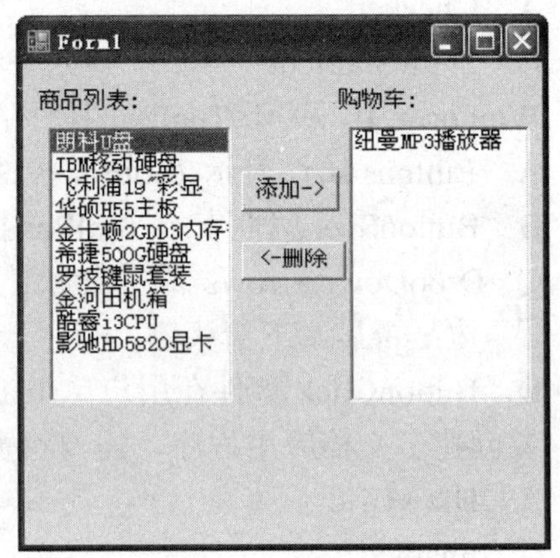

图 6-41 “购物车”界面

要求：

（1）在左边选中要选择的商品，单击“添加”按钮，所选的商品就会移动到右侧的购物车列表栏里显示。

（2）选中购物车列表栏中的商品，单击“删除”按钮即可把该商品从购物车列表栏中删除到左边要选择的商品栏中。

5．设计应用程序，能够实现根据用户从列表框中选择的月份数字，换算成对应的季节，如图 6-42 所示。

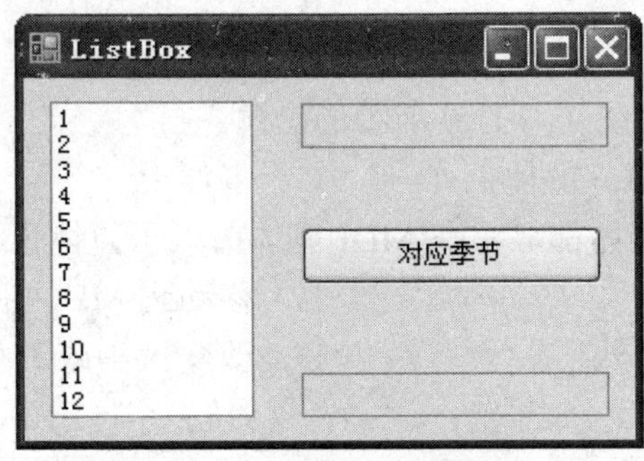

图 6-42 月份对应季节界面

要求：

（1）根据用户从列表框中选择的月份数字，在上面的文本框中显示选中的中文月份，如“一月”。

（2）单击“对应季节”按钮后判断显示该月份属于哪个季节，并在下面的文本框中显示。

第 7 章　ADO.NET 数据库访问技术

ADO.NET 是为.NET 框架而创建的，ADO.NET 是英文 ActiveX Data Objects for the .NET Framework 的缩写，它提供了对 Access、Microsoft SQL Server、Oracle 等数据源以及 OLE DB 和 XML 公开数据源的一致访问。本章将通过一个典型的管理系统——“学生信息管理系统”介绍如何使用 ADO.NET 连接 Microsoft SQL Server 数据源，对数据库进行新增、删除、修改、查询等操作。

本章要点

- ADO.NET 基本概念
- Connection 对象
- Command 对象
- DataReader 对象
- DataSet 对象
- DataAdapter 数据适配器
- 数据绑定控件

学习目标

- 能正确使用 ADO.NET 连接数据源
- 能正确使用数据阅读器和数据集从数据库中检索数据
- 能正确使用 DataGrid 控件显示并操作从数据库中检索到的数据

7.1　Connection 对象和 Command 对象

任务一　“学生信息管理系统”项目——登录功能模块

任务描述

在第 6 章任务二的基础上完善“学生信息管理系统”项目的登录功能模块设计，要求单击“确定”按钮，当用户输入的用户名和密码完全正确时，跳转到“学生信息管理系统”主界面，否则弹出警告信息，并要求用户重新输入。

任务解决方案

（1）建立名为 StudentManagement 数据库，并在该数据库中建立管理员信息表，表结构见表 7.1。

表 7.1 管理员信息表（AdminInfo）

序号	列名	数据类型	标识	主键	允许空	说明
1	Id	int	是	是	否	用户编号（自增）
2	AdminName	nvarchar			是	用户名
3	AdminPwd	nvarchar			是	用户密码

（2）打开第 6 章任务二中已经创建好的登录窗体（frmLogin），在其代码中添加命名空间 System.Data.SqlClient：

```
using System.Data.SqlClient;
```

（3）双击“确定”按钮，打开代码编辑器，在其 Click 事件响应方法 btnLogin_Click()中添加下列代码：

```
private void btnLogin_Click(object sender, EventArgs e)
{
    if (TestInput())
    {
        string paramAdminName = this.txtLoginName.Text.Trim();
        string paramAdminPwd = this.txtLoginPwd.Text.Trim();
        int count = 0;                    //用于存放查询结果
        //数据库连接字符串
        string connString = "server=.;database=StudentManagement;uid=sa;pwd=123;";
        //创建 Connection 对象
        SqlConnection connection = new SqlConnection(connString);
        //查询语句
        string sqlQuery = "SELECT COUNT(*) FROM AdminInfo WHERE adminName='" +
        paramAdminName + "' AND adminPwd='" + paramAdminPwd + "'";
        //创建 Command 对象
        SqlCommand command = new SqlCommand();
        command.Connection = connection;        //设置 Command 对象的 Connection 属性
        command.CommandText = sqlQuery;        //设置 Command 对象的 CommandText 属性
        connection.Open();        //打开连接
        count = (int)command.ExecuteScalar();     //执行查询语句
        connection.Close();        //关闭连接
        if (count >= 1)
        {
            //登录成功
            frmMain1 myUIMain = new frmMain1();
            myUIMain.Show();
            this.Hide();
        }
        else
        {MessageBox.Show("用户名或密码不存在！");
       this.txtLoginName.Text = string.Empty;
            this.txtLoginPwd.Text= string.Empty;
        }
    }
}
```

（4）将“Program.cs”中的启动窗体更改为登录窗体 frmLogin，按 F5 键运行该程序，分别输入正确和错误的用户名、密码进行测试，观察程序运行结果。

分析描述

当程序运行后用户单击“确定”按钮时，执行 btnLogin_Click 事件处理程序，首先调用自定义方法 TestInput()，验证用户是否已经输入了用户名和密码信息，然后再连接数据库，查询并统计该用户名和密码在数据库中匹配的记录数，当有匹配的记录时，调用系统主界面窗体 frmMain，并关闭登录窗口；否则弹出警告信息，并将登录窗口中的“用户名”和“密码”文本框清空，等待用户重新输入。

在任务中使用了 Connection 对象和 Command 对象，分别完成数据库的连接操作和下达具体的查询指令。而一些带有大量返回值的数据库操作则需要使用 DataAdapter 对象、DataSet 对象、DataTable 等来完成，这些会在后续的章节中介绍。

相关知识

7.1.1　Connection 对象

Connection 对象用于建立并开启程序和数据库之间的连接，这是对数据库进行操作的必要条件。针对不同的数据库，.NET 提供了不同的连接类，见表 7.2。

表 7.2　.NET 数据连接类及命名空间

数据库	连接类	命名空间
SQL Server	System.Data.SqlClient.SqlConnection	System.Data.SqlClient
Access	System.Data.Oledb.OleDbConnection	System.Data.OleDb
ODBC	System.Data.Odbc.OdbcConnection	System.Data.Odbc
Oracle	System.Data.OracleClient.OracleConnection	System.Data.OracleClient

在任务一中介绍的“学生信息管理系统”连接的是 SQL Server 2005 数据库，因此使用 SqlConnection 类的对象，用户在设计数据库应用程序时，必须在相应的代码中添加命名空间“System.Data.SqlClient”。

1. Connection 对象的主要属性

Connection 对象的主要属性见表 7.3。

表 7.3　Connection 对象的主要属性

属性	说明
ConnectionString	用于连接数据库的连接字符串
ConnectionTimeout	连接等待时间
Database	获取当前数据库或要连接的数据库名称
DataSource	数据源，其值为要连接的 SQL Server 实例名称
State	指示当前数据库连接状态

2. Connection 对象的主要方法

Connection 对象的主要方法见表 7.4。

表 7.4 Connection 对象的主要方法

方法	说明
Open	打开指定的数据库连接
Close	关闭与数据库的连接

3. 使用 Connection 连接数据库的步骤

（1）添加命名空间 System.Data.SqlClient。

（2）定义连接字符串。对于不同的数据库，连接字符串的格式不同，连接 SQL Server 数据库时，连接字符串格式一般为：

```
Data Source=服务器名;Initial Catalog=数据库名;User ID=用户名;pwd=密码;
```

或：

```
server=服务器名; database=数据库名;uid=用户名;pwd=密码;
```

例如：连接本机上的 StudentManagement 数据库，用 SQL Server 2005 的 SQL Server 身份验证模式登录，用户名为 sa，密码为 123，连接字符串可以写成：

```
string connString = "Data Source=.;Initial Catalog=StudentManagement;User ID=sa;pwd=123;";
```

或：

```
string connString = "server=.;database=StudentManagement;uid=sa;pwd=123;";
```

这里 Data Source=.表示服务器安装在本机，如果 SQL Server 2005 安装在网络服务器上，服务器名则应填写成相应的网络服务器名或它的 IP 地址。

（3）创建 Connection 对象，代码如下：

```
SqlConnection connection = new SqlConnection(connString);
```

（4）打开数据库连接，代码如下：

```
connection.Open();
```

（5）对数据库操作完毕后关闭数据库连接，代码如下：

```
connection.Close();
```

例 7.1 按照图 7-1 所示，单击“测试连接”按钮，测试是否能正常打开和关闭本机的 StudentManagement 数据库连接。

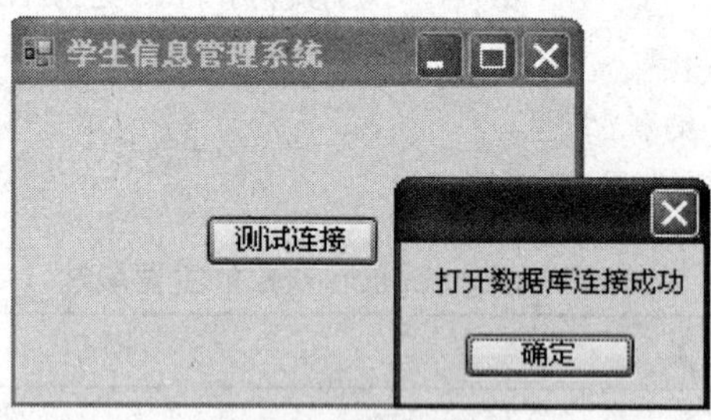

图 7-1 测试连接

具体操作如下：

①在 Visual Studio 2008 中创建一个 Windows 应用程序项目，将主窗体 Form1 命名为 frmConnection。

②从“工具箱”的“公共控件”选项卡中选择 Button 控件添加到窗体中，并根据表 7.5 设置控件属性。

表 7.5　属性表

控件	属性	设置
Form1	Name	frmConnection
	Text	学生信息管理系统
Button1	Name	btnTest
	Text	测试连接

③在 frmConnection 窗体的代码中添加命名空间 System.Data.SqlClient 代码如下：

```
using System.Data.SqlClient;
```

④双击“测试连接”按钮，在其 Click 事件的响应方法 btnTest_Click()中，插入下列代码：

```
private void btnTest_Click(object sender, EventArgs e)
{
    string connString = "server=.;database=StudentManagement;uid=sa;pwd=123;";
    SqlConnection connection = new SqlConnection(connString);
    connection.Open();   //打开数据库连接
    MessageBox.Show("打开数据库连接成功");
    connection.Close();   //关闭数据库连接
    MessageBox.Show("关闭数据库连接成功");
}
```

⑤按 F5 键运行程序，单击“测试连接”按钮，则可以测试连接 StudentManagement 数据库是否正常。

7.1.2　Command 对象

Command 对象可以用来对数据库发出具体的操作指令，例如对数据库下达查询、新增、修改、删除数据等操作指令，或者直接调用数据库中预存的存储过程等。这个对象是通过连接到数据源的 Connection 对象来执行命令的。

1. Command 对象的主要属性

Command 对象的主要属性见表 7.6。

表 7.6　Command 对象的主要属性

属性	说明
Connection	Command 对象使用的数据库连接
CommandText	获取或设置对数据源执行的 Transact-SQL 语句、表名或存储过程
CommandTimeout	获取或设置终止执行命令并生成错误之前的等待时间
CommandType	Command 的类型，默认为 Text（SQL 文本命令）

2. Command 对象的主要方法

Command 对象的主要方法见表 7.7。

表 7.7　Command 对象的主要方法

方法	说明
ExecuteNonQuery	执行后不返回任何行，对于 UPDATE、INSERT 和 DELETE 语句，返回值为该命令所影响的行数；对于所有其他类型的语句，返回值为 -1；如果发生回滚，返回值也为-1

续表

方法	说明
ExecuteReader	执行查询命令，返回 DataReader 对象
ExecuteScalar	执行查询，并返回查询结果的第一行第一列，忽略其他列或行
ExecuteXmlReader	将 CommandText 发送到 Connection 并生成一个 XmlReader 对象

例如：在任务一中使用了 Command 对象的 ExecuteScalar()方法。其执行步骤分析如下：

（1）建立 StudentManagement 数据库的连接，并打开该连接；代码如下：

```
string connString = "server=.;database=StudentManagement;uid=sa;pwd=123;";
SqlConnection connection = new SqlConnection(connString);
connection.Open();
```

（2）定义要执行的 SQL 语句。查询并统计数据库中“用户名”和“密码”与输入的“用户名”和“密码”完全匹配的记录个数，代码如下：

```
string sqlQuery = "SELECT COUNT(*) FROM AdminInfo WHERE adminName='" + paramAdminName + "'
AND adminPwd='" + paramAdminPwd + "'";
```

（3）创建 Command 对象，并设置属性。使用已有的 Connection 对象和 SQL 语句字符串创建一个 Command 对象，代码如下：

```
SqlCommand command = new SqlCommand();          //创建 Command 对象
command.Connection = connection;                //设置 Connection 属性
command.CommandText = sqlQuery;                 //设置 CommandText 属性
```

也可以将创建 Command 对象和设置属性一步完成，代码如下：

```
SqlCommand command = new SqlCommand(sqlQuery, connection);
```

（4）执行 SQL 语句。由于 CommandType 属性值默认为 Text，Command 对象可以直接执行 SQL 语句，因此本例中可以直接使用 Command 对象的 ExecuteScalar()方法来执行命令，代码如下：

```
int count = 0;
count = (int)command.ExecuteScalar();
```

注意：由于使用 ExecuteScalar()方法执行查询，返回的是查询结果集中第一行第一列，因此必须要显式转换成 int 类型才能赋值给整型变量 count。

（5）关闭数据库连接，代码如下：

```
connection.Close();
```

7.2 DataReader

任务二 “学生信息管理系统”项目——学生信息查询模块

任务描述

设计“学生信息管理系统”项目中的学生信息查询模块，如图 7-2 所示，要求如下：

（1）可以根据用户输入的学生姓名部分内容，实现模糊查询。例如：要查询所有“王”姓学生，只需要输入一个“王”，单击“查询”按钮，实现查询功能。

（2）在不输入任何信息的情况下，单击“查询”按钮，则可以查询所有学生信息。

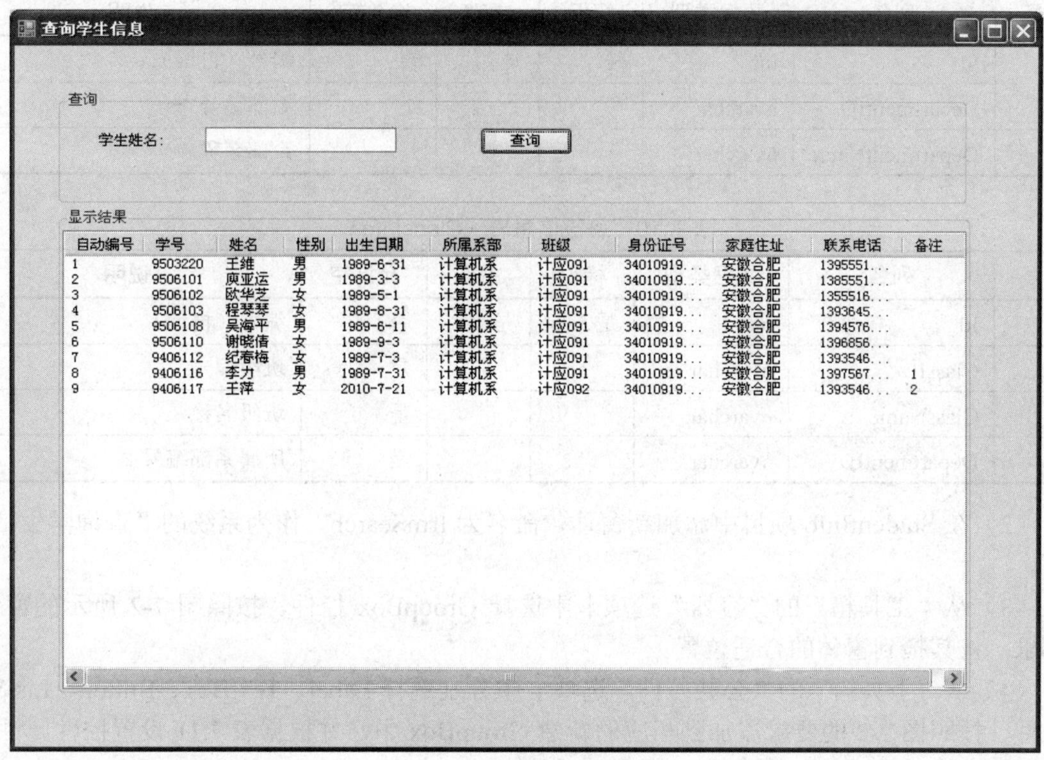

图 7-2　学生信息查询

任务解决方案

（1）在 StudentManagement 数据库中，建立学生信息表、系部信息表和班级信息表，表结构见表 7.8～表 7.10，并分别插入相关测试数据。

表 7.8　学生信息表（StudentInfo）

序号	列名	数据类型	标识	主键	允许空	说明
1	Id	int	是	是	否	编号（自增）
2	StudentID	nvarchar			是	学生编号
3	StudentName	nvarchar			是	学生姓名
4	StudentSex	nvarchar			是	学生性别
5	DepartName	nvarchar			是	系部名称
6	ClassName	nvarchar			是	班级名称
7	StudyDate	nvarchar			是	学生出生日期
8	StudentIDCard	nvarchar			是	身份证号码
9	Address	nvarchar			是	家庭住址
10	StudentTel	nvarchar			是	联系电话
11	ExtendField	nvarchar			是	备注

表 7.9　系部信息表（DepartmentInfo）

序号	列名	数据类型	标识	主键	允许空	说明
1	Id	int	是	是	否	编号（自增）
2	DepartmentID	nvarchar			是	系部编号
3	DepartmentName	nvarchar			是	系部名称

表 7.10　班级信息表（ClassInfo）

序号	列名	数据类型	标识	主键	允许空	说明
1	Id	int	是	是	否	编号（自增）
2	ClassID	nvarchar			是	班级编号
3	ClassName	nvarchar			是	班级名称
4	DepartmentID	nvarchar			是	所属系部编号

（2）在 StudentInfo 项目中添加新窗体，命名为 frmSearch，作为系统的“查询学生信息”界面。

（3）从“工具箱”的“容器”选项卡中选择 GroupBox 控件，按照图 7-2 所示的窗体布局要求，将其拖到窗体的合适位置。

（4）从“工具箱”的“公共控件”选项卡中分别选择 Label、TextBox、Button、ListView 等控件，按照图 7-2 的要求添加到相应的新建 GroupBox 中，并根据表 7.11 设置控件属性。

表 7.11　属性表

控件	属性	设置	控件	属性	设置
Form1	Name	frmSearch	TextBox1	Name	txtStuName
	Text	查询学生信息		Text	
	Startposition	CenterScreen	ListView1	Name	lvStudent
GroupBox1	Name	grpSearch		View	Details
	Text	查询		GridLines	True
GroupBox2	Name	grpStuInfo		Columns	使用编辑器添加：ID、StudentID 等列
	Text	显示结果	Button1	Name	btnConfirm
Label1	Name	lblStuName		Text	添加
	Text	学生姓名:			

（5）设置 lvStudent 控件的 Columns 属性。在 ListView 的“属性”窗口中找到 Columns 属性，单击右边的[...]按钮，打开它的编辑器，如图 7-3 所示，按照图 7-2 所示添加 11 个成员列。并分别设置它们的 Name 和 Text 属性。

（6）编写程序代码。

①在查询学生信息窗体（frmSearch）的代码中添加命名空间 System.Data.SqlClient。

```
using System.Data.SqlClient;
```

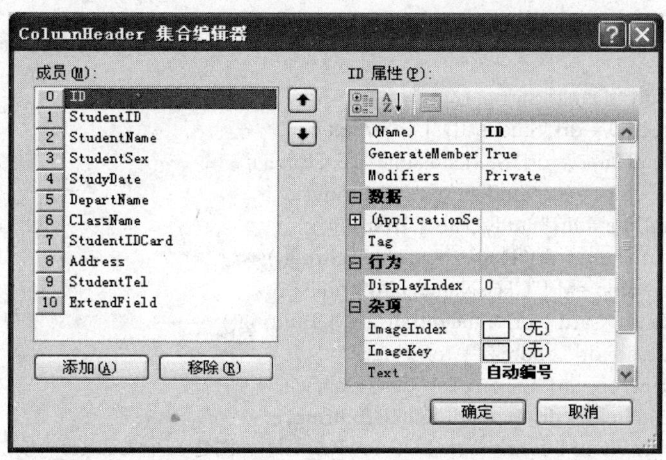

图 7-3　ColumnHeader 集合编辑器

②在 frmSearch 窗体的代码中，自定义查询方法 searchStuInfo()，用于显示查询结果，具体代码如下：

```
private void searchStuInfo(string paramStudentName)
{
    string ID;
    string StudentID;
    string StudentName;
    string StudentSex;
    string StudyDate;
    string DepartName;
    string ClassName;
    string StudentIDCard;
    string Address;
    string StudentTel;
    string ExtendField;
    string Conn = "server=.;database=StudentManagement;uid=sa;pwd=123;";
    SqlConnection mySqlConnection = new SqlConnection(Conn);
    mySqlConnection.Open();
    string sqlQuery = " SELECT * FROM StudentInfo where 1=1";//定义查询命令字符串
    if (paramStudentName.Length > 0)
    {
        sqlQuery += " AND StudentName like '%" + paramStudentName + "%'";
    }
    SqlCommand mySqlCommand = new SqlCommand(sqlQuery, mySqlConnection);
    SqlDataReader dr = mySqlCommand.ExecuteReader();//执行查询命令
    lvStudent.Items.Clear();//清空 ListView 中的所有项
    if (!dr.HasRows)//判断 DataReader 中数据行是否为 0
    {
        MessageBox.Show("没有您找的学生！", "查询结果提示", MessageBoxButtons.OK,
        MessageBoxIcon.Information);
    }
    else
    {
        //将查到的结果循环写入 ListView 中
```

```
            while (dr.Read())
            {
                ID = dr["ID"].ToString();
                StudentID = dr["StudentID"].ToString();
                StudentName = dr["StudentName"].ToString();
                StudentSex = dr["StudentSex"].ToString();
                StudyDate = dr["StudyDate"].ToString();
                DepartName = dr["DepartName"].ToString();
                ClassName = dr["ClassName"].ToString();
                StudentIDCard = dr["StudentIDCard"].ToString();
                Address = dr["Address"].ToString();
                StudentTel = dr["StudentTel"].ToString();
                ExtendField = dr["ExtendField"].ToString();
                ListViewItem lviStu = new ListViewItem(ID);//创建一个 ListView 项
                lviStu.Tag = ID;
                lvStudent.Items.Add(lviStu);//向 ListView 中添加一个新项
                //向当前项中添加子项
                lviStu.SubItems.AddRange(new string[] { StudentID, StudentName, StudentSex, StudyDate,
                DepartName, ClassName, StudentIDCard, Address, StudentTel, ExtendField });
            }
        }
        dr.Close();
        mySqlConnection.Close();    //关闭数据库
    }
```

③双击“确定”按钮，在其 Click 事件处理程序中，插入下列代码：

```
private void btnSearch_Click(object sender, EventArgs e)
{
    string paramStudentName = txtStuName.Text.Trim();
    searchStuInfo(paramStudentName);    //调用自定义方法实现查询
}
```

（7）使用菜单调用“查询学生信息”窗体。双击 StudentInfo 项目主界面 frmMain 中的“学生档案管理”→“学生信息管理”菜单项，编写“学生信息管理”菜单响应程序代码如下：

```
private void tsmiStuManage_Click(object sender, EventArgs e)
{
    frmSearch myfrmSearch = new frmSearch();
    myfrmSearch.MdiParent = this;   //设置父窗体
    myfrmSearch.Show();   //显示新建用户窗体
}
```

（8）运行系统，正常登录后在系统主界面菜单中选择“学生信息管理”命令，在“查询学生信息”窗体的文本框中输入查询条件，单击“查询”按钮，观察程序运行结果。

分析描述

当用户单击“查询”按钮时，执行 btnSearch_Click 事件处理程序，将用户在文本框中输入的学生姓名作为实参，调用自定义方法 searchStuInfo()实现查询，并将查询结果在 ListView 控件中显示出来。

由于采用了下列查询命令字符串，可以实现模糊查询。

```
string sqlQuery = " SELECT * FROM StudentInfo where 1=1";
if (paramStudentName.Length > 0)
```

```
    {
        sqlQuery += " AND StudentName like '%" + paramStudentName + "%'";
    }
```

其中“where 1=1”，用于实现当用户输入的学生姓名不为空时，连接一个“ AND”子句（注意这里的“ AND”前有一个空格不能省略）。

相关知识

7.2.1　DataReader 对象

DataReader 对象可以从数据库中以只读、只进的方式查询数据，它每次的访问或操作只能有一个记录保存在服务器的内存中。相对于 DataSet 而言，DataReader 具有较快的访问能力，并且能够使用较少的服务器资源。用 DataReader 对象读取数据时，不能对数据进行修改，而且要始终保持与数据库的连接，此时与之关联的 Connection 对象，被 DataReader 对象占用，不能做其他操作，只有在 DataReader 对象使用完毕后，才能调用 Close()方法关闭。

1. DataReader 对象的主要属性

DataReader 对象的主要属性见表 7.12。

表 7.12　DataReader 对象的主要属性

属性	说明
FieldCount	获取当前行的列数
HasRows	表示 DataReader 对象是否包含一行或多行
RecordsAffected	获取执行 SQL 语句所更改、添加或删除的行数
Item({name,ordinal})	获取或设置字段内容（name 为字段名，ordinal 为字段序号）

2. DataReader 对象的主要方法

DataReader 对象的主要方法见表 7.13。

表 7.13　DataReader 对象的主要方法

方法	说明
Read	读取下一条数据
Close	关闭 DataReader 对象

3. 使用 DataReader 读取数据

使用 DataReader 提取数据分为以下 5 个步骤：

（1）建立与数据库的连接并打开该连接。

（2）创建一个 Command 对象。

（3）从 Command 对象中创建 DataReader 对象。

（4）使用 DataReader 读取并显示数据。

DataReader 对象的 Read 方法默认将指针指向第一条记录的上方，当 Read 方法判断 DataReader 对象中的数据还有下一行，则将游标下移到下一行，否则返回 False。因此可以使用一个循环，利用 Read 方法遍历读取数据库中行的信息，如果需要获取该行中某列的值，只需要使用“[”和“]”运算符来确定即可。

（5）分别关闭 DataReader 对象和数据库的连接。

例如上面介绍的任务一中登录功能比较简单，只能对用户名和密码同时验证，不能在登录失败时，明确指示用户，到底是用户名输入错误，还是密码不匹配。下面使用 DataReader 对象对其进行改进。

具体操作如下：

①在任务一的登录窗体（frmLogin）中，双击“确定”按钮，打开代码编辑器，将其 Click 事件响应方法 btnLogin_Click()代码更改为：

```
private void btnLogin_Click(object sender, EventArgs e)
{
    if (TestInput())
    {
        string paramAdminName = this.txtLoginName.Text.Trim();
        string paramAdminPwd = this.txtLoginPwd.Text.Trim();
        string connString = "server=.;database=StudentManagement;uid=sa;pwd=123;";
       //建立并打开数据库连接
        SqlConnection connection = new SqlConnection(connString);
        connection.Open();
        string sqlQuery = "SELECT * FROM AdminInfo WHERE adminName='" + paramAdminName + "'";
        SqlCommand myCmd = new SqlCommand(sqlQuery, connection); //创建 Command 命令
        SqlDataReader dr = myCmd.ExecuteReader();     //创建 DataReader 对象
        if (!dr.HasRows)//判断 DataReader 中数据行是否为 0
        {
            MessageBox.Show("用户名不存在！ ", "查询结果提示", MessageBoxButtons.OK,
            MessageBoxIcon.Information);
        }
        else
        {
            //读取数据
              while (dr.Read())
              {
                  //判断 adminPwd 列的值和用户输入的密码是否一致
                  if (dr["adminPwd"].ToString().Trim() == paramAdminPwd)
                  {
                       //登录成功
                      frmMain1 myUIMain = new frmMain1();
                      myUIMain.Show();
                      this.Hide();
                      break;
                  }
            else
                  {
                     MessageBox.Show("密码错误！ ", "查询结果提示", MessageBoxButtons.OK,
                     MessageBoxIcon.Information);
                     this.txtLoginName.Text = string.Empty;
                     this.txtLoginPwd.Text = string.Empty;
                  }
              }
        }
      //关闭 DataReader 对象和数据库连接
    dr.Close();
```

```
    connection.Close();
}
```

②按 F5 键运行该程序，当用户输入不正确的用户名时，查询数据库后 DataReader 对象的 HasRows 属性值为“0”，因此 if (!dr.HasRows)的条件满足，系统提示“用户名不存在”；当用户输入正确的用户名后，先通过循环语句：

```
while (dr.Read())
```

来遍历读取数据库中行的信息，再通过下面语句：

```
dr["adminPwd"].ToString().Trim() == paramAdminPwd
```

中的“[”和“]”运算符，将每一行的密码（adminPwd）列读出，再与用户输入的密码进行比较，如果能够匹配则跳出循环，并跳转到系统主界面；否则提示“密码错误”，并清空文本框等待用户继续输入。

7.2.2 ListView 控件

ListView 控件通常用于显示数据，类似于 Windows 中“我的电脑”右边的窗口，如图 7-4 所示，它也有 5 种不同的视图显示项目。通过此控件，可将项目组成带有或不带有列标头的列，并显示相应的图标和文本。

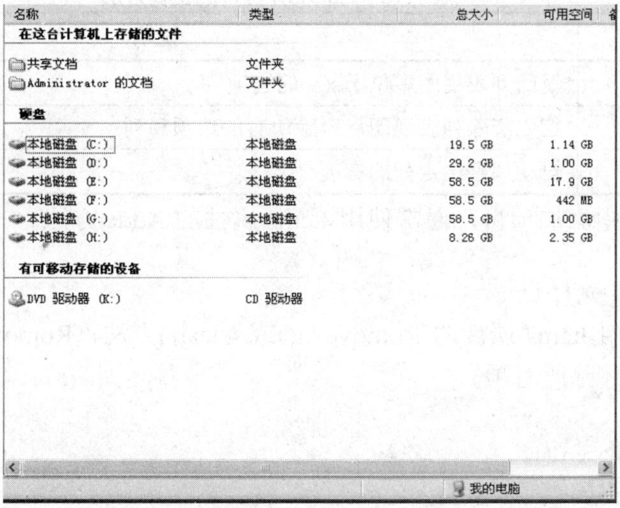

图 7-4　“我的电脑”窗口

1. ListView 控件的主要属性

ListView 控件的主要属性见表 7.14。

表 7.14　ListView 控件的主要属性

属性	说明
Name	ListView 控件的名称，一般用“lv+名称”的方式命名
FullRowSelect	设置是否可以选中整行
Items	列表视图中的选项集合
Columns	设置列表视图可以包含的列
MultiSelect	设置是否可以选择多个选项

续表

属性	说明
LabelWrap	设置标签是否可以自动换行，以显示所有的文本
Scrollable	设置是否显示滚动条
GridLines	是否显示网格线（当 View 属性为 Details 时）
SelectedItems	选中选项的集合
HeaderStyle	列标题的显示方式，有 3 种样式：①Clickable：列标题显示为一个按钮；②NonClickable：列标题不响应鼠标单击；③None：不显示列标题
View	列表视图可以用 5 种不同的模式显示其选项：① LargeIcon：所有的选项都在其旁边显示一个大图标（32x32）和一个标签；② SmallIcon：所有的选项都在其旁边显示一个小图标（16x16）和一个标签；③ List：只显示一列。该列可以包含一个图标和一个标签；④Details：可以显示任意数量的列，只有第一列可以包含图标；⑤Tile：（只用于 Windows XP 和以上版本）显示一个大图标和一个标签，在图标的右边显示子项信息

2. ListView 控件的主要方法

ListView 控件的主要方法见表 7.15。

表 7.15 ListView 控件的主要方法

方法	说明
GetItemAt	返回列表视图中位于 x,y 的选项
Clear	彻底清除列表视图，删除所有的选项和列
AutoResizeColumn	自动调整给定列的宽度

在 ListView 控件中添加项目，通常使用 Items 属性的 Add()方法。

例如：

```
ListView1.Items.Add("项目 1",1);
```

移除项目，则使用 Items 属性的 RomoveAt()或 Clear()方法，RomoveAt()是移除指定索引号的一项，而 Clear()移除所有项。

例如：

```
ListView1.Items.RomoveAt(1)
ListView1.Items.Clear()
```

3. ListView 控件的主要事件

ListView 控件的主要事件见表 7.16。

表 7.16 ListView 控件的主要事件

事件	说明
AfterLabelEdit	编辑标签后引发该事件
BeforeLabelEdit	用户开始编辑标签前引发该事件
ColumnClick	单击一个列时引发该事件
ItemActivate	激活一个选项时引发该事件

4. ListViewItem

列表视图中的选项是 ListViewItem 类的一个实例，ListViewItem 包含要显示的信息。ListViewItem 有一个 SubItems 属性，其中包含另一个 ListViewSubItem 类的实例。如果 ListView

控件处于 Details 或 Tile 模式下，这些子选项就会显示出来，每个子选项表示列表视图中的一个列。子选项和主选项之间的区别是子选项不能显示图标。

通常向 ListView 中添加数据采用以下几个步骤：

（1）通过 Items 集合把 ListViewItem 添加到 ListView 中。

（2）通过 ListViewItem 上的 SubItems 集合把 ListViewSubItem 添加到 ListViewItem 中。

例如：在任务二中，将数据库中信息写入 ListView。

操作过程如下：

①使用 DataReader 读取数据，再通过 while 循环遍历读取数据库中的行信息。

```
while (dr.Read())
```

②将第一行中的各列数据分别取出，存放在预先定义好的变量中，代码如下：

```
ID = dr["ID"].ToString();
StudentID = dr["StudentID"].ToString();
StudentName = dr["StudentName"].ToString();
StudentSex = dr["StudentSex"].ToString();
StudyDate = dr["StudyDate"].ToString();
DepartName = dr["DepartName"].ToString();
ClassName = dr["ClassName"].ToString();
StudentIDCard = dr["StudentIDCard"].ToString();
Address = dr["Address"].ToString();
StudentTel = dr["StudentTel"].ToString();
ExtendField = dr["ExtendField"].ToString();
```

③创建一个 ListViewItem 对象。

```
ListViewItem lviStu = new ListViewItem(ID);
```

④利用 Items 属性的 Add()方法将 ListViewItem 对象添加到 ListView 中。

```
lvStudent.Items.Add(lviStu)
```

⑤通过 ListViewItem 上的 SubItems 集合把 ListViewSubItem 添加到 ListViewItem 中。

```
lviStu.SubItems.AddRange(new string[] { StudentID, StudentName, StudentSex, StudyDate, DepartName,
ClassName, StudentIDCard, Address, StudentTel, ExtendField });
```

⑥ 通过 Read 方法判断，只要 DataReader 对象中的数据还有下一行就继续执行步骤①～⑤，直到所有数据添加完毕。

⑦关闭 DataReader 对象和数据库连接。

```
dr.Close();
connection.Close();
```

7.3　数据适配器和数据集

任务三　“学生信息管理系统”项目——学生信息录入模块

任务描述

在第 6 章任务三的基础上完善“学生信息管理系统”项目中的学生信息录入模块，如图 7-5 所示。要求“系部名称”和“班级名称”列表框能根据 StudentManagement 数据库中“系部信息表”和“班级信息表”的内容实现填充，并能根据用户的选择，将班级信息和系部信息联动。当用户使用学生信息录入模块录入学生信息后，单击“添加”按钮，可以将学生信息添加到数据库中。

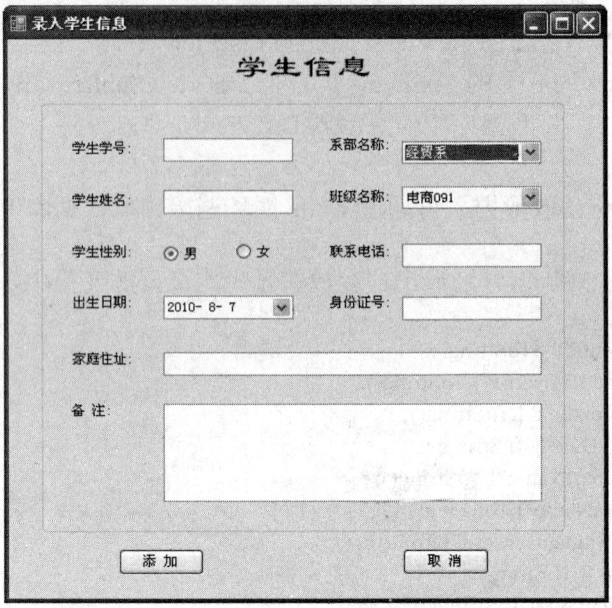

图 7-5 “录入学生信息”界面

任务解决方案

（1）在第 6 章任务三中已经创建了录入学生信息窗体（frmStuInfoAdd），为了使用 ADO.NET 连接 SQL Server 2005 数据库，必须要在其代码中添加命名空间“System.Data.SqlClient”：

```
using System.Data.SqlClient;
```

（2）由于在本模块中需多次进行数据库操作，因此将 SQL 语句中的数据库连接字符串设置为公有字段，在窗体 frmStuInfoAdd 的代码中添加下列语句：

```
public string connString = "server=.;database=StudentManagement;uid=sa;pwd=123;";
```

（3）实现将数据库中“系部信息表”的内容绑定到“系部名称”列表框，在窗体 frmStuInfoAdd 的 Load 事件响应方法中添加下列代码：

```
private void frmStuInfoAdd_Load(object sender, EventArgs e)
{
    SqlConnection connection = new SqlConnection(connString);
    connection.Open();
    string sqlQuery = "select DepartmentID, DepartmentName from DepartmentInfo";
    //创建数据适配器 SqlDataAdapter 对象
    SqlDataAdapter da = new SqlDataAdapter(sqlQuery, connection);
    DataSet ds = new DataSet();
    da.Fill(ds, "Department");//填充数据集
    connection.Close();
    //将数据源绑定到“系部名称”列表框
    cboDepartName.DataSource = ds.Tables["Department"];
    //“系部名称”列表框的显示信息为数据表中的 DepartmentName 列
    cboDepartName.DisplayMember = "DepartmentName";
    //“系部名称”列表框的值为数据表中的 DepartmentID 列
```

```
        cboDepartName.ValueMember = "DepartmentID";
    }
```

（4）实现“班级名称”列表框的可选内容可以根据用户选择的系部名称进行联动，双击“系部名称”列表框，在其 SelectedIndexChanged 事件响应方法中添加下列代码：

```
    private void cboDepartName_SelectedIndexChanged(object sender, EventArgs e)
    {
        if (cboDepartName.SelectedIndex > -1)//判断“系部名称”列表框当前选中内容不为空
        {
            //创建数据表行视图对象，内容为“系部名称”列表框当前选中的内容
            DataRowView drv = (DataRowView)cboDepartName.SelectedItem;
            //取出“系部名称”列表框当前选中值
            string dId = drv.Row["DepartmentID"].ToString();
            SqlConnection connection = new SqlConnection(connString);
            connection.Open();
            //根据“系部名称”列表框当前选中值查询所属班级并绑定到“班级名称”列表框
            string sqlQuery = "select ClassID, ClassName from ClassInfo where DepartmentID='" + dId + "'";
            SqlDataAdapter mySqlDataAdapter = new SqlDataAdapter(sqlQuery, connection);
            DataSet ds = new DataSet();
            mySqlDataAdapter.Fill(ds,"dtClass");
            connection.Close();
            cboClassName.DataSource = ds.Tables["dtClass"];
            cboClassName.DisplayMember = "ClassName";
            cboClassName.ValueMember = "ClassID";}
    }
```

（5）在窗体 frmStuInfoAdd 的代码中，添加自定义方法 addStuInfo()，代码如下：

```
private int addStuInfo(string paramStudentID, string paramStudentName,
                      string paramStudentSex,string paramStudyDate,
                      string paramDepartName, string paramClassName,
                      string paramStudentIDCard, string paramAddress,
                      string paramStudentTel, string paramExtendField)
    {
        string sqlQuery = @"INSERT INTO StudentInfo (StudentID,StudentName,StudentSex,StudyDate,
        DepartName,ClassName,StudentIDCard,Address,StudentTel,ExtendField)
                                values('" + paramStudentID + "','"
                                        + paramStudentName + "','"
                                        + paramStudentSex + "','"
                                        + paramStudyDate + "','"
                                        + paramDepartName + "','"
                                        + paramClassName + "','"
                                        + paramStudentIDCard + "','"
                                        + paramAddress + "','"
                                        + paramStudentTel + "','"
                                        + paramExtendField + "')";
        int returnValue = 0;
        SqlConnection mySqlConnection = new SqlConnection(connString);
```

```
        mySqlConnection.Open();
        SqlCommand mySqlCom = new SqlCommand(sqlQuery, mySqlConnection);
        //ExecuteNonQuery 返回值为该命令所影响的行数
        returnValue = mySqlCom.ExecuteNonQuery();
        mySqlConnection.Close();
        return returnValue;
    }
```

（6）按 F5 键运行程序，登录后在主界面中选择“学生档案管理”→“学生信息录入”菜单项，打开录入学生信息窗体，录入学生信息，测试“系部名称”和“班级名称”的联动，单击“添加”按钮，实现学生信息录入功能。

分析描述

当用户打开录入学生信息界面时，系统从数据库的“系部信息表”中取出相关内容，并绑定到“系部名称”列表框，以便用户选择。当用户改变“系部名称”列表框选项时，将触发列表框的 SelectedIndexChanged 事件，此时“班级名称”列表框将根据“系部名称”列表框选中的值从“班级信息表”中搜索相关内容，绑定到“班级名称”列表框，实现系部名称和班级名称的联动。

相关知识

7.3.1 DataSet 和 DataTable

数据集在 ADO.NET 中的对象是 DataSet，DataSct 由一个或多个 DataTable 组成，它可以被看成是暂存在所用计算机内存中的逻辑数据库，由于这些数据都缓存在本地计算机上，因此就不需要一直保持和数据库的连接。当应用程序需要查询或修改数据时，可以直接对内存中的 DataSet 进行操作，然后再将修改后的数据一起提交给数据库。

1．DataTable

DataTable 是表格数据块在内存中的表示，它是构成 DataSet 最主要的对象，DataTable 对象由 DataColumns 集合以及 DataRows 集合所组成。对数据库检索后，被取回的数据就存放在 DataTable 对象中。

（1）DataTable 对象的主要属性，见表 7.17。

表 7.17 DataTable 对象的主要属性

属性	说明
CaseSensitive	表中的字符串是否区分大小写
Columns	返回属于这个表的列集合
DataSet	获得包含这个表的 DataSet
Rows	返回属于这个表的行集合
TableName	获得或设置表的名称
HasChanges	判断数据集是否更改了

（2）DataTable 对象的主要方法，见表 7.18。

表 7.18　DataTable 对象的主要方法

方法	说明
AcceptChanges	确定 DataTable 所作的改变
Clear	清除 DataTable 内所有的数据
NewRow	增加一行

2. DataSet

数据集存储数据的方式和关系数据库很相似，都使用具有层次关系的表、行、列的对象模型。DataSet 将从数据源中检索到的数据缓存在内存中，它由一组 DataTable 对象组成，一个 DataTable 代表一张内存中的关系数据表，这些数据对于驻留于内存的.NET 应用程序来说是本地数据，也可以从已有的数据源中导入数据来填充 DataTable。DataSet 对象模型如图 7-6 所示。

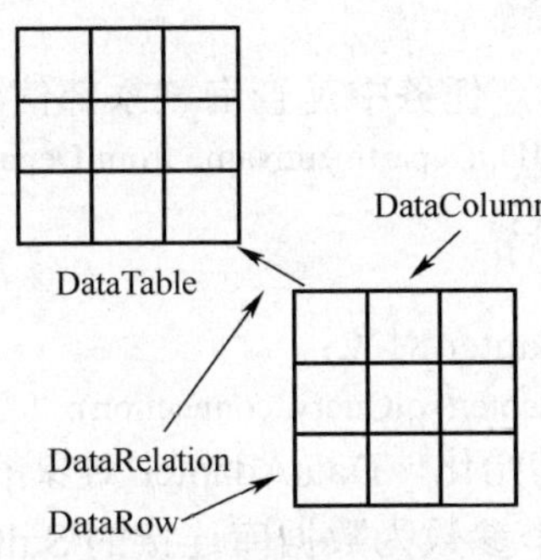

图 7-6　DataSet 对象模型

（1）DataSet 对象的主要属性，见表 7.19。

表 7.19　DataSet 对象的主要属性

属性	说明
DataSetName	当前 DataSet 的名称
Tables	可以访问 DataSet 中表的集合

（2）DataSet 对象的主要方法，见表 7.20。

表 7.20　DataSet 对象的主要方法

方法	说明
Clear	完全清除 DataSet 的数据
Clone	创建与原 DataSet 具有相同结构和相同行的新 DataSet
Copy	创建具有相同结构的新 DataSet，但不包含任何行

7.3.2　填充 DataSet 数据集

如果想从数据存储中获得一个完整的 DataSet，最灵活的方式就是使用数据适配器 DataAdapter，DataAdapter 对象的 Fill()方法可以给 DataSet 填充数据。Fill()方法有许多重载版本，本章使用的版本带有两个参数，第一个参数指定要填充的 DataSet，第二个参数是 DataSet 中要加载数据的 DataTable 名称。

使用 DataAdapter 对象填充 DataSet 数据集的操作步骤为：

（1）建立数据库的连接，并打开该连接。

（2）定义要执行的 SQL 语句。

（3）创建数据集 DataSet 对象。

（4）创建数据适配器 DataAdapter 对象。

（5）使用 DataAdapter 对象的 Fill()方法填充数据集。

（6）关闭数据库连接。

例如：在任务三中通过窗体 frmStuInfoAdd（录入学生信息窗体）的 Load 事件响应方法，实现将数据库中“系部信息表”内容绑定到“系部名称”列表框，对其功能分析如下：

（1）建立 StudentManagement 数据库的连接，并打开连接：

```
string connString = "server=.;database=StudentManagement;uid=sa;pwd=123;";
SqlConnection connection = new SqlConnection(connString);
connection.Open();
```

（2）定义要执行的 SQL 语句，任务中是查询“系部信息表”中的信息：

```
string sqlQuery = "select DepartmentID, DepartmentName from DepartmentInfo";
```

（3）创建数据集 DataSet 对象：

```
DataSet ds = new DataSet();
```

（4）创建数据适配器 DataAdapter 对象：

```
SqlDataAdapter da = new SqlDataAdapter(sqlQuery, connection);
```

创建 DataAdapter 对象 da 并初始化，DataAdapter 对象的构造函数允许传递两个参数，第一个参数为 SQL 查询语句，第二个参数为数据库连接的 SqlConnection 对象。

（5）使用 DataAdapter 对象的 Fill()方法填充数据集：

```
da.Fill(ds, "Department");
```

通过 DataAdapter 对象的 Fill 方法，将数据存放到数据集 DataSet 中。DataSet 可以被看作是一个虚拟的表或表的集合，这里被填充的表名称在 Fill 方法中命名为 Department。

（6）关闭数据库连接：

```
connection.Close();
```

7.3.3 访问 DataSet 数据集

1．访问 DataTable

当返回的数据被存放到数据集中之后，可以用两种方式访问每个 DataTable。

（1）按表名访问。

（2）按索引（索引从 0 开始）访问。

例如：将任务三中已经查询到的“系部信息”内容绑定到“系部名称”列表框（cboDepartName），代码如下：

```
cboDepartName.DataSource = ds.Tables["Department"];
```

上述代码中的“Department”就是在使用 DataAdapter 对象的 Fill 方法时被命名的表名。由于 Department 是第一个 DataTable，因此代码也可以写成：

```
cboDepartName.DataSource = ds.Tables[0];
```

2．访问行和列

（1）访问行。在每个 DataTable 中，都有一个 Rows 属性，用于返回属于这个表的行集合，它是 DataRow 对象的集合，因此可以按行号来访问。

例如：

```
ds.Tables["Department "].Rows[n]
```

上述代码表示可以访问 DataTable 对象 Department 中指定行号 n - 1（索引从 0 开始）的行集合。

（2）访问列。DataRow 对象有一个重载的索引符属性，允许按列名或列号访问各个列，当需要显示表中某一行字段值时，可以通过 DataSet 对象获取相应行的某一列值。

例如：

```
ds.Tables["Department "].Rows[n][" DepartmentName "]
```

表示可以访问 DataTable 对象 Department 中指定行号为 n-1 的 DepartmentName 列。

7.4　DataGridView 控件

任务四　“学生信息管理系统”项目——学生信息管理模块

任务描述

设计“学生信息管理系统”项目的学生信息管理模块，如图 7-7 所示，该模块可以实现以下功能：

（1）用户可以根据学生的姓名或学号进行模糊查询。

（2）可以删除任何选定的记录。

（3）可以更新选定的学生信息。

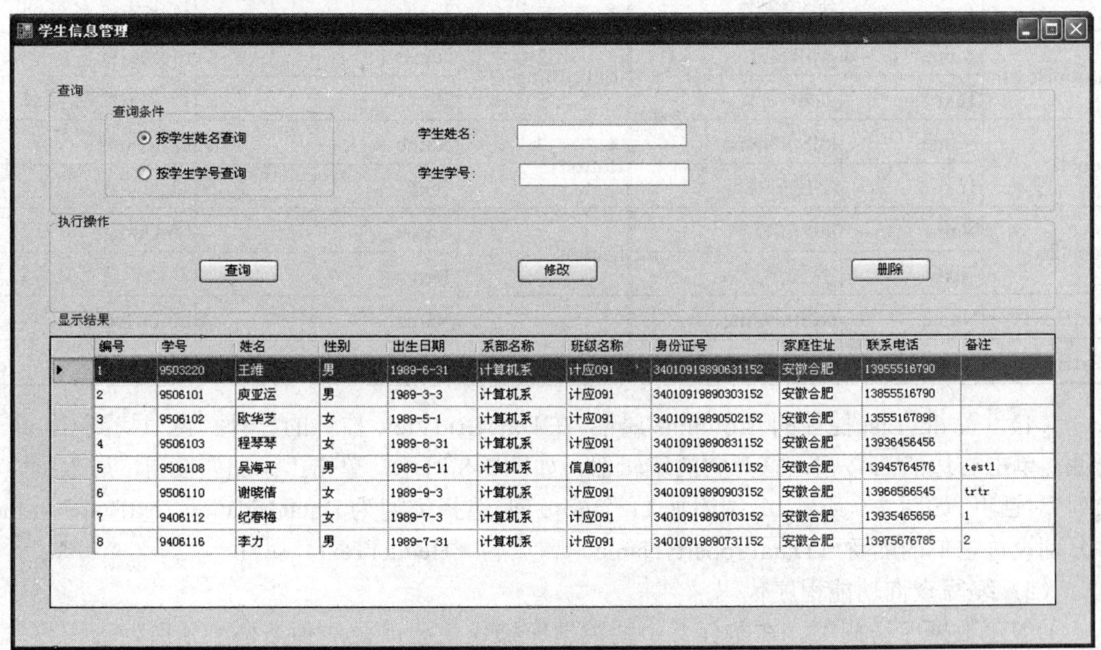

图 7-7　“学生信息管理”界面

任务解决方案

（1）在 StudentInfo 项目中添加新窗体，命名为 frmStudentManage，作为“学生信息管理”界面。

（2）从“工具箱”的“容器”选项卡中选择 GroupBox 控件，按照图 7-7 所示的窗体布局要求，将其拖到窗体的合适位置。

（3）从“工具箱”的“公共控件”选项卡和“数据”选项卡中分别选择 Label、TextBox、Button、RadioButton 和 DataGridView 等控件，按照图 7-7 所示的要求添加到相应的新建 GroupBox 中，并根据表 7.21 设置控件属性。

表 7.21　属性表

控件	属性	设置	控件	属性	设置
Form1	Name	frmStudentManage	DataGridView1	Name	dgvList
	Text	学生信息管理		BackgroudColor	ActiveCaptionText
	Startposition	CenterScreen		AutoSizeColumnsMode	Fill
GroupBox1	Name	grpSearch		ColumnHeadsHeightsize-Mode	AutoSize
	Text	查询		SelectionMode	FullRowSelect
GroupBox2	Name	grpCondition		MultiSelect	True
	Text	查询条件		Columns	使用编辑器设置：编号、姓名……
GroupBox3	Name	grpOperating	RadioButton1	Name	rdoStuName
	Text	执行操作		Text	按学生姓名查询
GroupBox4	Name	grpResult	RadioButton2	Name	rdoStuID
	Text	显示结果		Text	按学生学号查询
Label1	Name	lblStuName	Button1	Name	btnSearch
	Text	学生姓名:		Text	查询
Label2	Name	lblStuID	Button2	Name	btnUpdate
	Text	学生学号:		Text	修改
TextBox1	Name	txtStuName	Button3	Name	btnDelete
TextBox2	Name	txtStuID		Text	删除

（4）设置 dgvList 控件的 Columns 属性。在 DataGridView 控件的“属性”窗口找到 Columns 属性，单击右边的…按钮，打开它的编辑器，如图 7-8 所示，单击“添加”按钮，进入到“添加列”对话框，如图 7-9 所示。分别添加 11 个成员列，选择类型为 DataGridViewTextBoxColumn，并分别设置它们的名称（DataPropertyName）和页眉（HeaderText）属性。

（5）编写查询功能程序代码。

①创建数据库访问类。在本任务中的数据库操作主要涉及两种类型，分别为查询数据库返回数据表和删除、更新后不返回任何行的操作。为了提高代码的复用性，创建一个 DataBase 类，并在其中自定义 GetListReDataTable()和 myExecuteNonQuery()方法，使用 SQL 命令字符

串作为方法的形参，分别对应查询、删除和更新等操作。

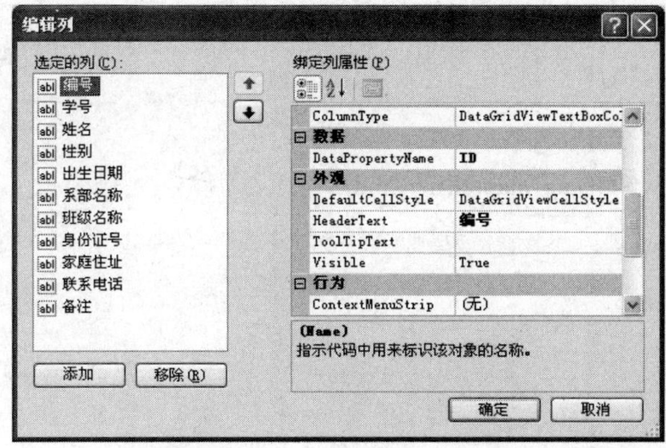

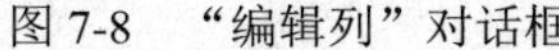
图 7-8　“编辑列”对话框

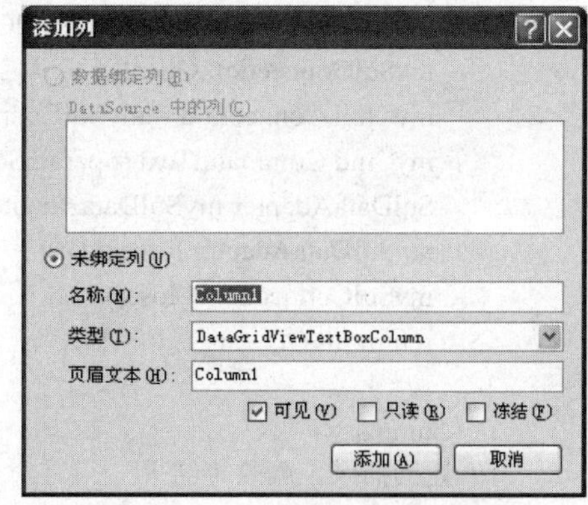

图 7-9　“添加列”对话框

在 StudentInfo 项目上单击鼠标右键，再将鼠标指向“添加”，然后选择“添加类”。在弹出的“添加新项”对话框中输入名称“DataBase”，如图 7-10 所示，单击“添加”按钮。

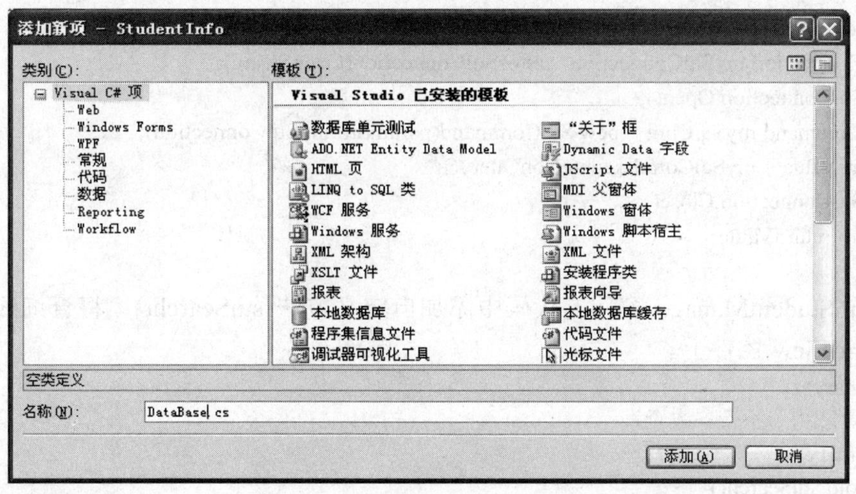

图 7-10　“添加新项”对话框

在新建的 DataBase.cs 中添加命名空间 System.Data 和 System.Data.SqlClient。

```
using System.Data;
using System.Data.SqlClient;
```

在 DataBase 中添加代码如下：

```
public class DataBase
{
    private static string ConnString = "server=.;database=StudentManagement;uid=sa;pwd=123;";
    /// <summary>
    /// 获取列表
    /// </summary>
    /// <param name="paramSql">Sql 语句</param>
    /// <returns>数据表</returns>
    public DataTable GetListReDataTable(string paramSql)
    {
```

```
            DataTable myDt = new DataTable();
            SqlConnection mySqlConnection = new SqlConnection(ConnString);
            SqlCommand myCmd = new SqlCommand();
            mySqlConnection.Open();
            myCmd.Connection = mySqlConnection;
            myCmd.CommandText = paramSql;
            SqlDataAdapter mySqlDataAdapter = new SqlDataAdapter(myCmd);
            mySqlDataAdapter.Fill(myDt);
            mySqlConnection.Close();
            return myDt;
        }
        /// <summary>
        /// 返回插入、删除等结果
        /// </summary>
        /// <param name="paramStr">Sql 语句</param>
        /// <returns>结果</returns>
        public int myExecuteNonQuery(string paramStr)
        {
        int returnValue = 0;
        SqlConnection mySqlConnection = new SqlConnection(ConnString);
        mySqlConnection.Open();
        SqlCommand mySqlCom = new SqlCommand(paramStr, mySqlConnection);
        returnValue = mySqlCom.ExecuteNonQuery();
        mySqlConnection.Close();
        return returnValue;
    }
```

②在 frmStudentManage 窗体的代码中添加自定义方法 stuSearch()，将查询的学生信息绑定到 DataGridView 控件上。

```
    /// <summary>
    /// 方法重载用于不带参数查询
    /// </summary>
    private void stuSearch()
    {
        DataTable myDt = new DataTable();
        string sqlQuery = "SELECT * FROM StudentInfo";
        //实例化自定义数据库访问类 DataBase 的对象 myDataBase
        DataBase myDataBase = new DataBase();
        //将 SQL 命令字符串作为实参调用 DataBase 类中定义的 GetListReDataTable()方法
        myDt = myDataBase.GetListReDataTable(sqlQuery);
        this.dgvList.DataSource = myDt;
    }
    /// <summary>
    /// 方法重载用于将姓名和学号作为参数，实现模糊查询
    /// </summary>
    /// <param name="parmaStuName"></param>
    /// <param name="parmaStuID"></param>
    private void stuSearch(string parmaStuName, string parmaStuID)
    {
```

```
        DataTable myDt = new DataTable();
        string sqlQuery = "SELECT * FROM StudentInfo WHERE 1=1";
        if (parmaStuName.Length > 0)
            sqlQuery += " AND StudentName like '%" + parmaStuName + "%'";
        if (parmaStuID.Length > 0)
            sqlQuery += " and StudentID like '%" + parmaStuID + "%'";
        DataBase myDataBase = new DataBase();
        myDt = myDataBase.GetListReDataTable(sqlQuery);
        if (myDt.Rows.Count > 0)
            this.dgvList.DataSource = myDt;
        else
            MessageBox.Show("没有您找的学生");
    }
```

③在 frmStudentManage 窗体的 Load 事件处理程序中插入一段代码，先重载调用自定义方法 stuSearch()，将所有学生信息显示出来，再根据单选按钮的选择状态，设置文本框的可用状态，分别提供按学生姓名或学号查询，代码如下：

```
    private void frmStudentManage_Load(object sender, EventArgs e)
    {
        //stuSearch 方法重载调用无参数版本
        stuSearch();
        //根据单选按钮的选择状态，设置文本框的可用状态
        if (rdoStuName.Checked)
        {
            txtStuName.Enabled = true;
            txtStuID.Enabled = false;
        }
        else
        {
            txtStuName.Enabled = false;
            txtStuID.Enabled = true;
        }
    }
```

④分别双击单选按钮 rdoStuName 和 rdoStuID，在它们的 CheckedChanged 事件处理程序中插入下列代码：

```
    private void rdoStuName_CheckedChanged(object sender, EventArgs e)
    {
        txtStuName.Enabled = true;
        txtStuID.Text = string.Empty;
        txtStuID.Enabled = false;
    }
    private void rdoStuID_CheckedChanged(object sender, EventArgs e)
    {
        txtStuName.Text = string.Empty;
        txtStuName.Enabled = false;
        txtStuID.Enabled = true;
    }
```

⑤双击“查询”按钮，在其 Click 事件处理程序中，插入下列代码，实现按学生姓名或按学号查询的功能。

```
    private void btnSearch_Click(object sender, EventArgs e)
    {
```

```
    string parmaStuName;
    string parmaStuID;
    if (rdoStuName.Checked)
    {
        //按学生姓名查询
        parmaStuName = this.txtStuName.Text.Trim();
        //调用 stuSearch(string parmaStuName, string parmaStuID)方法
        stuSearch(parmaStuName, string.Empty);
    }
    else
    {
        //按学号查询
        parmaStuID = this.txtStuID.Text.Trim();
        stuSearch(string.Empty, parmaStuID);
    }
}
```

⑥双击 StudentInfo 项目主界面 frmMain 中的“学生档案管理”→“学生信息管理”菜单项，编写“学生信息管理”菜单响应程序，代码如下：

```
private void tsmiStuManage_Click(object sender, EventArgs e)
{
    frmStudentManage myfrmStudentManage = new frmStudentManage();
    myfrmStudentManage.MdiParent = this;   //设置父窗体
    myfrmStudentManage.Show();   //显示新建用户窗体
}
```

⑦运行系统，正常登录后，在系统主界面中选择“学生档案管理”→“学生信息管理”菜单项，程序运行结果如图 7-11 所示；然后在“学生信息管理”界面中选择查询方式，并在相应的文本框中输入查询条件。例如：选择“按学生姓名查询”，可以输入学生姓名的一部分，单击“查询”按钮，实现模糊查询，程序运行结果如图 7-12 所示。

编号	学号	姓名	性别	出生日期	系部名称	班级名称	身份证号	家庭住址	联系电话	备注
1	9503220	王维	男	1989-6-31	计算机系	计应091	3401091989...	安徽合肥	13955516790	
2	9506101	庾亚运	男	1989-3-3	计算机系	计应091	3401091989...	安徽合肥	13855516790	
3	9506102	欧华芝	女	1989-5-1	计算机系	计应091	3401091989...	安徽合肥	13555167898	
4	9506103	程琴琴	女	1989-8-31	计算机系	计应091	3401091989...	安徽合肥	13936456456	
5	9506108	吴海平	男	1989-6-11	计算机系	信息091	3401091989...	安徽合肥	13945764576	test
6	9506110	谢晓倩	女	1989-9-3	计算机系	计应091	3401091989...	安徽合肥	13968566545	trtr
7	9406112	纪春梅	女	1989-7-3	计算机系	计应091	3401091989...	安徽合肥	13935465656	nn
8	9406116	李王	男	1989-7-31	计算机系	计应091	3401091989...	安徽合肥	13975676785	bnbvnghfhf
10	9406117	王婷	女	1988-8-17	会计系	会计092	3402011988...	北京	13956575789	

图 7-11 “学生信息管理”界面

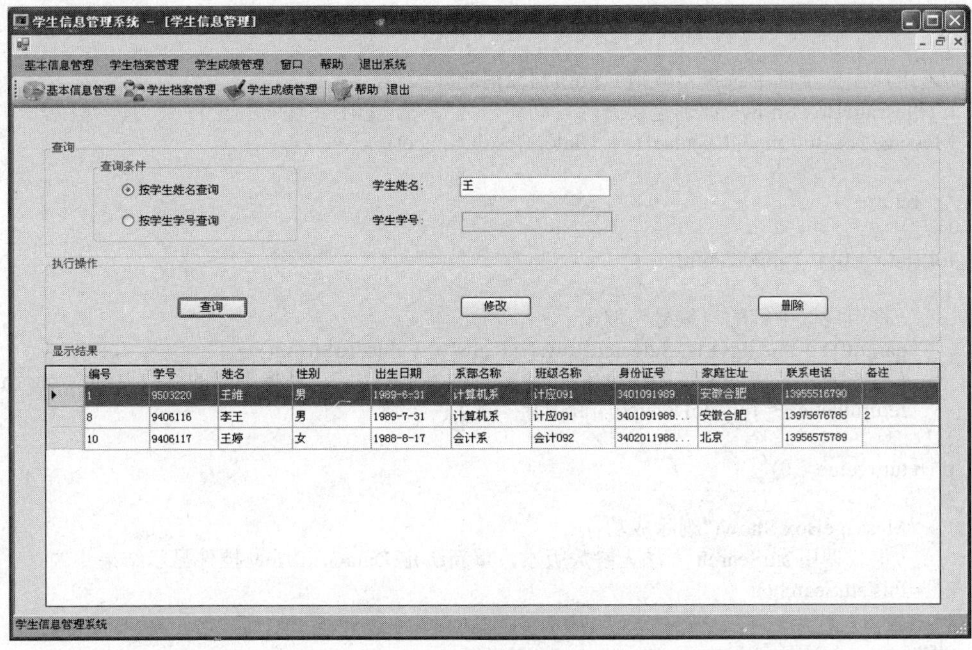

图 7-12　模糊查询结果

（6）编写删除功能程序代码。

①在 frmStudentManage 窗体代码中添加自定义方法 doDelete()，以选中行的“编号”为参数实现删除操作：

```
/// <summary>
///  执行删除操作
/// </summary>
/// <param name="paramID">paramID</param>
/// <returns>影响的行数</returns>
private int doDelete(string paramID)
{
    string sqlQuery = "DELETE FROM StudentInfo WHERE ID='" + paramID + "'";
    DataBase myDataBase = new DataBase();
    //调用 DataBase 类中定义的 myExecuteNonQuery()方法
    return myDataBase.myExecuteNonQuery(sqlQuery);
}
```

②双击“删除”按钮，在其 Click 事件处理程序中，插入下列代码：

```
private void btnDelete_Click(object sender, EventArgs e)
{
    string paramID = string.Empty;
    //判断用户是否选中要删除的行
    int selectCount = this.dgvList.SelectedRows.Count;
    if (selectCount == 0)
    {
        MessageBox.Show("请选择所要删除的行!");
        return;
    }
    int returnvalue = 0;
    //将用户选中行的“编号”单元格信息分别取出来（用户按 Ctrl 键可以选择多行）
    for (int i = 0; i < selectCount; i++)
    {
```

```
        paramID += this.dgvList.SelectedRows[i].Cells[0].Value.ToString() + ',';
    }
    //若用户在提示框中选择“取消”按钮则取消删除操作
    if (MessageBox.Show("你确定要删除自动编号为" + paramID + "的信息吗？", "提示信息",
    MessageBoxButtons.OKCancel) == DialogResult.Cancel)
    {
        return;
    }
    for (int i = 0; i < selectCount; i++)
    {
        //将用户选中行的“编号”取出
        paramID = this.dgvList.SelectedRows[i].Cells[0].Value.ToString();
        //将“编号”作为参数调用自定义方法，执行删除操作，并将影响的行数返回给 returnvalue
        returnvalue += this.doDelete(paramID);
    }
    if (returnvalue > 0)
    {
        MessageBox.Show("删除成功");
        //重载调用 stuSearch 方法无参数版本，重新绑定 DataGridView 控件显示结果
        this.stuSearch();
    }
    else
    {
    MessageBox.Show("删除不成功"); }
}
```

③运行系统，正常登录后，在系统主界面中选择“学生档案管理”→“学生信息管理”菜单项，程序运行结果如图 7-11 所示；如果用户未选择任何行，单击“删除”按钮，系统会提示“请选择所要删除的行!”；在“显示结果”中选择需要删除的行（用户按 Ctrl 键可以选择多行），单击“删除”按钮，弹出对话框，提示要删除行的“编号”信息等待用户确认，如图 7-13 所示，当用户单击“确定”按钮后，执行删除操作，并将信息更新后显示在“显示结果”栏中。

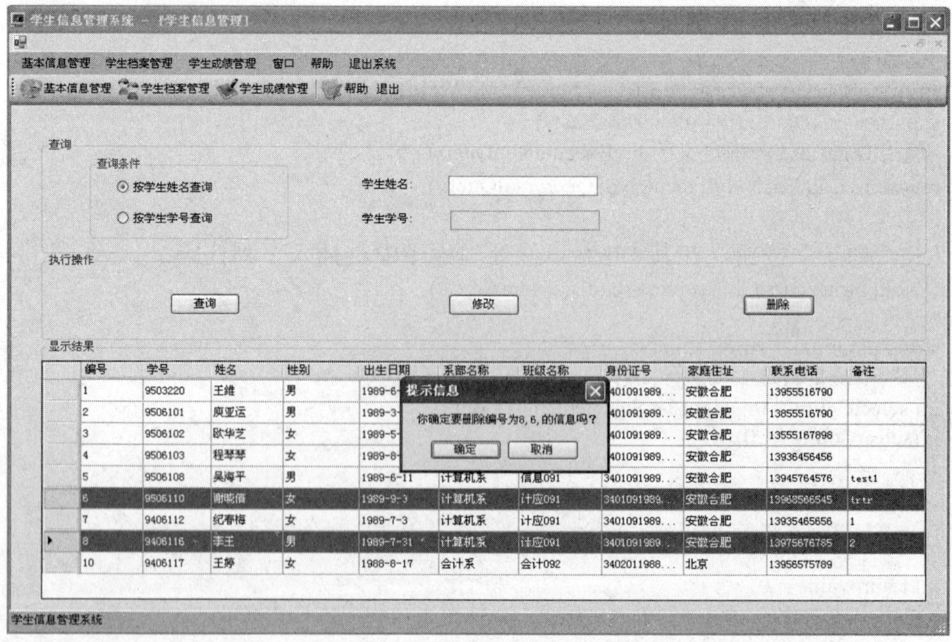

图 7-13 删除记录提示信息

（7）编写更新功能程序代码。为了实现更改学生信息时的格式规范性，不能在显示结果的 DataGridView 控件中直接修改，而应该在类似“录入学生信息”界面的“修改学生信息”窗体中进行修改，同时规定学生的学号作为学生信息的主键不能更改，如图 7-14 所示。

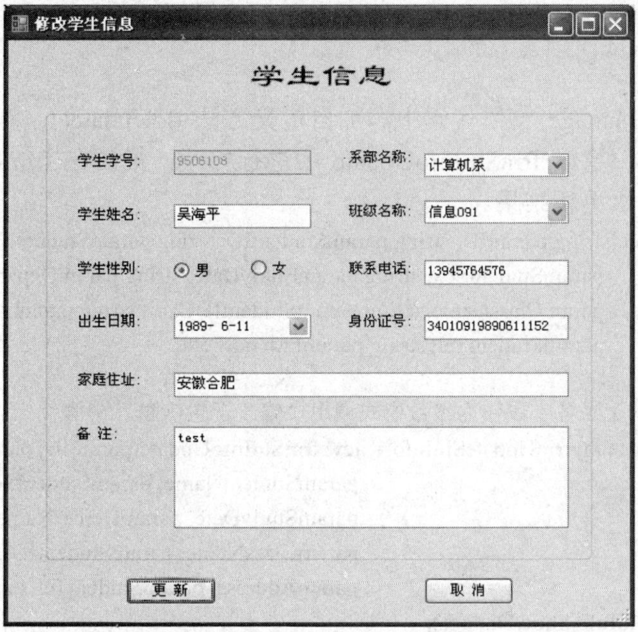

图 7-14　“修改学生信息”界面

①在 StudentInfo 项目中添加“修改学生信息”窗体，命名为 frmStuInfoUpdate，窗体的设计参见第 6 章任务三中“录入学生信息”窗体 frmStuInfoAdd 的设计。

②在“学生信息管理”窗体 frmStudentManage 中双击“修改”按钮，在其 Click 事件处理程序中，插入下列代码：

```
private void btnUpdate_Click(object sender, EventArgs e)
{
    int selectCount = this.dgvList.SelectedRows.Count;
    //判断用户是否选中要更改的行
    if (selectCount == 0)
    {
        MessageBox.Show("请选择所要更新的行!");
        return;
    }
    //将 DataGridView 控件中被选中行的单元格信息分别取出
    string paramID = this.dgvList.SelectedRows[0].Cells[0].Value.ToString();
    string paramStudentID = this.dgvList.SelectedRows[0].Cells[1].Value.ToString();
    string paramStudentName = this.dgvList.SelectedRows[0].Cells[2].Value.ToString();
    string paramStudentSex = this.dgvList.SelectedRows[0].Cells[3].Value.ToString();
    string paramStudyDate = this.dgvList.SelectedRows[0].Cells[4].Value.ToString();
    string paramDepartName = this.dgvList.SelectedRows[0].Cells[5].Value.ToString();
    string paramClassName = this.dgvList.SelectedRows[0].Cells[6].Value.ToString();
    string paramStudentIDCard = this.dgvList.SelectedRows[0].Cells[7].Value.ToString();
    string paramAddress = this.dgvList.SelectedRows[0].Cells[8].Value.ToString();
```

```
        string paramStudentTel = this.dgvList.SelectedRows[0].Cells[9].Value.ToString();
        string paramExtendField = this.dgvList.SelectedRows[0].Cells[10].Value.ToString();
        //调用自定义方法 doUpdate()
        doUpdate(paramID, paramStudentID, paramStudentName, paramStudentSex, paramStudyDate,
        paramDepartName, paramClassName, paramStudentIDCard, paramAddress, paramStudentTel,
        paramExtendField);
    }
```

③在 frmStudentManage 窗体代码中添加自定义方法 doUpdate()，将选中行的学生信息传递到“修改学生信息”窗体 frmStuInfoUpdate 中进行修改，最后在 frmStudentManage 窗体的“显示结果”栏中显示更新结果。

```
private void doUpdate(string paramID, string paramStudentID, string paramStudentName, string
                     paramStudentSex, string paramStudyDate, string paramDepartName, string
                     paramClassName, string paramStudentIDCard, string paramAddress, string
                     paramStudentTel, string paramExtendField)
{
    //将需要修改的记录各字段作为参数模式调用“修改学生信息”窗体
    frmStuInfoUpdate myfrmUpdateStuInfo = new frmStuInfoUpdate(paramID, paramStudentID,
                                           paramStudentName, paramStudentSex,
                                           paramStudyDate, paramDepartName,
                                           paramClassName, paramStudentIDCard,
                                           paramAddress, paramStudentTel, paramExtendField);
    myfrmUpdateStuInfo.ShowDialog();
    //stuSearch 方法重载调用无参数版本，重新绑定 DataGridView 控件
    stuSearch();
}
```

④在“修改学生信息”窗体 frmStuInfoUpdate 的代码中添加命名空间 System.Data.SqlClient。

```
using System.Data.SqlClient;
```

⑤在 frmStuInfoUpdate 窗体代码中添加公用变量，代码如下：

```
public partial class frmStuInfoUpdate : Form
{
    string ID = string.Empty;
    string StudentID = string.Empty;
    string FullName = string.Empty;
    string StudentSex = string.Empty;
    string StudyDate = string.Empty;
    string DepartName = string.Empty;
    string ClassName = string.Empty;
    string StudentIDCard = string.Empty;
    string Address = string.Empty;
    string StudentTel = string.Empty;
    string ExtendField = string.Empty;
    public frmStuInfoUpdate()
    {
        InitializeComponent();
    }
}
```

⑥在 frmStuInfoUpdate 窗体代码中定义构造函数 frmStuInfoUpdate()，用于接受需要修改的学生信息，代码如下：

```
public frmStuInfoUpdate(string paramID, string paramStudentID, string paramStudentName,
                    string paramStudentSex, string paramStudyDate, string paramDepartName, string
                    paramClassName, string paramStudentIDCard,string paramAddress, string
                    paramStudentTel, string paramExtendField)
{
    InitializeComponent();
    ID = paramID;
    StudentID = paramStudentID;
    FullName = paramStudentName;
    StudentSex = paramStudentSex;
    StudyDate = paramStudyDate;
    DepartName = paramDepartName;
    ClassName = paramClassName;
    StudentIDCard = paramStudentIDCard;
    Address = paramAddress;
    StudentTel = paramStudentTel;
    ExtendField = paramExtendField;
}
```

⑦双击 frmStuInfoUpdate 窗体，在其 Load 事件处理程序中，插入下列代码，实现将需要修改的学生信息设置到窗体各控件上。

```
private void frmStuInfoUpdate_Load(object sender, EventArgs e)
{
    //将传递过来的学生信息设置到窗体各控件
    this.txtStudentID.Text = StudentID;
    this.txtStudentName.Text = FullName;
    this.txtStudentID.Enabled = false;//学号不可更改
    this.txtStudentIDCard.Text = StudentIDCard;
    this.txtAddress.Text = Address;
    this.txtStudentTel.Text = StudentTel;
    this.txtExtendField.Text = ExtendField;
    //设置“性别”单选按钮
    if (StudentSex == "男")
        this.rbtM.Checked = true;
    else
        this.rbtW.Checked = true;
    dtpStudyDate.Value = Convert.ToDateTime(StudyDate);
    //将“系部名称”列表框的数据源绑定到“系部信息”数据表
    DataTable myDt = new DataTable();
    string sqlQuery = "select DepartmentID, DepartmentName from DepartmentInfo";
    DataBase myDataBase = new DataBase();
    myDt = myDataBase.GetListReDataTable(sqlQuery);
    cboDepartName.DataSource = myDt;
    cboDepartName.DisplayMember = "DepartmentName";
    cboDepartName.ValueMember = "DepartmentID";
    //将传递过来的学生的系部名称设置为列表框的当前选择项
```

```
        for (int i = 0; i < cboDepartName.Items.Count; i++)
        {
            cboDepartName.SelectedIndex = i;
            string cboDName = cboDepartName.Text.ToString().Trim();
            if (DepartName.Equals(cboDName))
            {
                return;
            }
        }
    }
```

⑧双击 frmStuInfoUpdate 窗体的“系部名称”列表框，在其 SelectedIndexChanged 事件响应方法 cboDepartName_SelectedIndexChanged()中添加下列代码，实现将传递过来的学生的班级名称设置为列表框的当前选择项，并将班级名称根据用户选择的系部名称进行联动。

```
    private void cboDepartName_SelectedIndexChanged(object sender, EventArgs e)
    {
        if (cboDepartName.SelectedIndex > -1)
        {
            DataRowView drv = (DataRowView)cboDepartName.SelectedItem;
            string dId = drv.Row["DepartmentID"].ToString().Trim();
            DataTable myDt = new DataTable();
            //根据“系部名称”列表框当前选中值查询所属班级并绑定到“班级名称”列表框
            string sqlQuery = "select ClassID, ClassName from ClassInfo where DepartmentID='" + dId + "'";
            DataBase myDataBase = new DataBase();
            myDt = myDataBase.GetListReDataTable(sqlQuery);
            cboClassName.DataSource = myDt;
            cboClassName.DisplayMember = "ClassName";
            cboClassName.ValueMember = "ClassID";
            //将传递过来的学生的班级名称设置为列表框的当前选择项
            for (int i = 0; i < cboClassName.Items.Count; i++)
            {
                cboClassName.SelectedIndex = i;
                string cboCName = cboClassName.Text.ToString().Trim();
                if (ClassName.Equals(cboCName))
                {
                    return;
                }
            }
        }
    }
```

⑨在 frmStuInfoUpdate 窗体代码中添加自定义方法 updateStuInfo()，将修改后的学生信息更新到数据库。

```
    private int updateStuInfo(string paramStudentID, string paramStudentName, string paramStudentSex, string
                              paramStudyDate, string paramDepartName, string paramClassName, string
                              paramStudentIDCard, string paramAddress, string paramStudentTel, string
                              paramExtendField)
    {
        string sqlQuery = @"UPDATE StudentInfo SET StudentID='" + paramStudentID + "' , StudentName='" +
```

```
        paramStudentName + "' , StudentSex='" + paramStudentSex + "' , StudyDate='" + paramStudyDate +"' ,
        DepartName='" + paramDepartName + "' , ClassName='" + paramClassName +"' , StudentIDCard='" +
        paramStudentIDCard + "' , Address='" + paramAddress +"',ExtendField='" + paramExtendField + "'
        where StudentID='" + paramStudentID + "'";
        int returnValue = 0;
        DataBase myDataBase = new DataBase();
        //调用 DataBase 类中定义的 myExecuteNonQuery()方法，返回值为该命令所影响的行数
        returnValue = myDataBase.myExecuteNonQuery(sqlQuery);
        return returnValue;
    }
```

⑩双击 frmStuInfoUpdate 窗体的“更新”按钮，在其 Click 事件响应程序中添加下列代码：

```
private void btnConfirm_Click(object sender, EventArgs e)
{
    //将窗体中的内容赋值给各个字符串变量
    string paramStudentID = this.txtStudentID.Text.Trim();
    string paramStudentName = this.txtStudentName.Text.Trim();
    string paramStudentSex = string.Empty;
    if (rbtM.Checked)
    { paramStudentSex = this.rbtM.Text.Trim(); }
    else
    { paramStudentSex = this.rbtW.Text.Trim(); }
    string paramStudyDate = dtpStudyDate.Value.ToShortDateString();
    string paramDepartName = this.cboDepartName.Text.Trim();
    string paramClassName = this.cboClassName.Text.Trim();
    string paramStudentTel = this.txtStudentTel.Text.Trim();
    string paramStudentIDCard = this.txtStudentIDCard.Text.Trim();
    string paramAddress = this.txtAddress.Text.Trim();
    string paramExtendField = this.txtExtendField.Text.Trim();
    int returnValue = 0;
    //调用自定义方法 updateStuInfo 实现向数据库中添加记录的功能
    returnValue = updateStuInfo(paramStudentID, paramStudentName, paramStudentSex,
                                paramStudyDate, paramDepartName, paramClassName,
                                paramStudentIDCard, paramAddress, paramStudentTel,
                                paramExtendField);
    if (returnValue > 0)     //根据方法返回值判断添加是否成功
    {
        MessageBox.Show("更新成功！");
        this.Close();//关闭 frmStuInfoUpdate 窗体
    }
    else
        MessageBox.Show("更新不成功");
  }
```

运行系统，正常登录后，在系统主界面中选择“学生档案管理”→“学生信息管理”菜单项，程序运行结果如图 7-11 所示。在“显示结果”栏中选择需要修改的行，单击“修改”按钮，如果用户未选择任何行，系统提示“请选择所要更新的行!”，否则将根据用户选择的学生信息跳转到“修改学生信息”窗体（frmStuInfoUpdate），如图 7-15 所示，并将选中的学生信息展示在窗体的各个控件中，等待用户修改。当用户修改完成后，单击“更新”按钮，系统关闭“修改学生信息”窗体并跳回到“学生信息管理”窗体 frmStudentManage，并在“显示结果”栏中更新信息，如图 7-16 所示。

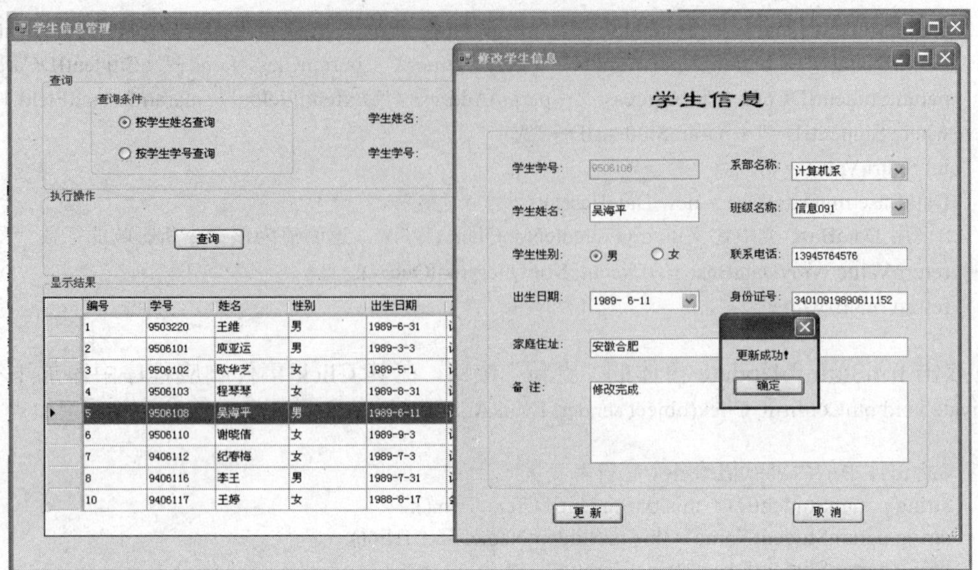

图 7-15 修改学生信息

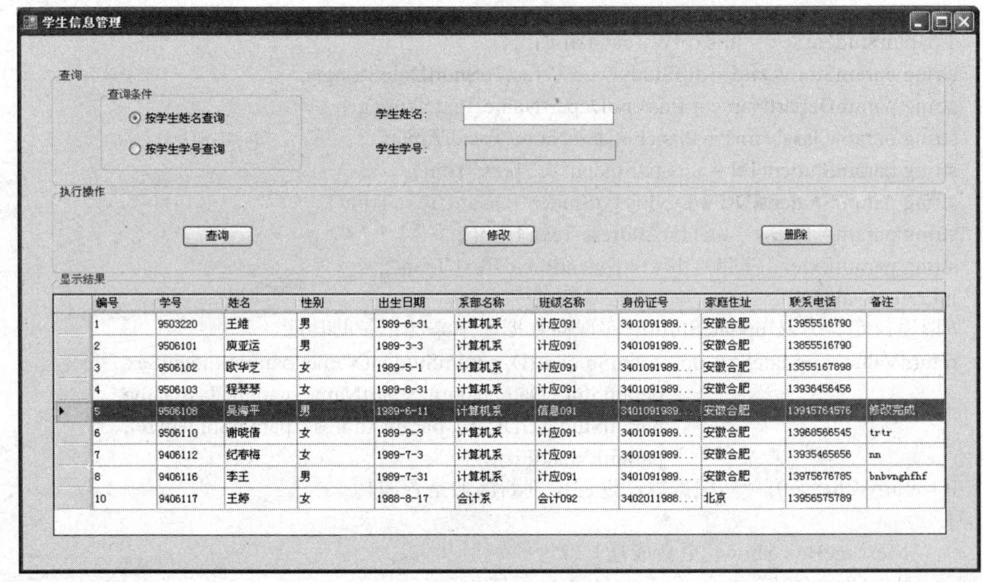

图 7-16 修改完成

分析描述

（1）在任务四中创建了一个数据库访问类（DataBase），在该类中定义了一个静态的数据库连接字符串 ConnString，用于该类中的所有方法。

```
private static string ConnString = "server=.;database=StudentManagement;uid=sa;pwd=123;";
```

根据任务的具体要求分别定义了两个方法 GetListReDataTable()和 myExecuteNonQuery()，用于任务中所有的数据库操作，提高了代码的复用性和可读性。

（2）修改学生信息时，如果直接在 DataGridView 控件中改写虽然比较直观方便，但是难以保证修改内容的格式规范性（例如：系部名称），因此在任务中利用构造函数将用户在“学生信息管理”窗体中选中的学生记录，传递到“修改学生信息”窗体中进行修改，修改完成后再跳转回“学生信息管理”窗体。

相关知识

在数据库编程中，DataGridView 控件是.NET 中提供的最通用、功能最强和最灵活的数据绑定控件，数据源可以是 DataSet、DataView、DataViewManager、数组或列表。它以表的形式显示数据，并可以根据需要对数据进行插入、删除、排序、分页、更新等操作。

将数据绑定到 DataGridView 控件简单而直观，只需设置 DataSource 属性即可。进行数据绑定的 DataGridView 控件与数据源有相同的数据列，程序运行后，数据源中被填充了数据，DataGridView 控件就会立即显示数据源中的数据；此外，DataGridView 控件还支持编辑功能，当某数据记录需要修改时，可以在 DataGridView 控件中直接修改数据，数据源中的数据也会得到相应的修改。

1．DataGridView 控件的常用属性

DataGridView 控件的常用属性见表 7.22。

表 7.22　DataGridView 控件的常用属性

属性	说明
AllowUserToAddRows	是否允许用户添加行
AllowUserToDeleteRows	是否允许用户从 DataGridView 控件中删除行
Columns	获取一个包含控件中所有列的集合
DataSource	获取或设置 DataGridView 控件显示数据的数据源
ColumnHeadersVisible	是否显示列标题行
CurrentRow	当前行
CurrentCell	当前单元格
MultiSelect	是否可以一次选择多个单元格、行或列
Rows	行的集合
Readonly	是否可以编辑单元格
SelectCells	获取用户选定的单元格的集合
SelectedColumns	获取用户选定的列的集合
SelectedRows	获取用户选定的行的集合
SelectionMode	如何选择单元格有 5 种枚举类型： ①CellSelect：可以选定一个或多个单元格。 ②ColumnHeaderSelect：可以通过单击列的标头单元格选定此列。通过单击某个单元格可以单独选定此单元格。 ③FullColumnSelect：通过单击列的标头或该列所包含的单元格选定整个列。 ④FullRowSelect：通过单击行的标头或是该行所包含的单元格选定整个行。 ⑤RowHeaderSelect：通过单击行的标头单元格选定此行。通过单击某个单元格可以单独选定此单元格

2．DataGridView 控件的主要方法和事件

DataGridView 控件的主要方法和事件见表 7.23。

表 7.23 DataGridView 控件的主要方法和事件

	名称	说明
方法	Focus	获得焦点
	IsSelected	是否被选定
	BeginEdit	将当前的单元格置于编辑模式下
	CancelEdit	取消当前选定单元格的编辑模式并丢弃所有更改
	EndEdit	提交对当前单元格进行的编辑并结束编辑操作
	Sort	对 DataGridView 控件的内容进行排序
	SelectAll	选择 DataGridView 控件中的所有单元格
事件	CellValueChange	单元格的值改变时发生
	Click	单击时发生
	CellBeginEdit	在为选定的单元格启动编辑模式时发生
	CellEndEdit	在为当前选定的单元格停止编辑模式时发生

3. DataGridView 控件的 Columns 属性

单击 DataGridView 控件的 Columns 属性右边的[...]按钮，打开它的编辑器，如图 7-8 所示，可以设置 DataGridView 控件中每一列的属性，包括列的宽度，列头的标题，是否为只读、冻结状态，对应数据表中的列等，具体属性见表 7.24。

表 7.24 Columns 属性

属性	说明
DataPropertyName	绑定的数据列名称
HeaderText	列头的标题文本
Visible	指定列是否可见
Frozen	水平滚动 DataGridView 控件时列是否移动
ReadOnly	是否为只读

4. 单元格编辑

在 DataGridView 控件中用户可以直接在选中的单元格中修改信息，并更新数据库。

例如：在任务四中可以在“学生信息管理”窗体的“显示结果”栏中直接双击任何一个单元格进入编辑状态，修改相关学生信息，如图 7-17 所示。

具体操作如下：

（1）由于修改学生信息主要依据学生的自动编号，因此将“编号”列隐藏起来。在任务四的基础上，修改自定义方法 stuSearch()，添加语句如下：

```
private void stuSearch()
{
    ......
    dgvList.Columns[0].Visible =false;
}
```

（2）使用 DataGridView 控件单元格编辑状态的改变来实现数据的更新，主要涉及 CellBeginEdit、CellValueChange 和 CellEndEdit 事件。在“学生信息管理”窗体 frmStudentManage 的“属性”窗口中单击“事件”按钮[⚡]，分别双击 CellBeginEdit、CellValueChange 和 CellEndEdit

事件，添加具体代码。

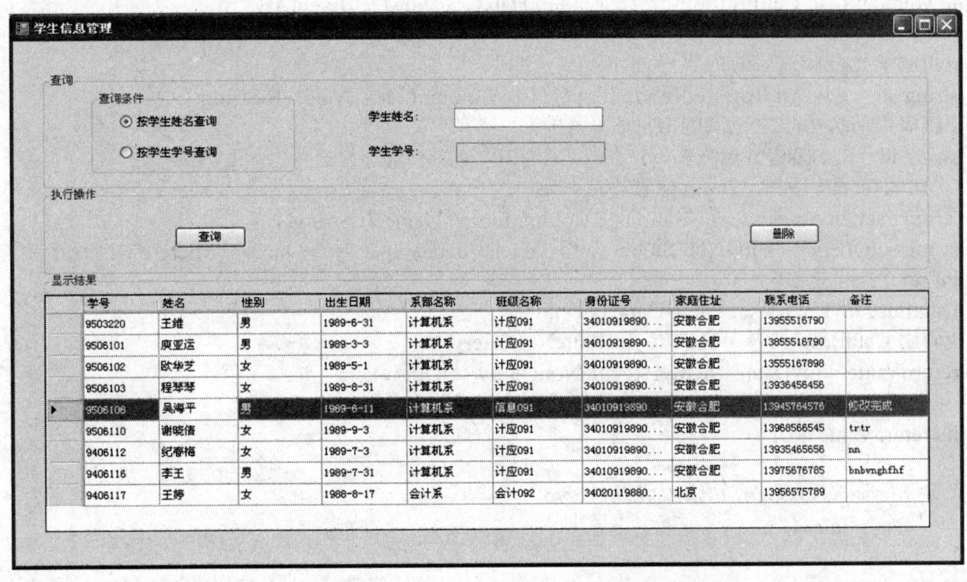

图 7-17　直接在 DataGridView 控件中编辑修改

①在 CellBeginEdit 事件中，当用户双击单元格进入到编辑状态时，记录选中的单元格内容并保存在公用变量 temp 中。

```
//定义标志变量用于判断是否执行更新
bool flag = false;
//定义字符串用于存放当前单元格初始值
string temp = string.Empty;
private void dgvList_CellBeginEdit(object sender, DataGridViewCellCancelEventArgs e)
{
    //将选中的单元格内容保存
    temp =dgvList.Rows[e.RowIndex].Cells[e.ColumnIndex].Value.ToString();
    flag = true;
}
```

②在 CellValueChange 事件中，当单元格的值改变时，提示用户是否修改，并根据用户的选择状态确定是否修改单元格内容，具体代码如下：

```
private void dgvList_CellValueChanged(object sender, DataGridViewCellEventArgs e)
{
    if (flag == true)
    {
        //提示用户是否修改，当用户选择“确定”时调用 dgvList_CellEndEdit 事件实现更新
        if (MessageBox.Show("是否修改？", "提示", MessageBoxButtons.OKCancel,
        MessageBoxIcon.Information) == DialogResult.OK)
        {
            dgvList_CellEndEdit(sender, e);
        }
        else//不更新
        {
            flag = false;
            dgvList.Rows[e.RowIndex].Cells[e.ColumnIndex].Value = temp;
        }
    }
}
```

③CellEndEdit 事件响应代码如下：

```
private void dgvList_CellEndEdit(object sender, DataGridViewCellEventArgs e)
{
    //获取单元格修改后的内容
    string str = dgvList.Rows[e.RowIndex].Cells[e.ColumnIndex].Value.ToString();
    //获取当前选中学生记录的 ID 列（编号）
    string id = dgvList.Rows[e.RowIndex].Cells[0].Value.ToString();
    //获取当前编辑列所对应数据表中的列名
    string datatemp = dgvList.Columns[e.ColumnIndex].Name.ToString();
    string sqlQuery = "UPDATE StudentInfo SET " + datatemp + "='" + str + "' where ID='" + id + "'";
    int returnValue = 0;
    DataBase myDataBase = new DataBase();
    //调用 DataBase 类中定义的 myExecuteNonQuery()方法
    returnValue = myDataBase.myExecuteNonQuery(sqlQuery);
    //ExecuteNonQuery 返回值为该命令所影响的行数
    if (returnValue > 0)
    {
        MessageBox.Show("修改成功");
        flag = false;
    }
    else
    {
        MessageBox.Show("修改不成功");
    }
}
```

（3）运行系统，正常登录后，在系统主界面中选择“学生档案管理”→“学生信息管理”菜单项，程序运行结果如图 7-11 所示。在“显示结果”栏中双击需要修改的单元格，如图 7-17 所示；直接在单元格编辑状态修改单元格内容后回车，系统将提示“是否修改”，如图 7-18 所示；当用户单击“取消”按钮则不修改信息，回到浏览状态，否则在修改成功后，提示“修改成功”，并在“显示结果”栏中显示数据库更新后信息，如图 7-19 所示。

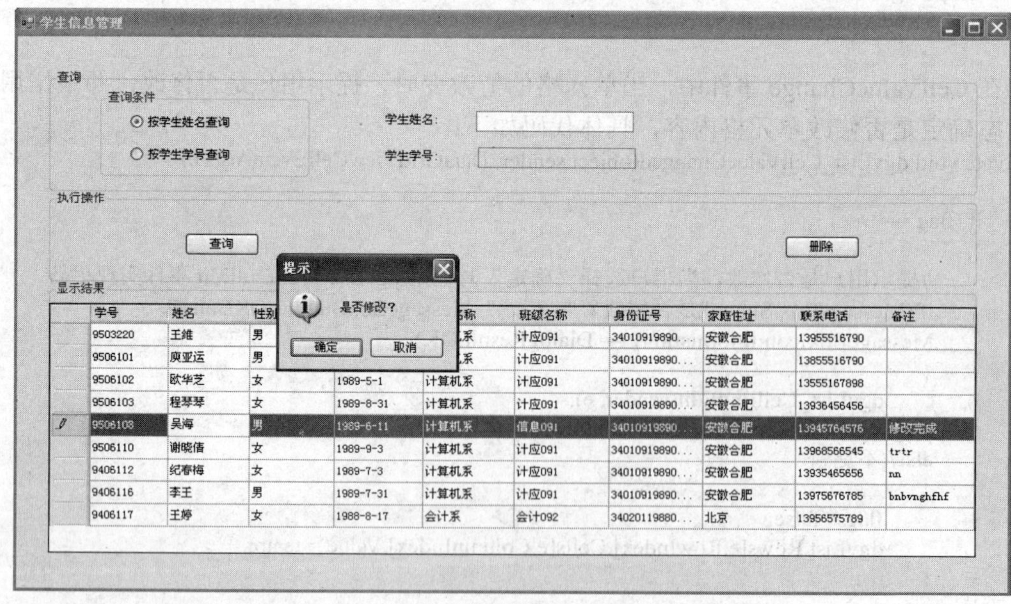

图 7-18　选择是否修改

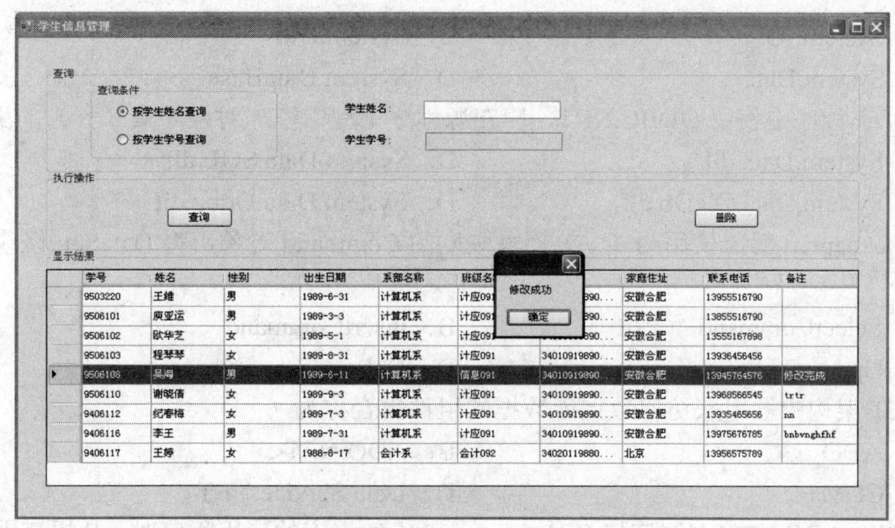

图 7-19　修改成功

这种修改数据的方式虽然比较直观、操作简单，但是用户修改数据的随意性强，容易破坏数据库信息的格式规范性。例如系部名称、班级名称等一些用简称命名的字段中，由于命名方式的不同，可能会造成数据的不一致性。因此，在系统设计中应慎用这种在 DataGridView 控件上直接修改信息的方法。

习题七

一、不定项选择题

1．在 ADO.NET 中，为访问 DataTable 对象从数据源提取的数据行，可使用 DataTable 对象的（　）属性。

A．Rows　　　　B．Columns

C．Constraints　　　　D．DataSet

2．某 Command 对象 cmd 将被用来执行以下 SQL 语句，以向数据源中插入新记录：

insert into Customers values(1000,"tom")

请问，语句 cmd.ExecuteNonQuery( );的返回值可能为（　）。

A．0　　　　B．1　　　　C．1000　　　　D．“tom”

3．如果 cmd 是一个 SqlCommand 类型的对象，并已正确连接到数据库 MyDB。为了在遍历完 SqlDataReader 对象的所有数据行后立即自动释放 cmd 使用的连接对象，应采用下列（　）方法调用 ExecuteReader 方法。

A．SqlDataReader dr = cmd.ExecuteReader();

B．SqlDataReader dr = cmd.ExecuteReader(true);

C．SqlDataReader dr = cmd.ExecuteReader(0);

D．SqlDataReader dr= cmd.ExecuteReader(CommandBehavior.CloseConnection);

4．为了在程序中使用 DataSet 类定义数据集对象，应在文件开始处添加对命名空间（　）的引用。

A．System.IO　　B．System.Utils
C．System.Data　　D．System.DataBase

5．为了在程序中使用 ODBC.NET，应在源程序工程中添加对程序集（　）的引用。

A．System.Data.dll　　B．System.Data.SQL.dll
C．System.Data.OleDb.dll　　D．System.Data.Odbc.dll

6．DataAdapter 对象使用与（　）属性关联的 Command 对象，将 DataSet 修改的数据存入数据源。

A．SelectCommand　　B．InsertCommand
C．UpdateCommand　　D．DeleteCommand

7．.NET 架构中被用来访问数据库数据的组件集合称为（　）。

A．ADO　　B．ADO.NET
C．COM+　　D．Data Service.NET

8．在使用 ADO.NET 编写连接 SQL Server 2005 数据库的应用程序时，从提高性能的角度考虑，应创建（　）类的对象，并调用其 Open 方法连接到数据库。

A．OleDbConnection　　B．SqlConnection
C．OdbcConnection　　D．Connection

9．创建一个 Windows 窗体应用程序，在一个 DataTable 对象中每一行被成功编辑时保存数据，将处理（　）事件。

A．RowUpdated　　B．DataSourceChanged
C．Changed　　D．RowChanged

二、应用题

1．完善“学生宿舍管理系统”项目的登录模块，要求连接数据库，查询录入的用户名和密码是否存在，当用户名及密码与数据库中存放的内容完全匹配，则提示“登录成功”。

2．完善“学生宿舍管理系统”项目的录入模块功能。用户可以在该界面中实现录入楼房编号、楼层数、房间数、居住性别、投入使用时间、备注信息的功能，如图 7-20 所示。

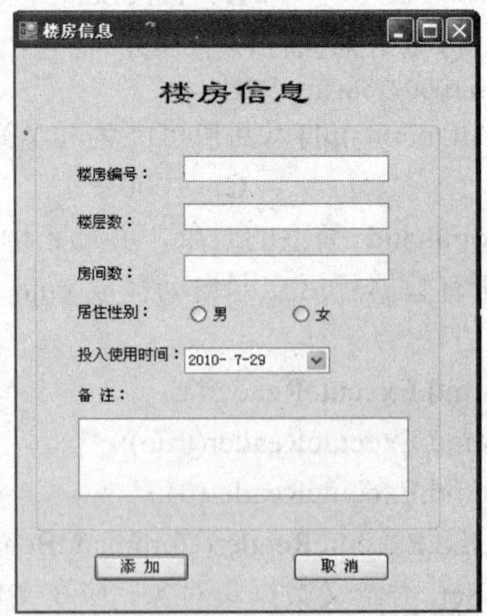

图 7-20　录入信息

3．完善“学生宿舍管理系统”项目的楼房信息管理模块，实现对楼房信息的查询、修改和更新功能，如图 7-21 所示。

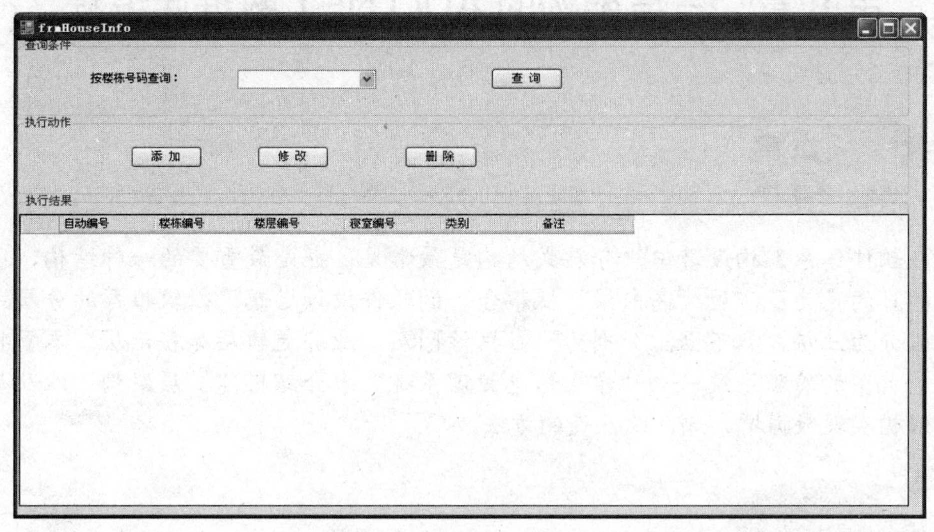

图 7-21　楼房信息管理

第 8 章　三层架构的 ADO.NET 数据库编程

在软件体系架构设计中，分层式结构是最常见，也是最重要的一种结构，区分层次的目的是为了实现“高内聚，低耦合”的软件设计思想。微软推荐的分层式结构一般分为三层，从下至上分别为：数据访问层、业务逻辑层和表示层。本章将通过一个典型的管理系统——“学生信息管理系统”来介绍搭建三层架构，以及基于三层架构实现数据增、删、改、查的方法。

本章要点

- 使用三层架构进行软件开发的优点
- 三层结构中每层的功能及各层之间的逻辑关系
- 搭建三层架构的方法
- 基于三层架构实现数据增、删、改、查
- 用面向对象思想实现三层架构

学习目标

- 能够理解和掌握三层架构中每层的功能和各层之间的逻辑关系
- 能够搭建三层架构软件开发框架
- 能基于三层架构实现数据增、删、改、查操作
- 能使用 OOP 思想实现三层架构

8.1　三层架构在软件开发中的应用

通常意义上的三层架构就是将整个业务应用划分为：表示层（UI）、业务逻辑层（BLL）、数据访问层（DAL）。应用程序界面（即 UI 层）不直接与数据库进行交互，而是将业务规则、数据访问、合法性校验等工作放到了中间层进行处理。

任务一　“学生信息管理系统”项目——搭建三层架构开发框架

任务描述

在 Visual Studio 2008 中创建“学生信息管理系统”项目的解决方案。在解决方案中分别

建立 UI 层项目、BLL 层类库项目和 DAL 层类库项目，并添加各层之间的依赖关系，完成三层架构开发框架的搭建。

任务解决方案

（1）搭建表示层。在 Visual Studio 2008 的 IDE 开发环境中，选择“文件”→“新建”→“项目”命令，创建一个新项目，在弹出的“新建项目”对话框中选择项目类型为“Visual C#”，模板为“Windows 窗体应用程序”，填写项目名称为“StudentInfo”，并选择“创建解决方案的目录”复选框，如图 8-1 所示。

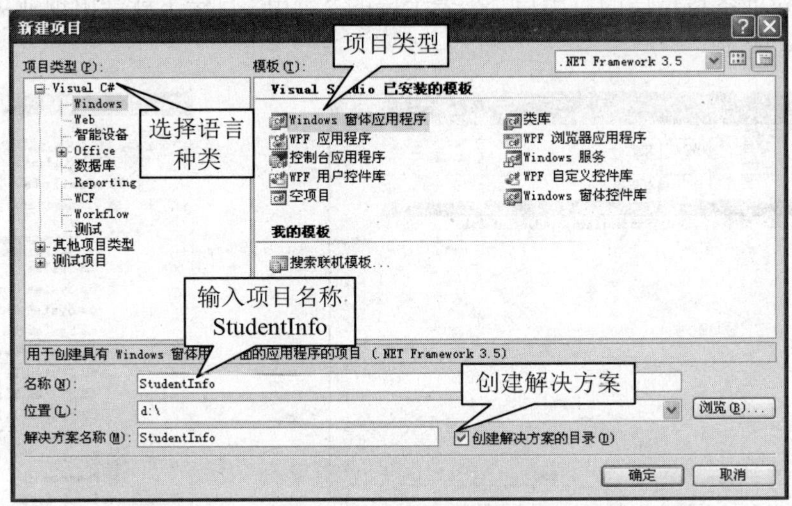

图 8-1　创建“StudentInfo”项目解决方案

（2）搭建业务逻辑层。在 Visual Studio 2008 的 IDE 开发环境中，选择“文件”→“新建”→“项目”命令，在弹出的“新建项目”对话框中选择项目类型为“Visual C#”，模板为“类库”，填写项目名称为“StudentInfoBLL”，同时在“解决方案”下拉列表框中选择“添入解决方案”，如图 8-2 所示。

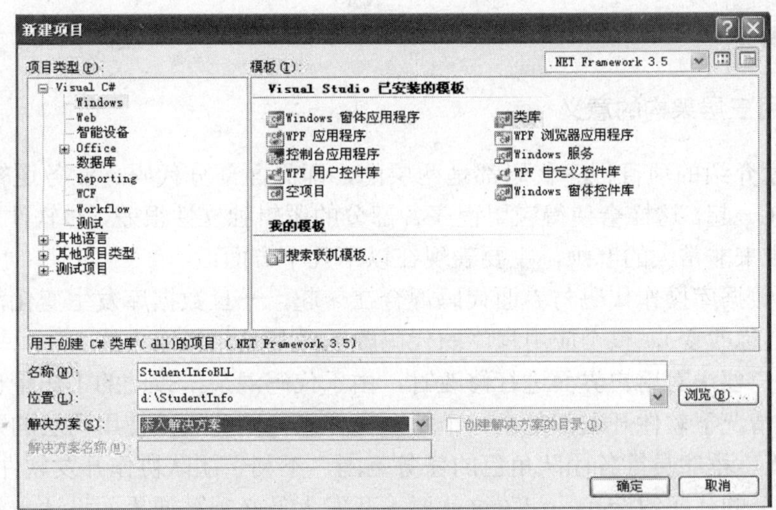

图 8-2　创建“StudentInfoBLL”类库项目

（3）搭建数据访问层。创建数据访问层的步骤与创建业务逻辑层类似，只是需要重新填写项目名称为“StudentInfoDAL”，其他的操作步骤和选项与创建业务逻辑层完全一样。

（4）建立各层间的依赖关系。通过上面三个步骤已经基本完成了项目的三层架构搭建，但目前每一层还都是各自独立的，它们之间没有任何关系，为了使三个层相互协作实现软件的各项功能，必须建立三个层之间的依赖关系。

① 建立表示层对业务逻辑层的依赖。在“解决方案资源管理器”中，右键单击表示层（StudentInfo 项目）的“引用”，选择“添加引用”命令，在弹出的“添加引用”对话框中选择“项目”选项卡，选中项目名称“StudentInfoBLL”，单击“确定”按钮，如图 8-3 所示。在建立了表示层对业务逻辑层的引用后，在表示层的“引用”目录下就会出现业务逻辑层项目的名称，如图 8-4 所示。

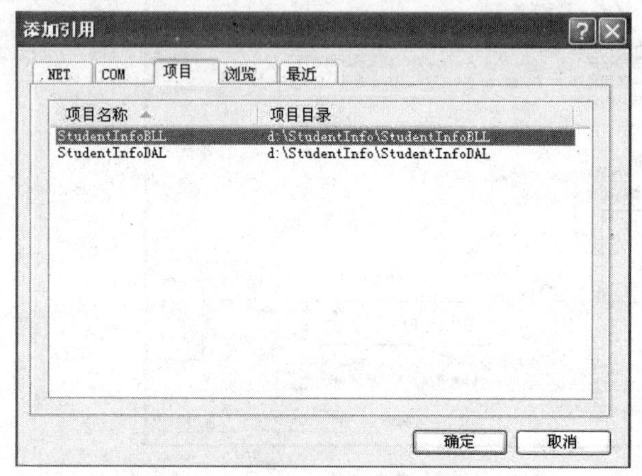

图 8-3 “添加引用”对话框

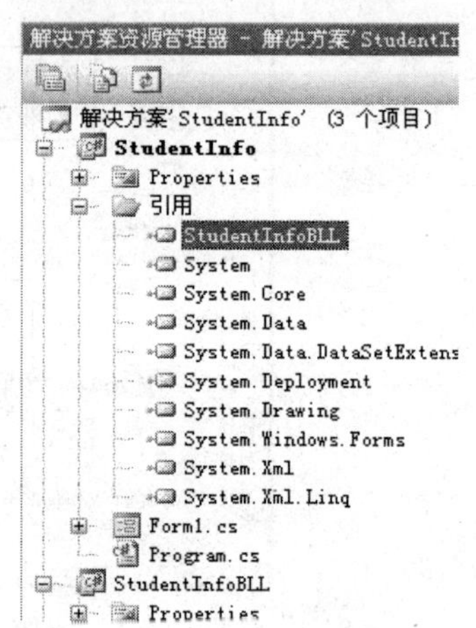

图 8-4 表示层的“引用”目录

② 建立业务逻辑层对数据访问层的依赖。建立业务逻辑层对数据访问层的依赖的操作过程与前一个步骤的操作过程基本相同，这里就不再做详细讲解，至此完成了三层架构开发框架的搭建任务。

相关知识

8.1.1 使用三层架构的意义

在前面几章介绍的项目程序代码都是两层的，即界面部分代码、业务逻辑代码和数据库操作代码混合在一起，这样会使得应用程序各部分的逻辑独立性很差，对软件后期的修改、升级及维护都会带来非常大的麻烦，主要表现在以下几个方面：

（1）由于数据库操作代码与界面代码混合在一起，一旦数据库发生变化，哪怕是细微的变化（如字段名称改变），整个应用程序的代码改动量都是相当巨大的。

（2）当客户要求对用户界面进行修改时，由于代码混杂，改动的工作量也会非常大。

（3）一般情况下软件开发都是由一个团队协作来共同完成，使用两层的开发架构就很难区分出界面美工、程序员等各团队角色的任务范围，不利于团队协作开发软件。

（4）各部分的代码混合在一起，这就要求开发人员必须精通界面设计、业务处理逻辑以及数据库等各方面的知识，对开发人员技术素质要求较高。

为了解决上述问题，软件开发工程师们采用分层的方式来进行处理，即把应用程序开发框架分为用户界面层、业务逻辑层和数据访问层，具体来说就是将不同功能的代码放到不同层的项目中去。如果用户要求修改界面时，由于代码已经被清晰地分离出来，因此只需要修改用户界面层相关的代码即可，而不会影响到其他层的代码。

可以通过到电器商城购物这一生活中的场景来理解三层架构在软件开发中的优势。这里可以把电器商城看作一个整体，它包括商品导购员、收银员和仓库管理员三类角色。当一名顾客到超市购买商品时，商城将以如下的流程为顾客提供服务：

（1）导购员接待顾客，根据顾客要求购买商品的型号填写单据，然后将填写好的单据交给收银员。

（2）收银员根据导购员的单据向顾客收取相应的费用，打印出货单，然后将出货单交给仓库管理员申请出货。

（3）仓库管理员根据收银员提交的出货单从仓库对应的商品存放位置，取出货物交给导购员，然后导购员将商品交给客户。

如上所述，电器商城将整个业务分解为三部分来完成，每一部分均由专人负责。导购员只负责接待顾客，根据顾客的购买要求向收银员传递顾客所购商品的信息；收银员负责根据商品信息收取相应费用；仓库管理员只负责出货。他们三者分工合作，共同为顾客提供满意的服务。在为顾客提供服务期间，三者中任何一者发生变化时都不会影响其他两者的正常工作，只对变化者进行相应调整即可。软件开发的三层架构与电器商城的购物场景类似，如图 8-5 所示。

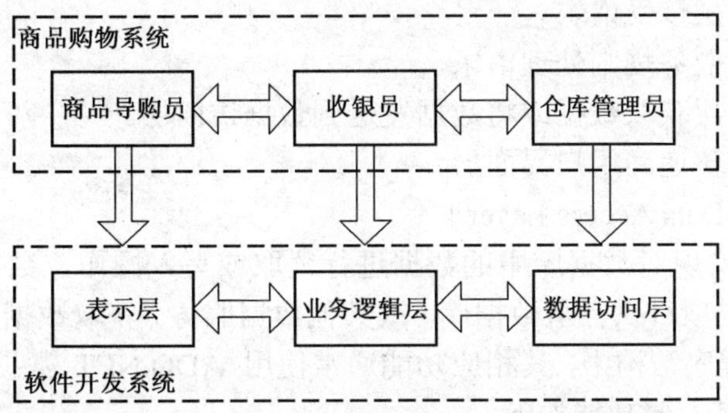

图 8-5　软件开发三层架构与购物系统的类比

8.1.2　三层架构各层的作用与依赖关系

微软推荐的三层式结构，从下至上分别为：数据访问层、业务逻辑层和表示层，各层之间相互依赖、相互协作来实现软件的各项功能，其体系结构如图 8-6 所示。

下面介绍各部分的作用。

1．*表示层*（UI Layer）

表示层位于最上层，离用户最近，主要用于显示数据和接收用户的数据输入，为用户提供一种交互式操作界面。表示层一般具体表现为 WinForm 窗体或 Web 页面。该层的主要功能如下：

（1）为用户显示数据。

（2）接收用户输入数据，进行数据验证检查。

（3）向业务逻辑层发送用户输入。

（4）从业务逻辑层接收结果。

（5）向用户显示错误信息。

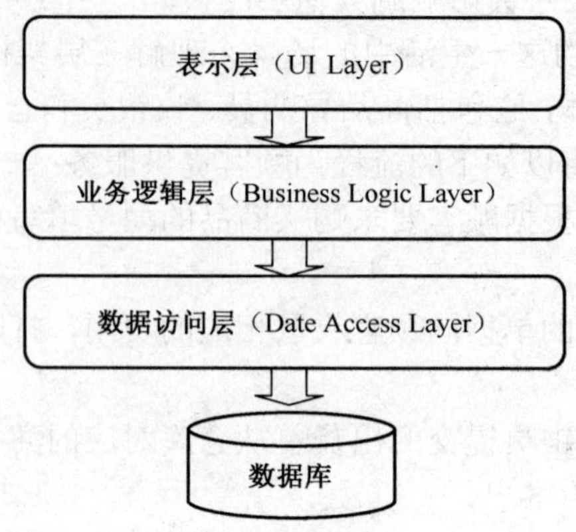

图 8-6 三层架构体系结构

2. 业务逻辑层（Business Logic Layer）

业务逻辑层是表示层和数据访问层之间的通讯桥梁，主要负责数据的传递和处理，如用户输入数据有效性检验、业务逻辑描述等相关功能。业务逻辑层在项目中通常表现为类库项目。其主要功能如下：

（1）从用户界面层接受请求。

（2）根据编码的业务规则处理请求。

（3）从数据访问层获取数据或将数据发送到数据访问层。

（4）将处理结果传递回用户界面层。

3. 数据访问层（Data Access Layer）

数据访问层主要实现对数据库中的数据进行读取或写入操作，数据访问层通常也表现为类库项目。数据访问层项目执行从数据库（或其他数据服务）获取数据或向数据库发送数据的功能。在分布式应用程序结构中，其相应功能通常使用 ADO.NET 数据适配器和 SQL 服务器的存储过程来完成。其主要功能如下：

（1）从业务逻辑层接受请求，从数据服务获取数据或向其发送数据。

（2）使用存储过程获取数据，并可选用 ADO.NET 向数据库发送数据。

（3）将数据库查询结果返回到业务逻辑层，作为 ADO.NET 数据集。

在三层结构中，各层之间相互依赖，表示层依赖于业务逻辑层，业务逻辑层依赖于数据访问层。表示层只允许引用业务逻辑层，不允许直接引用数据访问层，同时各层项目之间不允许循环引用。各层之间的数据传递方向分为请求与响应两个方向，表示层接受用户的请求，根据用户的请求去通知业务逻辑层，业务逻辑层收到请求后首先对请求进行审核，然后将请求通知数据访问层或直接返回给表示层，数据访问层收到业务逻辑层的数据请求后开始访问数据库；数据访问层通过对数据库的访问把请求结果返回给业务逻辑层，业务逻辑层首先对结果进行审核，然后将请求结果通知表示层，表示层再把结果展示给用户，三层之间的依赖关系及数据传递方向如图 8-7 所示。

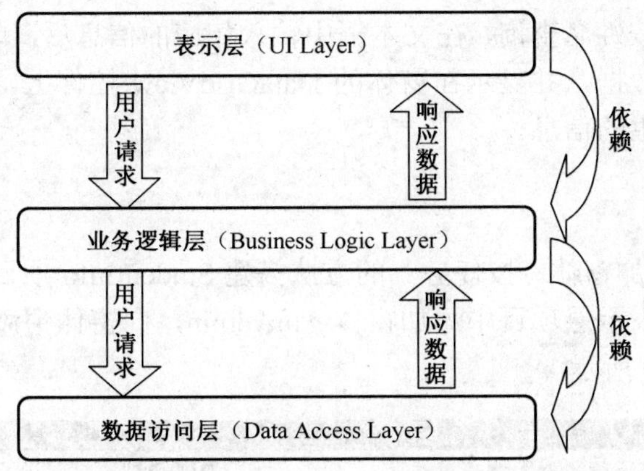

图 8-7　三层之间的依赖关系和数据传递方向

8.2　基于三层架构实现数据增、删、改、查

在三层架构下实现对数据库中数据的访问和操作，可以使用 ADO.NET 来实现。表示层将用户输入的数据或数据查询请求发送给业务逻辑层，业务逻辑层对用户的输入数据进行校验和处理，然后将数据发送给数据访问层，由数据访问层通过 SQL 语句或调用数据库的存储过程来实现数据的操作，并将操作结果以 DataSet、DataTable 或 DataReader 等数据集的方式返回给业务逻辑层，当业务逻辑层收到响应的数据集后，根据用户的要求（如筛选条件或业务规则）对数据集中的数据进行处理，然后把处理后的数据集返回给表示层，最后由表示层的后台代码对数据集进行解析，显示在窗体相应的数据显示控件上，整个过程如图 8-8 所示。

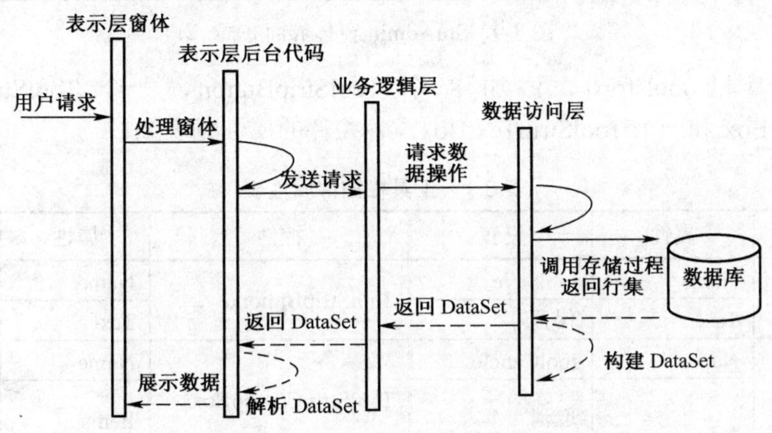

图 8-8　三层架构中数据传递流程

任务二　“学生信息管理系统”——用三层架构实现学生信息查询

任务描述

设计“学生信息管理系统”窗体的主界面。用户可以在工具栏的下拉列表框中选择查询

条件是按学号查询还是按姓名查询，在文本框中输入相应的信息后，单击“查找”按钮，在数据库中查询满足条件的数据，并显示在窗体的 DataGridView 控件上。如果未设置查询条件，则返回数据库中所有学生的信息。

任务解决方案

（1）搭建框架，添加窗体。按任务一的方法搭建 StudentInfo 项目的三层开发框架，建立三层间的依赖关系，在表示层项目中添加窗体 StuAdmin，向窗体中添加控件，设计工具栏，窗体控件及布局如图 8-9 所示。

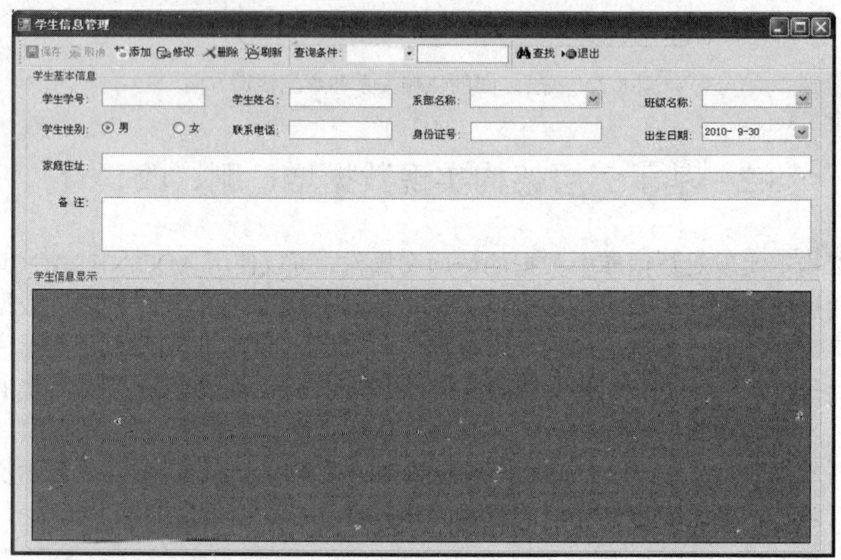

图 8-9　StuAdmin 窗体界面布局

①设计工具栏 toolstrip1，添加 8 个 ToolStripButton，一个 ToolStripLable，一个 ToolStripComboBox 和一个 ToolStripTextBox，各控件的属性见表 8.1。

表 8.1　工具栏控件属性表

控件	属性	设置	控件	属性	设置
ToolStripButton1	Name	toolSave	ToolStripButton6	Name	toolRefresh
	Text	保存		Text	刷新
ToolStripButton2	Name	toolCancle	ToolStripComboBox1	Name	cbxcondition
	Text	取消		Items	按学号查询 按姓名查询
			ToolStripTextBox1	Name	txtkeywords
ToolStripButton3	Name	toolAdd	ToolStripButton7	Name	toolFind
	Text	添加		Text	查找
ToolStripButton4	Name	toolAmend	ToolStripButton8	Name	toolExit
	Text	修改		Text	退出
ToolStripButton5	Name	toolDelete	ToolStripLable1	Name	toolInfo
	Text	删除		Text	查询条件：

②在窗体上添加相应的控件，各控件的属性见表 8.2，利用两个 GroupBox 控件来分别组织数据输入控件和数据显示控件，界面的布局可如图 8-9 所示。

表 8.2　StuAdmin 窗体控件属性表

控件	属性	设置	控件	属性	设置
Form1	Name	frmStuAdmin	RadioButton1	Name	rbtW
	Text	学生信息管理		AutoSize	True
	Startposition	CenterScreen		Checked	False
TextBox1（学号）	Name	txtStudentID	ComboBox1	Name	cboDepartName
	Text			DropDownStyle	DropDownList
TextBox2（姓名）	Name	txtStudentName		Items	添加系部名称
	Text		ComboBox2	Name	cboClassName
TextBox3（家庭住址）	Name	txtAddress		DropDownStyle	DropDownList
	Text			Items	添加班级名称
TextBox4（联系电话）	Name	txtStudentTel	DateTimePicker1	Name	dtpStudyDate
	Text			Format	Short
TextBox5（身份证号）	Name	txtStudentIDCard	GroupBox1	Text	学生基本信息
	Text			Enabled	False
TextBox6（备注）	Name	txtExtendField	GroupBox2	Text	学生信息显示
	Text			Enabled	True
	Multiline	True	DataGridView1	Name	dgvStuInfo
RadioButton1	Name	rbtM			
	AutoSize	True			
	Checked	True			

（2）实现数据访问层代码。

① 创建 DBHelper 静态类。由于在数据访问层会经常频繁地访问数据库，如果每次访问数据库都创建 SqlConnection、SqlCommand 等一系列对象，这样会使代码变得非常冗余，为了提高代码的复用率，在使用三层架构开发应用系统时，通常在数据访问层创建一个静态类，在这个静态类中编写获取连接对象、执行 SQL 语句等一系列静态方法。在数据访问层需要访问数据库时，通过调用这些方法来获取相应对象或执行相应操作，这样不仅可减少代码的书写量，同时还可以降低数据访问层和业务逻辑层之间的耦合度。

在数据访问层项目添加一个类，命名为“DBHelper.cs”，在类中添加如下代码：

```
using System.Data.SqlClient;
using System.Data.SqlTypes;
using System.Configuration;
namespace StudentInfoDAL
{       /**********************************************
        * 功能：定义一个静态的 SqlConnection 属性，用于返回一个 SqlConnection 连接
        **********************************************/
        public static class DBHelper
```

```
{
    public static SqlConnection connection;
    public static SqlConnection Connection
    {
        get
        {
            string connectionString = "server=.;database=StudentManagement;
            uid=ahsm;pwd=ahsm123";//根据实际更改数据库的 sa 密码
            if (connection == null)
            {
                connection = new SqlConnection(connectionString);
                connection.Open();
            }
            else if (connection.State == System.Data.ConnectionState.Closed)
            {
                connection.Open();
            }
            else if (connection.State == System.Data.ConnectionState.Broken)
            {
                connection.Close();
                connection.Open();
            }
            return connection;
        }
    }
    /*********************************************
    * 功能：执行 SQL 语句，返回一个 DataSet 数据集
    * 参数 safeSql：需要执行的 SQL 查询语句
    *********************************************/
    public static DataSet GetDataSet(string safeSql)
    {
        SqlDataAdapter sda = new SqlDataAdapter(safeSql, Connection);
        DataSet ds = new DataSet();
        sda.Fill(ds);
        return ds;
    }
    /*********************************************
    * 功能：执行存储过程，返回一个 DataSet 数据集
    * 参数 storprocedurename：数据库中的存储过程名称
    * 参数 parameters：存储过程参数数组
    *********************************************/
    public static DataSet GetDataSet(string storprocedurename, SqlParameter[] parameters)
    {
        SqlDataAdapter sda = new SqlDataAdapter(storprocedurename, Connection);
        sda.SelectCommand.CommandType = CommandType.StoredProcedure;
        foreach (SqlParameter parameter in parameters)
        {
            if (parameter != null)
            {
                if((parameter.Direction==ParameterDirection.InputOutput||
                parameter.Direction == ParameterDirection.Input) &&(parameter.Value == null))
```

```
                {
                    parameter.Value = DBNull.Value;
                }
                sda.SelectCommand.Parameters.Add(parameter);
            }
        }
        DataSet ds = new DataSet();
        sda.Fill(ds);
        return ds;
    }
    /*********************************************
    * 功能：执行 Insert、Update、Delete 等数据操作类 SQL 语句，执行成功返回整数 1
    * 参数 safeSql：需要执行的 SQL 语句
    *********************************************/
    public static int ExecuteCommand(string sql)
    {
        SqlCommand cmd = new SqlCommand(sql, Connection);
        int result = cmd.ExecuteNonQuery();
        return result;
    }
    /*********************************************
    * 功能：执行 Insert、Update、Delete 等数据操作类存储过程，执行成功返回整数 1
    * 参数 storprocedurename：数据库中的存储过程名称
    * 参数 parameters：存储过程参数数组
    *********************************************/
    public static int ExecuteCommand(string storprocedurename, SqlParameter[] parameters)
    {
        SqlCommand cmd = new SqlCommand(storprocedurename, Connection);
        cmd.CommandType = CommandType.StoredProcedure;
        foreach (SqlParameter parameter in parameters)
        {
            if (parameter != null)
            {
                if ((parameter.Direction == ParameterDirection.InputOutput || parameter.Direction ==
                ParameterDirection.Input) && (parameter.Value == null))
                {
                    parameter.Value = DBNull.Value;
                }
                cmd.Parameters.Add(parameter);
            }
        }
        return cmd.ExecuteNonQuery();
    }
  }
}
```

② 在数据访问层项目添加一个类，命名为“StuInfoDB.cs”，在类中定义三个方法，三个方法的代码如下：

```
using System;
using System.Data.SqlClient;
using System.Data.SqlTypes;
namespace StudentInfoDAL
```

```
{
    public class StuInfoDB //注意：一定要将类的修饰符定义为public，否则在BLL层不能调用
    {
        /*******************************************
        * 功能：执行返回所有学生信息的SQL查询语句，返回一个DataTable
        *******************************************/
        public DataTable GetStuInfoList()
        {
            string sql="SELECT ID as 序号,StudentID as 学号,StudentName as 姓名,StudentSex as 性
                    别,StudyDate as 出生日期,DepartName as 系部,ClassName as 班级,StudentIDCard
                    as 身份证号,Address as 地址,StudentTel as 电话,ExtendField as 备注 FROM
                    [StudentInfo] order by ID desc";
            DataSet myds = DBHelper.GetDataSet(sql);
            return myds.Tables[0];
        }
        /*******************************************
         * 功能：根据学号查询条件的值查询满足条件的学生信息，返回一个DataTable
         * 参数keywords：查询条件的值
         *******************************************/
        public DataTable GetStuInfoByStuId(string keywords)
        {
            string sql = "SELECT ID as 序号,StudentID as 学号,StudentName as 姓名,StudentSex as 性
                    别,StudyDate as 出生日期,DepartName as 系部,ClassName as 班
                    级,StudentIDCard as 身份证号,Address as 地址,StudentTel as 电话,ExtendField
                    as 备注 FROM [StudentInfo] where StudentID Like'%" + keywords + "%'";
            DataSet myds = DBHelper.GetDataSet(sql);
            return myds.Tables[0];
        }
        /*******************************************
         * 功能：根据姓名查询条件的值查询满足条件的学生信息，返回一个DataTable
         * 参数keywords：查询条件的值
         *******************************************/
        public DataTable GetStuInfoByName(string keywords)
        {
            string sql = "SELECT ID as 序号,StudentID as 学号,StudentName as 姓名,StudentSex as 性
                    别,StudyDate as 出生日期,DepartName as 系部,ClassName as 班
                    级,StudentIDCard as 身份证号,Address as 地址,StudentTel as 电话,ExtendField
                    as 备注 FROM [StudentInfo] where StudentName Like'%" + keywords + "%'";
            DataSet myds = DBHelper.GetDataSet(sql);
            return myds.Tables[0];
        }
    }
}
```

（3）实现业务逻辑层代码。业务逻辑层的主要功能是在表示层和数据访问层之间传递数据，根据前面任务分析中所述，需要在业务逻辑层项目中创建一个类，命名为“StuInfoManager.cs”，由于业务逻辑层的类需要调用数据访问层的类，因此在业务逻辑层的每个类的代码中都要引入数据访问层的命名空间，同时还要在该层的每个类中实例化一个数据访问层对应类的对象，以方便通过对象来调用数据访问层类的方法。由于StuInfoManager.cs类中的GetStuInfo方法需要完成带条件和不带条件两种类型的数据查询，因此需要根据不同的执行参数定义该方法的重载。StuInfoManager.cs的代码如下：

```
using System;
using System.Data;
using System.Data.SqlClient;
using StudentInfoDAL;    //注意：在此一定要引入数据访问层的命名空间
namespace StudentInfoBLL
{
    public class StuInfoManager //注意：一定要将类的修饰符定义为 public
    {
        StuInfoDB studb = new StuInfoDB();//实例化一个 DAL 层的 StuInfoDB 类对象
        /*********************************************
        * 功能：查询所有学生的信息，返回一个 DataTable
        *********************************************/
        public DataTable GetStuInfo()
        {
            DataTable dt = studb.GetStuInfo();
            return dt;
        }
        /*********************************************
        * 功能：根据查询条件的值查询满足条件的学生信息，返回一个 DataTable
        * 参数 condition：数据查询条件
        * 参数 keywords：查询条件的值
        *********************************************/
        public DataTable GetStuInfo(string condition, string keywords)
        {
            switch (condition)
            {
                case "按学号查询":
                    {
                        return studb.GetStuInfoByStuId(keywords);
                    }
                case "按姓名查询":
                    {
                        return studb.GetStuInfoByName(keywords);
                    }
                default:
                    return studb.GetStuInfo();
            }
        }
    }
}
```

（4）实现表示层数据绑定。在步骤（1）中已经完成了表示层界面的设计，现在只需要把数据访问层和业务逻辑层传递过来的数据绑定到表示层的 DataGridView 控件上就可以实现系统的查询功能了。表示层代码的编写步骤可概括如下：在界面的后台代码中，引用业务逻辑层命名空间；根据需求，实例化业务逻辑层相关类的对象；调用业务逻辑层功能，实现数据绑定。

① 在 StuAdmin 窗体的后台代码 StuAdmin.cs 文件中引入业务逻辑层命名空间，并实例化一个 StuInfoManager 类的对象 stum，代码如下：

```
using System;
using System.Collections.Generic;
```

```
using System.ComponentModel;
using System.Data;
using System.Drawing;
using System.Linq;
using System.Text;
using System.Windows.Forms;
using StudentInfoBLL;//注意：一定要引入 BLL 层命名空间，否则无法实例化 BLL 层类
namespace StudentInfoUI
{
    public partial class StuAdmin : Form
    {
        StuInfoManager stum = new StuInfoManager();//实例化一个 BLL 层类对象
        public StuAdmin()
        {
            InitializeComponent();
        }
    }
}
```

②在 StuAdmin 窗体的后台代码 StuAdmin.cs 文件中自定义一个名为 BindGdvStu()方法，用于将业务逻辑层传过来的 DataTable 数据绑定到窗体中的 DataGridView 控件，代码如下：

```
private void BindGdvStu()
{
    //指定 dgvStuInfo 的数据源为 stum.GetStuInfoList()返回的 DataTable
    this.dgvStuInfo.DataSource = stum.GetStuInfoList();
}
```

③双击 StuAdmin 窗体，在其 Load 事件的响应方法 StuAdmin_Load()中，添加下列代码：

```
private void StuAdmin_Load(object sender, EventArgs e)
{
    //调用 BindGdvStu()方法绑定 DataGridView 控件数据
    this.BindGdvStu();
    //隐藏 DataGridView 控件显示数据的第 1 列和第 10 列，即学生信息的序号和备注字段
    this.dgvStuInfo.Columns[0].Visible = false;
    this.dgvStuInfo.Columns[10].Visible = false;
    //设置窗体中的系部和班级的 ComboBox 控件的索引
    this.cboDepartName.SelectedIndex = 0;
    his.cboClassName.SelectedIndex = 0;
}
```

④双击工具栏上的“查找”按钮，在其 Click 事件的响应方法 toolFind_Click()中添加如下代码：

```
private void toolFind_Click (object sender, EventArgs e)
{
    //获取工具栏上查询条件 cbxCondition 下拉列表框的值作为查询条件
    string condition =this.cbxCondition.Items[this.cbxCondition.SelectedIndex].ToString();
    //获取工具栏上 txtKeyWord 文本框的值，作为查询条件的值
    string keywords = this.txtKeyWord.Text;
    //调用业务逻辑层 GetStuInfo 方法，将返回的 DataTable 重绑定到 DataGridView 控件
    this.dgvStuInfo.DataSource=stum.GetStuInfo(condition, keywords);
}
```

（5）运行调试。在三层架构下开发应用系统时，由于在同一解决方案资源管理器中存在多个项目，因此在运行调试前需要将表示层所在的项目设置为启动项目，否则不能正常调试。设置启动项目的方法是用鼠标右击表示层项目图标，在弹出的菜单中选择“设为启动项目”选项。设置好启动项目后按 F5 键，程序初始运行界面如图 8-10 所示。在工具栏中选择查询条件为“按学号查询”，在文本框中输入“9506”，单击“查找”按钮后的结果如图 8-11 所示。

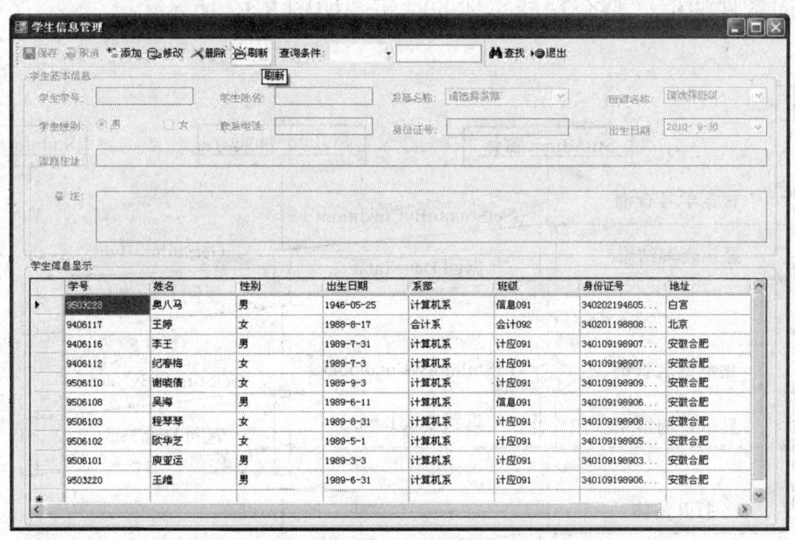

图 8-10　StuAdmin 窗体初始加载界面

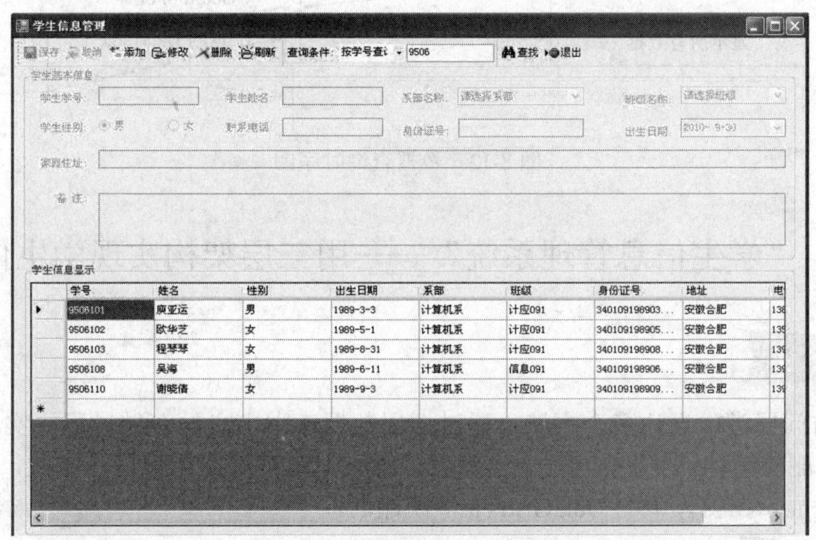

图 8-11　StuAdmin 窗体按学号查询结果界面

分析描述

使用三层架构开发应用系统时，首先应根据需求设计表示层的用户界面，然后对系统需要实现的功能进行认真分析，根据功能需求先设计规划数据访问层的类及相应的方法，再设计业务逻辑层的类，最后完成表示层后台代码。根据本节任务的功能需求，在数据访问层设计一个用于对数据库中 StudentInfo 表操作的 StudentInfoDB 类，并为该类设计三个方法：GetStuInfoByStuId、GetStuInfoByName 和 GetStuInfoList，分别用于实现按学号查询、按姓名查询和返回所有学生信息三个功能，其返回值类型均为 DataTable。在业务逻辑层设计 StuInfoManager 类为数据访问提供服务，并为其设计 GetStuInfo 方法，方法的参数与返回值类型如下：DataTable GetStuInfo(string condition, string keywords)，其中 condition 为查询条件，keywords 为查询条件的值。整个功能实现的时序图如图 8-12 所示。

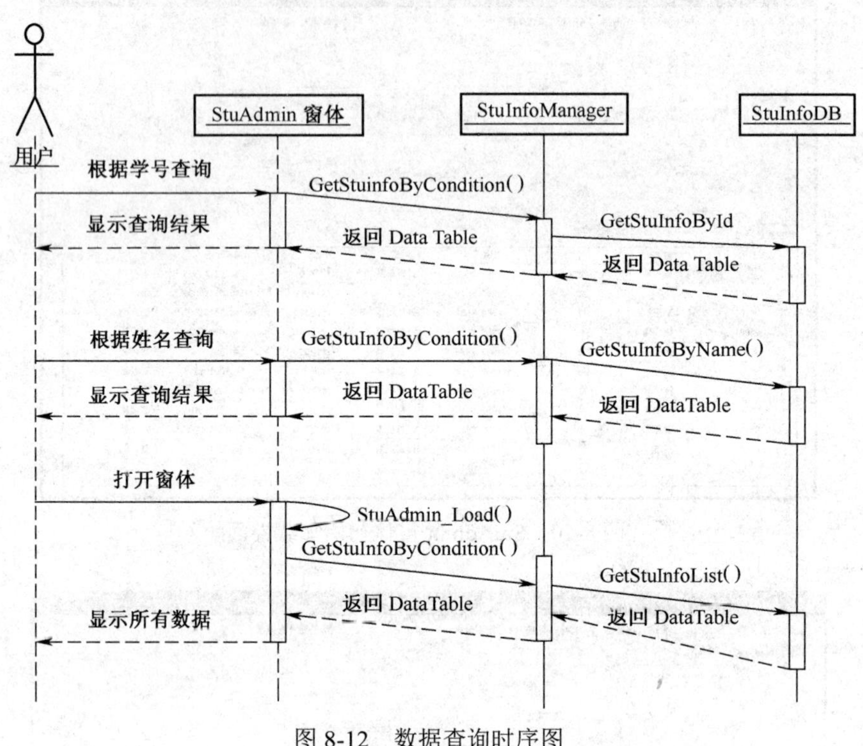

图 8-12　数据查询时序图

任务三　“学生信息管理系统”——用三层架构实现学生信息管理

任务描述

在数据访问层类中设计多个方法，通过调用数据库中定义的存储过程，实现学生信息的添加、修改或删除操作。学生信息更新成功后，返回对话框提醒用户操作完成，并将更新成功后的学生信息显示在窗体中的 DataGridView 控件上。

任务解决方案

（1）在数据库中定义存储过程。由于数据访问操作需要执行数据库中定义的存储过程，因此首先要在数据库 StudentManagement 中添加三个存储过程，分别为 StudentInfoADD、StudentInfoUpdate 和 StudentInfoDelete，三个存储过程的脚本如下所示：

```
CREATE PROCEDURE StudentInfoADD
@ID int output,
@StudentID nvarchar(50),
```

```
@StudentName nvarchar(50),
@StudentSex nvarchar(50),
@StudyDate nvarchar(50),
@DepartName nvarchar(50),
@ClassName nvarchar(50),
@StudentIDCard nvarchar(50),
@Address nvarchar(50),
@StudentTel nvarchar(50),
@ExtendField nvarchar(50)
 AS
    INSERT INTO [StudentInfo](
     [StudentID],[StudentName],[StudentSex],[StudyDate],[DepartName],[ClassName],[StudentIDCard],
     [Address],[StudentTel],[ExtendField]
    )VALUES(
    @StudentID,@StudentName,@StudentSex,@StudyDate,@DepartName,@ClassName,@StudentIDCard,
    @Address,@StudentTel,@ExtendField
    )
    SET @ID = @@IDENTITY
GO
CREATE PROCEDURE StudentInfoUpdate
@ID int,
@StudentID nvarchar(50),
@StudentName nvarchar(50),
@StudentSex nvarchar(50),
@StudyDate nvarchar(50),
@DepartName nvarchar(50),
@ClassName nvarchar(50),
@StudentIDCard nvarchar(50),
@Address nvarchar(50),
@StudentTel nvarchar(50),
@ExtendField nvarchar(50)
 AS
    UPDATE [StudentInfo] SET
     [StudentID] = @StudentID,[StudentName] = @StudentName,[StudentSex] = @StudentSex,[StudyDate]
= @StudyDate,[DepartName] = @DepartName,[ClassName] = @ClassName,[StudentIDCard] =
@StudentIDCard,[Address] = @Address,[StudentTel] = @StudentTel,[ExtendField] = @ExtendField
    WHERE ID=@ID
GO
CREATE PROCEDURE StudentInfoDelete
@ID int
 AS
    DELETE [StudentInfo]
    WHERE ID=@ID
GO
```

（2）在数据访问层添加方法程序。打开数据访问层类 StuInfoDB.cs，添加 AddStuInfo、UpdateStuInfo 和 DeleteStuInfo 三个方法，三个方法的代码如下：

```
/**************************************************
*功能：向数据库中添加一条学生信息，添加成功返回 1
*参数 stuid：学号
*参数 stuname：姓名
*参数 stusex：性别
```

```
*参数 studay：出生日期
*参数 studepart：所在系部
*参数 stuclass：所在班级
*参数 stuidcard：身份证号
*参数 stuaddr：地址
*参数 stutel：电话
*参数 stuextfield：备注
*************************************************/
public string AddStuInfo(string stuid,string stuname,string stusex,string studay,string studepart,string
stuclass,string stuidcard,string stuaddr,string stutel,string stuextfield)
{
    //创建存储过程参数数组，用于执行存储过程
    SqlParameter[] parameters = {
                    new SqlParameter("@ID", SqlDbType.Int,4),
                    new SqlParameter("@StudentID", SqlDbType.NVarChar,50),
                    new SqlParameter("@StudentName", SqlDbType.NVarChar,50),
                    new SqlParameter("@StudentSex", SqlDbType.NVarChar,50),
                    new SqlParameter("@StudyDate", SqlDbType.NVarChar,50),
                    new SqlParameter("@DepartName", SqlDbType.NVarChar,50),
                    new SqlParameter("@ClassName", SqlDbType.NVarChar,50),
                    new SqlParameter("@StudentIDCard", SqlDbType.NVarChar,50),
                    new SqlParameter("@Address", SqlDbType.NVarChar,50),
                    new SqlParameter("@StudentTel", SqlDbType.NVarChar,50),
                    new SqlParameter("@ExtendField", SqlDbType.NVarChar,50)};
        //为存储过程参数数组中的各参数赋值
        parameters[0].Direction = ParameterDirection.Output;
        parameters[1].Value = stuid;
        parameters[2].Value = stuname;
        parameters[3].Value = stusex;
        parameters[4].Value =studay;
        parameters[5].Value = studepart;
        parameters[6].Value =stuclass;
        parameters[7].Value = stuidcard;
        parameters[8].Value = stuaddr;
        parameters[9].Value =stutel;
        parameters[10].Value =stuextfield;
        //调用 DBHelper 类中的方法执行存储过程
        return DBHelper.ExecuteCommand("StudentInfoADD", parameters).ToString();
    }

public string UpdateStuInfo(int id,string stuid, string stuname, string stusex, string studay, string studepart,
string stuclass, string stuidcard, string stuaddr, string stutel, string stuextfield)
{
        SqlParameter[] parameters = {
                    new SqlParameter("@ID", SqlDbType.Int,4),
                    new SqlParameter("@StudentID", SqlDbType.NVarChar,50),
                    new SqlParameter("@StudentName", SqlDbType.NVarChar,50),
                    new SqlParameter("@StudentSex", SqlDbType.NVarChar,50),
                    new SqlParameter("@StudyDate", SqlDbType.NVarChar,50),
                    new SqlParameter("@DepartName", SqlDbType.NVarChar,50),
                    new SqlParameter("@ClassName", SqlDbType.NVarChar,50),
                    new SqlParameter("@StudentIDCard", SqlDbType.NVarChar,50),
```

```
                    new SqlParameter("@Address", SqlDbType.NVarChar,50),
                    new SqlParameter("@StudentTel", SqlDbType.NVarChar,50),
                    new SqlParameter("@ExtendField", SqlDbType.NVarChar,50)};
        parameters[0].Value= id;
        parameters[1].Value = stuid;
        parameters[2].Value = stuname;
        parameters[3].Value = stusex;
        parameters[4].Value = studay;
        parameters[5].Value = studepart;
        parameters[6].Value = stuclass;
        parameters[7].Value = stuidcard;
        parameters[8].Value = stuaddr;
        parameters[9].Value = stutel;
        parameters[10].Value = stuextfield;
        return DBHelper.ExecuteCommand("StudentInfoUpdate", parameters).ToString();
    }

    public string DeleteStuInfo(string id)
        {
          SqlParameter[] parameters = {new SqlParameter("@ID", SqlDbType.Int,4)};
          parameters[0].Value = int.Parse(id);
          return DBHelper.ExecuteCommand("StudentInfoDelete", parameters).ToString();
        }
```

（3）在业务逻辑层添加方法程序。打开业务逻辑层类 StuInfoManager.cs，添加 StuADD、StuUpdate 和 StuDelete 三个方法的代码，代码如下：

```
public string StuADD(string stuid, string stuname, string stusex, string studay, string
                studepart, string stuclass, string stuidcard, string stuaddr, string
                stutel, string stuextfield)
        {
          return studb.AddStuInfo(stuid, stuname, stusex, studay, studepart, stuclass, stuidcard, stuaddr,
          stutel, stuextfield);
        }
        public string StuUpdate(int id,string stuid, string stuname, string stusex, string studay,
                    string studepart, string stuclass, string stuidcard, string stuaddr,
                    string stutel, string stuextfield)
        {
            return studb.UpdateStuInfo(id, stuid, stuname, stusex, studay, studepart, stuclass, stuidcard,
            stuaddr, stutel, stuextfield);
        }
        public string StuDelete(string id)
        {
            return studb.DeleteStuInfo(id);
        }
```

（4）在表示层添加方法程序。在表示层使用了工具栏，在初始运行界面上，工具栏上的“保存”、“取消”两个按钮是不可用的，同时窗体上所有的输入类控件也是不可用的，因此要设计一系列辅助的方法来完成添加、修改和删除功能。

①在 StuAdmin 窗体的后台代码 StuAdmin.cs 中，设计一个用于改变窗体和工具栏中控件状态的自定义方法 ControlStatus()，代码如下：

```
private void ControlStatus()
{
```

```
        this.groupBox1.Enabled = !this.groupBox1.Enabled;
        this.toolAdd.Enabled = !this.toolAdd.Enabled;
        this.toolAmend.Enabled = !this.toolAmend.Enabled;
        this.toolCancel.Enabled = !this.toolCancel.Enabled;
        this.toolSave.Enabled = !this.toolSave.Enabled;
        this.dgvStuInfo.Enabled = !this.dgvStuInfo.Enabled;
    }
```

②在 StuAdmin 窗体的后台代码 StuAdmin.cs 中，设计一个将各控件值清空到原始状态的自定义方法 ClearControl()，代码如下：

```
    private void ClearControl()
    {
        this.txtStudentName.Text = "";
        this.txtStudentID.Text = "";
        this.txtStudentIDCard.Text = "";
        this.txtStudentTel.Text = "";
        this.txtAddress.Text = "";
        this.txtExtendField.Text = "";
        this.cboClassName.SelectedIndex = 0;
        this.cboDepartName.SelectedIndex = 0;
        this.dtpStudyDate.Value = DateTime.Now;
    }
```

③ 当用户在窗体的 DataGridView 控件中单击某个学生的信息时，要实现将 DataGridView 控件中的数据信息对应地显示在窗体的各个控件中，当用户单击“修改”按钮时可以方便地修改学生信息，因此在 StuAdmin 窗体的后台代码 StuAdmin.cs 中，设计一个获取 DataGridView 控件中数据的方法 GetdgvInfoData()，代码如下：

```
    private void GetdgvInfoData()
    {
        try
        {
            this.txtStudentID.Text =
                this.dgvStuInfo[1, this.dgvStuInfo.CurrentCell.RowIndex].Value.ToString();
            this.txtStudentName.Text =
                this.dgvStuInfo[2, this.dgvStuInfo.CurrentCell.RowIndex].Value.ToString();
            this.txtStudentIDCard.Text =
                this.dgvStuInfo[7, this.dgvStuInfo.CurrentCell.RowIndex].Value.ToString();
            this.txtStudentTel.Text =
                this.dgvStuInfo[9, this.dgvStuInfo.CurrentCell.RowIndex].Value.ToString();
            this.txtAddress.Text =
                this.dgvStuInfo[8, this.dgvStuInfo.CurrentCell.RowIndex].Value.ToString();
            this.txtExtendField.Text =
                this.dgvStuInfo[10, this.dgvStuInfo.CurrentCell.RowIndex].Value.ToString();
            this.cboClassName.Text =
                this.dgvStuInfo[6, this.dgvStuInfo.CurrentCell.RowIndex].Value.ToString();
            this.cboDepartName.Text =
                this.dgvStuInfo[5, this.dgvStuInfo.CurrentCell.RowIndex].Value.ToString();
            this.dtpStudyDate.Value =
                Convert.ToDateTime(this.dgvStuInfo[4,
    this.dgvStuInfo.CurrentCell.RowIndex].Value.ToString());
            if (this.dgvStuInfo[3, this.dgvStuInfo.CurrentCell.RowIndex].Value.ToString() == "男")
            {
```

```
                this.rbtM.Checked = true;
            }
            else
            {
                this.rbtW.Checked = true;
            }
        }
        catch (Exception ex)
        {
            MessageBox.Show(ex.Message.ToString());
        }
    }
```

④ 当用户单击工具栏上的“添加”按钮时，窗体上的控件要由原来的不可用状态变为可输入状态，同时为了区分用户在单击“保存”按钮时是添加信息保存还是修改信息保存，程序中使用了一个全局变量 i 来标识用户单击的是“添加”按钮还是“修改”按钮，当 i 的值为 1 时表示添加操作，否则表示修改操作。双击工具栏上的“添加”按钮进入 Click 事件，添加如下代码：

```
private void toolAdd_Click(object sender, EventArgs e)
{
    this.ControlStatus();//改变当前窗体中控件的状态
    this.ClearControl();//清空窗体中控件的值，以方便用户输入
    i = 1;//用 i 值为 1 来记录用户单击的是“添加”按钮
}
```

⑤ 选中窗体中的 DataGridView 控件，在“属性”窗口中，找到事件“CellClick”双击，在其响应方法 dgvStuInfo_CellClick()中添加如下代码：

```
private void dgvStuInfo_CellClick(object sender, DataGridViewCellEventArgs e)
{
    this.GetdgvInfoData();//调用自定义方法，获取其值，显示在窗体上
}
```

⑥ 双击工具栏上的“修改”按钮进入 Click 事件，添加如下代码：

```
private void toolAmend_Click(object sender, EventArgs e)
{
    this.ControlStatus();
    i = 2;// 用 i 的值为 2 来记录用户单击的是“修改”按钮
}
```

⑦ 双击工具栏上的“取消”按钮进入 Click 事件，添加如下代码：

```
private void toolCancel_Click(object sender, EventArgs e)
{
    this.ControlStatus();
    this.ClearControl();
}
```

⑧ 双击工具栏上的“刷新”按钮和“退出”按钮，分别进入其 Click 事件，添加如下代码：

```
private void toolRefresh_Click(object sender, EventArgs e)
{
    this.BindGdvStu();
}
private void toolExit_Click(object sender, EventArgs e)
{
    this.Close();
}
```

⑨ 双击工具栏上的“保存”按钮，进入其 Click 事件，在这个事件中，必须区分用户是对新添加信息的保存，还是对修改信息的保存，两者调用的业务逻辑层功能不一样，因此，使用一个 switch…case 语句，根据全局变量 i 的值来分别处理，其代码如下：

```
private void toolSave_Click(object sender, EventArgs e)
{
    switch (i)//根据 i 的值判断是保存新加信息，还是修改信息
    {
        case 1://表示是添加学生信息
        {
            //获取学生性别
            string stusex = string.Empty;
            if (this.rbtM.Checked)
            {
                stusex = this.rbtM.Text;
            }
            else
            {
                stusex = this.rbtW.Text;
            }
        //获取下拉列表框中的系部信息
        string studepart = this.cboDepartName.Items[this.cboDepartName.SelectedIndex].ToString();
        //获取下拉列表框中的班级信息
        string stuclass = this.cboClassName.Items[this.cboClassName.SelectedIndex].ToString();
        //获取出生日期信息，并转换成短日期的字符形式
        string studay = this.dtpStudyDate.Value.ToString("yyyy-MM-dd");
        //调用业务逻辑层的添加学生方法，实现数据的添加
        stum.StuADD(this.txtStudentID.Text, this.txtStudentName.Text, stusex, studay, studepart, stuclass,
            this.txtStudentIDCard.Text, this.txtAddress.Text, this.txtStudentTel.Text,
            this.txtExtendField.Text);
        //重新绑定 DataGridView 控件，更新学生信息
        this.BindGdvStu();
        MessageBox.Show("添加学生信息成功!");
        this.ControlStatus();
        break;
        }//结束 case 1
        case 2:
        {
        //获取当前修改信息的 ID
        int id = int.Parse(this.dgvStuInfo[0,
        this.dgvStuInfo.CurrentCell.RowIndex].Value.ToString());
        string stusex = string.Empty;
        if (this.rbtM.Checked)
        {
            stusex = this.rbtM.Text;
        }
        else
        {
            stusex = this.rbtW.Text;
        }
        string studepart =
            this.cboDepartName.Items[this.cboDepartName.SelectedIndex].ToString();
```

```
        string stuclass =
          this.cboClassName.Items[this.cboClassName.SelectedIndex].ToString();
        string studay = this.dtpStudyDate.Value.ToString("yyyy-MM-dd");
        stum.StuUpdate(id,this.txtStudentID.Text, this.txtStudentName.Text, stusex, studay, studepart,
                stuclass, this.txtStudentIDCard.Text, this.txtAddress.Text, this.txtStudentTel.Text,
                this.txtExtendField.Text);
        this.BindGdvStu();
        MessageBox.Show("修改学生信息成功!");
        this.ControlStatus();
        break;
        }//结束 case 2
        default:
            break;
    }//结束 switch
}
```

⑩双击工具栏上的“删除”按钮进入 Click 事件，添加如下代码：

```
private void toolDelete_Click(object sender, EventArgs e)
{
    //获取要删除数据行的 id
    string id =this.dgvStuInfo[0, this.dgvStuInfo.CurrentCell.RowIndex].Value.ToString();
    //弹出删除提示对话框，单击 OK 按钮进行删除
    if (MessageBox.Show("你确定删除该学生信息吗？", "删除提示", MessageBoxButtons.OKCancel) ==
        DialogResult.OK)
    {
        stum.StuDelete(id);
        this.BindGdvStu();
        MessageBox.Show("删除学生信息成功!");
    }
}
```

（5）调试运行。完成所有的代码编写后，按 F5 键进行调试，添加学生信息成功的运行界面如图 8-13 所示。

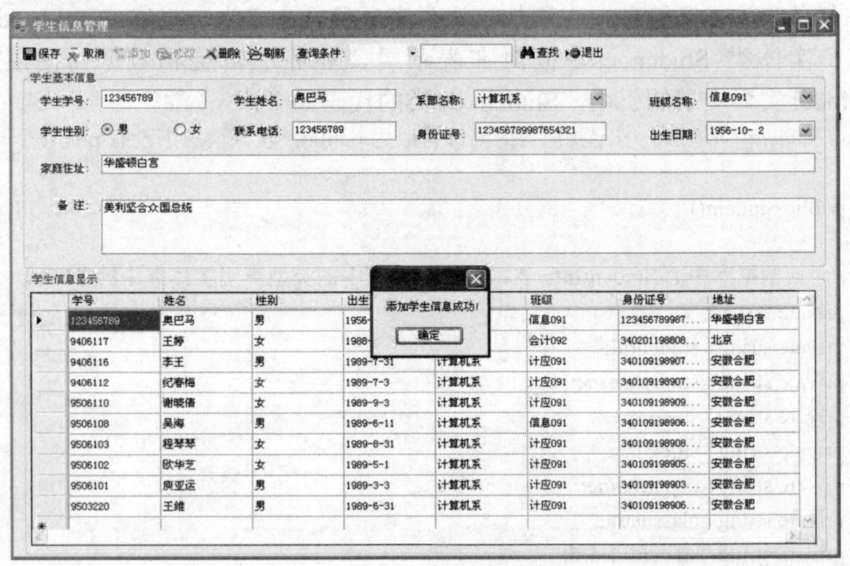

图 8-13　添加学生信息成功界面

分析描述

在任务二中，已经设计了数据访问层类 StuInfoDB.cs 和业务逻辑层类 StuManager.cs，要实现本节任务目标，只需要在现有的类中添加相应的方法即可。对于数据的添加、修改和删除，需要在数据访问层设计 AddStuInfo、UpdateStuInfo 和 DeleteStuInfo 三个方法分别来实现相应的功能。为了在表示层和数据访问层之间传递数据，还需要在业务逻辑层也添加相应的方法来提供支持。为了提高数据访问的效率和安全性，在使用三层架构开发应用程序时，一般是通过调用数据库相应功能的存储过程来实现数据的增加、修改和删除。

8.3 在三层架构中使用实体类

在前面介绍的任务三的添加学生信息的功能代码中，不难看出无论是在业务逻辑层还是在数据访问层，实现添加学生信息的方法都需要传递大量的参数（如业务逻辑层的 StuADD 和数据访问层的 StuInfoADD 方法），这在逻辑上显得不是很自然，而且代码也比较繁琐。在本节中将通过在三层架构中加入实体类层，使用面向对象的思想来重新构建三层架构。

任务四 “学生信息管理系统”——用实体类实现三层架构

任务描述

在任务三的项目资源管理器中，添加一个实体类层项目，命名为 StudentInfoModel，在该项目中添加一个实体类 Student.cs，使用实体类重写学生信息添加功能的数据访问层和业务逻辑层代码，基于实体类实现学生信息的添加功能。

任务解决方案

（1）在任务三的资源管理器中添加一个类库项目，命名为 StudentInfoModel，在该层项目中添加一个实体类 Student.cs，同时在表示层、业务逻辑层和数据访问层分别添加对 StudentInfoModel 实体类层的引用，Student.cs 类的代码如下：

```
public class Student  //注意：一定要把类的修饰符改为 public，默认情况下没有 public
{
        public Student()
        {
        //对应数据库中的 StudentInfo 表，按数据库表中的类型声明实体类中的各字段
        private int _id;
        private string _studentid;
        private string _studentname;
        private string _studentsex;
        private string _studydate;
        private string _departname;
        private string _classname;
        private string _studentidcard;
        private string _address;
```

```
private string _studenttel;
private string _extendfield;
//将各字段封装成属性
public int ID
{
    set { _id = value; }
    get { return _id; }
}
public string StudentID
{
    set { _studentid = value; }
    get { return _studentid; }
}
public string StudentName
{
    set { _studentname = value; }
    get { return _studentname; }
}
public string StudentSex
{
    set { _studentsex = value; }
    get { return _studentsex; }
}
public string StudyDate
{
    set { _studydate = value; }
    get { return _studydate; }
}
public string DepartName
{
    set { _departname = value; }
    get { return _departname; }
}
public string ClassName
{
    set { _classname = value; }
    get { return _classname; }
}
public string StudentIDCard
{
    set { _studentidcard = value; }
    get { return _studentidcard; }
}
public string Address
{
    set { _address = value; }
    get { return _address; }
}
```

```
            public string StudentTel
            {
                set { _studenttel = value; }
                get { return _studenttel; }
            }
            public string ExtendField
            {
                set { _extendfield = value; }
                get { return _extendfield; }
            }
            }
    }
```

（2）在数据访问层 StuInfoDB.cs 类中添加语句 using StudentInfoModel;，导入实体类层的命名空间，然后修改 AddStuInfo()方法，将原有的 11 个参数，改为一个 Student 类参数，对其代码做相应的修改，代码如下：

```
    public string AddStuInfo(Student stu)//将参数改为实体类 Student 类型
    {
        SqlParameter[] parameters = {
                        new SqlParameter("@ID", SqlDbType.Int,4),
                        new SqlParameter("@StudentID", SqlDbType.NVarChar,50),
                        new SqlParameter("@StudentName", SqlDbType.NVarChar,50),
                        new SqlParameter("@StudentSex", SqlDbType.NVarChar,50),
                        new SqlParameter("@StudyDate", SqlDbType.NVarChar,50),
                        new SqlParameter("@DepartName", SqlDbType.NVarChar,50),
                        new SqlParameter("@ClassName", SqlDbType.NVarChar,50),
                        new SqlParameter("@StudentIDCard", SqlDbType.NVarChar,50),
                        new SqlParameter("@Address", SqlDbType.NVarChar,50),
                        new SqlParameter("@StudentTel", SqlDbType.NVarChar,50),
                        new SqlParameter("@ExtendField", SqlDbType.NVarChar,50)};
        //使用实体类对象参数 stu 的各属性值给 SqlParameter 数组中各元素赋值
        parameters[0].Direction = ParameterDirection.Output;
        parameters[1].Value = stu.StudentID;
        parameters[2].Value = stu.StudentName;
        parameters[3].Value = stu.StudentSex;
        parameters[4].Value =stu.StudyDate;
        parameters[5].Value = stu.DepartName;
        parameters[6].Value =stu.ClassName;
        parameters[7].Value = stu.StudentIDCard;
        parameters[8].Value = stu.Address;
        parameters[9].Value =stu.StudentTel;
        parameters[10].Value =stu.ExtendField;
        return DBHelper.ExecuteCommand("StudentInfoADD", parameters).ToString();
    }
```

（3）首先在数据访问层 StuInfoManager.cs 类中添加“using StudentInfoModel;”语句，导入实体类层的命名空间，然后修改 StuADD()方法，将原有的 11 个参数，改为一个 Student 类参数，其代码做如下相应的修改：

```
public string StuADD(Student stu)
{
    return studb.AddStuInfo(stu);
}
```

（4）在表示层窗体的后台代码 StuAdmin.cs 中导入实体类层的命名空间，对工具栏上“保存”按钮的 Click 事件响应方法中的“case 1:”部分做如下修改：

```
case 1:
{
    //实例化一个 Student 实体类对象 stu
    Student stu = new Student();
    //将窗体上各控件的值封装到 stu 对象的属性中
    if (this.rbtM.Checked)
    {
        stu.StudentSex = this.rbtM.Text;
    }
    else
    {
        stu.StudentSex = this.rbtW.Text;
    }
    stu.DepartName = this.cboDepartName.Items[this.cboDepartName.SelectedIndex].ToString();
    stu.ClassName = this.cboClassName.Items[this.cboClassName.SelectedIndex].ToString();
    stu.StudyDate = this.dtpStudyDate.Value.ToString("yyyy-MM-dd");
    stu.StudentID = this.txtStudentID.Text;
    stu.StudentName = this.txtStudentName.Text;
    stu.StudentIDCard = this.txtStudentIDCard.Text;
    stu.Address = this.txtAddress.Text;
    stu.StudentTel = this.txtStudentTel.Text;
    stu.ExtendField = this.txtExtendField.Text;
    stum.StuADD(stu);
    this.BindGdvStu();
    MessageBox.Show("添加学生信息成功!");
    this.ControlStatus();
    break;
}
```

（5）按上述方法对实现学生信息修改的代码使用实体类传递数据的方法进行相应的改动，完成后按 F5 键进行调试。

在三层架构中添加实体类层，使用实体类在三层架构中传递数据为整个项目的开发提供了很大的灵活性，用面向对象的思想把数据库中的表抽象成类，使数据库作为对象来使用，消除了关系数据与类之间的差别。另外，开发中使用实体类更有助于项目的维护、扩展，更能体现使用三层架构开发应用系统的优势。

分析描述

在任务中使用实体类层重新改写业务层和数据访问层方法，首先将表示层各控件中输入的信息封装到一个学生实体类对象中，然后在业务逻辑层和数据访问层使用学生实体类对象来实现数据的传递，功能实现的时序图如图 8-14 所示。

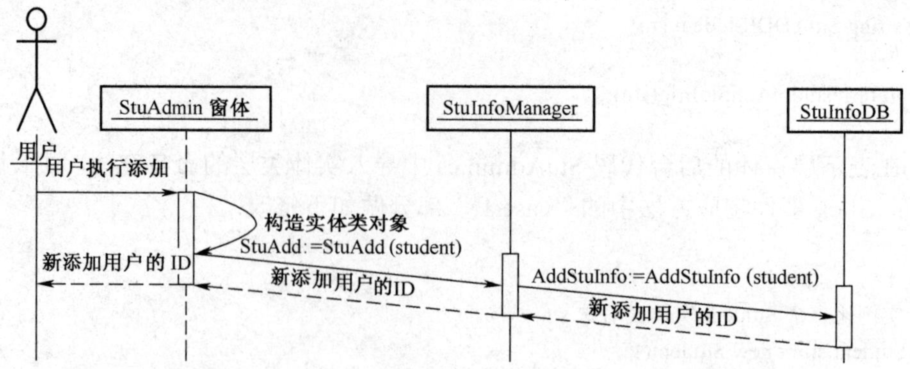

图 8-14 使用实体类实现学生信息添加功能时序图

相关知识

8.3.1 实体类

所谓的实体类就是描述一个业务实体的类，业务实体就是整个应用系统业务所涉及的对象。例如：在学生信息管理系统中的学生、课程、班级等都是业务实体，从数据的存储角度来讲，业务实体就是存储应用系统信息的数据表，通常情况下把应用系统数据库中的一个表就定义成一个实体类，表中的字段就封装成类的属性。例如：学生信息管理系统数据库中 StudentInfo 表即可定义成一个实体类 Student.cs，表和类两者间的对应关系如图 8-15 所示。

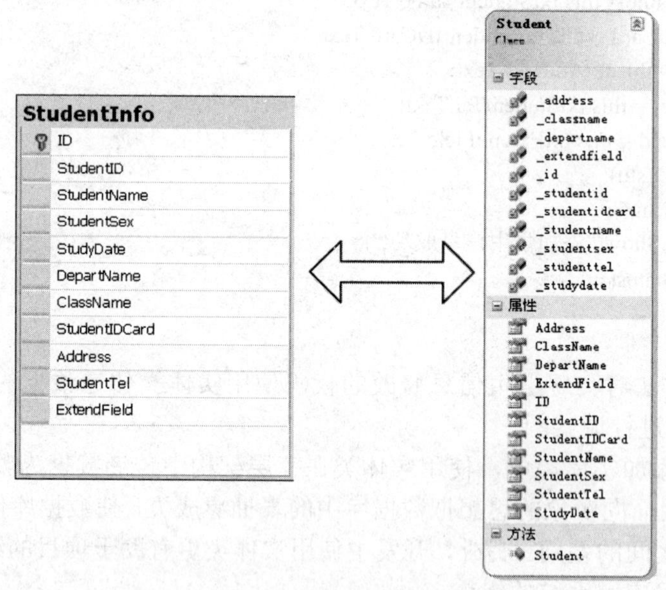

图 8-15 数据库中的表与实体类的对应关系

一般将所有的实体类专门放到一个层中，称之为实体类层。实体类层与其他三层之间不发生数据传递，也不调用其他层的方法。表示层、业务逻辑层和数据访问层都依赖实体类层，各层之间不再以单个参数或 DataSet 的方法传递数据，而是以传递实体类对象或是实体类泛型集合的方式传递数据。使用实体类后的三层架构数据传递流程，如图 8-16 所示。

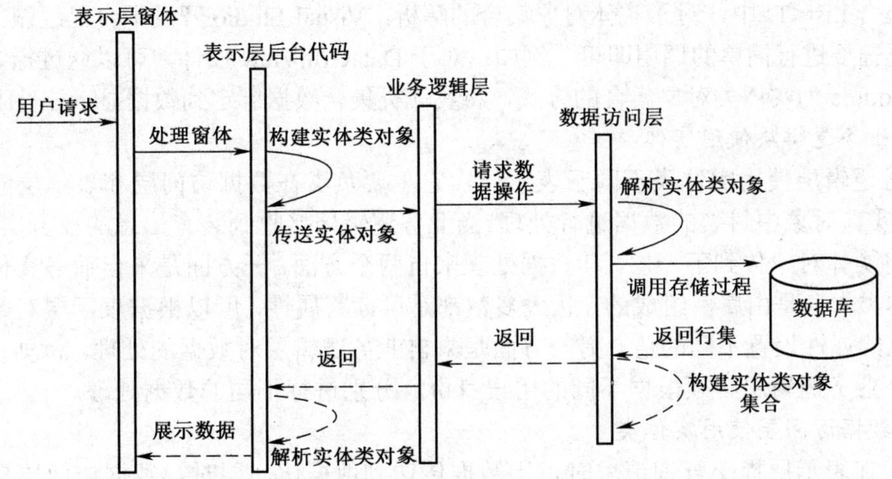

图 8-16　使用实体类后的三层间数据传递流程

8.3.2　在三层架构中使用实体类

1. 在表示层使用实体类

在表示层将用户输入数据封装到实体类对象中，只需要在该层实例化一个实体类对象，然后将用户在窗体控件上输入的各个值赋给实体类对象的对应属性。例如：在学生信息录入界面，窗体中各控件与实体类对象的对应关系如图 8-17 所示。

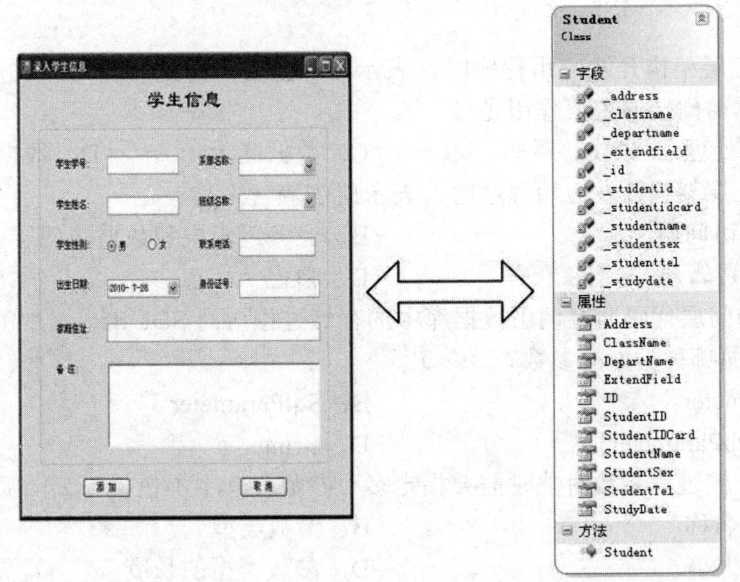

图 8-17　表示层窗体控件与实体类属性的对应关系

当表示层接收到从业务逻辑层返回的实体对象，并将实体对象中封装的信息展示给用户时，表示层需要对实体对象中封装的信息进行解析，表示层对实体对象的解析分为两种情况：一种是解析单个实体对象，将实体对象的相关属性赋值给窗体上相应控件的对应属性，用于向用户展示数据；另一种是对实体对象集合进行解析，在应用系统开发过程中把多个实体对象封装到一个泛型集合 List<T>中，对于实体对象集合的解析，Visual Studio 开发平台已经做了相关功能的封装，只需要进行简单的调用即可。例如：对于 DataGridView 控件，可以通过指定其数据源属性 DataSource 为实体类对象集合的方式，将实体类集合数据绑定到数据显示控件上。

2. *在业务逻辑层使用实体类*

在业务逻辑层使用实体类不同于表示层，它主要负责在数据访问层和表示层间传递实体对象，并对实体对象中封装的数据进行处理。当业务逻辑层接收到装有信息的业务实体对象后，根据请求将实体对象传到下一层，其数据处理来自两个方面，一方面是来自业务实体对数据的处理，实体类本身是由属性组成的，且大多数都是可读写属性，所以根据表示层对数据请求的不同，可以给属性设置不同的值；另一方面是来自业务逻辑层对数据的处理。例如：当用户登录系统时，业务逻辑层必须根据不同的用户身份，分别进行不同的数据处理。

3. *在数据访问层使用实体类*

当用户在表示层提交查询请求时，当数据传送到数据访问层时，数据访问层需要实现对数据库的查询访问。当请求的结果只有一条记录时，将这条记录封装成一个实体对象；当请求的结果是多条记录时，将每一条记录均封装成一个实体对象，然后再将多个实体对象封装成一个 List<T>的泛型集合来保存数据。当用户的请求是数据保存请求时，数据访问层首先对实体对象中的封装数据进行解析，然后将解析出的数据保存到数据库中。

习题八

一、选择题

1. 在使用三层架构开发应用程序时，表示层的主要作用是（ ），业务逻辑层的主要作用是（ ），数据访问层的主要作用是（ ）。

A．数据处理　　B．数据存取　　C．数据展示　　D．数据传递

2. 在使用三层架构开发应用程序时，表示层依赖（ ）。

A．数据访问层　　B．业务逻辑层和数据访问层

C．业务逻辑层　　D．自己

3. 当数据访问层代码通过调用数据库中的存储过程访问 SQL Server 中的数据时，需要为存储过程添加下面哪种类型的参数？（ ）

A．Parameter　　B．SqlParameter

C．OleDbParameter　　D．string

4. 在创建存储过程参数对象时需要指定多个参数，其中不包括下列的哪一项？（ ）

A．参数名称　　B．参数类型

C．参数大小　　D．参数类型的长度

5. 实体类层在三层架构应用程序开发中的主要作用是（ ）。

A．数据传递的载体　　B．封装信息

C．保存数据　　D．接收信息

6. 在使用实体类的三层架构中，当数据访问层查询数据返回多个实体类对象时，应该使用（ ）来通知对象集合。

A．对象数组　　B．string　　C．object　　D．List<T>

7．一个实体类对象通常封装数据库表中的（　）条记录。

A．1　　　　B．2　　　　C．3　　　　D．任意

二、应用题

在本章任务的设计基础上，添加系部管理窗体 frmDepartAdmin 和班级管理窗体 frmClassAdmin，两个窗体的界面如图 8-18 和图 8-19 所示，同时在实体类层创建系和班级两个实体类，分别命名为 Department.cs 和 StuClass.cs，在数据库的 DepartmentInfo 和 ClassInfo 表中添加系部、班级增加、修改和删除的存储过程，使用实体类传参的方式基于三层架构实现系部和班级信息的增、删、改、查功能。

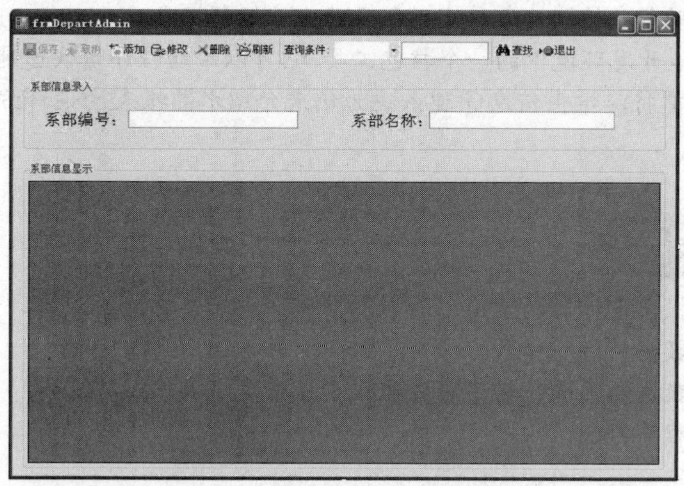

图 8-18　frmDepartAdmin 窗体界面

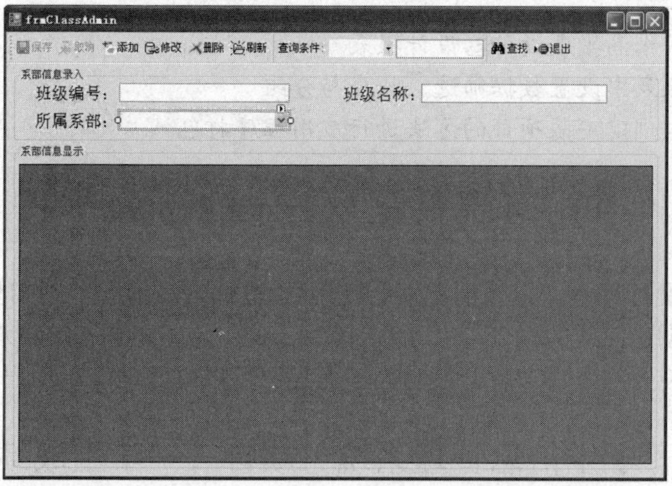

图 8-19　frmClassAdmin 窗体界面

第 9 章　水晶报表设计与产品发布

水晶报表（Crystal Reports）是内置于 Visual Studio 开发环境中的一种报表设计工具，它能帮助程序员创建各种高度复杂且专业级的报表。Windows Installer 是集成于 Visual Studio 开发环境中的一个打包工具，它可以帮助程序员快速地将应用系统打包、发布。本章将以学生信息管理系统为例来介绍水晶报表的设计方式及程序打包的相关知识。

- 水晶报表设计器的使用
- 报表数据的访问模式
- 报表数据的筛选、排序与分组
- 应用程序打包

- 能使用水晶报表设计器设计报表
- 能在报表中设置数据筛选、排序与分组
- 能通过创建安装项目的方法进行应用程序打包

9.1　水晶报表（Crystal Reports）

在应用程序开发过程中，很多情况下会使用数据报表来向用户详细地展示数据，使用水晶报表设计器可以创建简单的报表，也可以创建复杂的、专业的报表。将水晶报表整合到应用程序中，不仅可以使开发人员节省开发时间，而且还可以更好地满足用户的需求。

任务一　“学生信息管理系统”项目——学生成绩报表设计

任务描述

在前面介绍的第 8 章任务四框架的基础上，添加一个窗体到“学生信息管理系统”项目的表示层项目中，用于显示成绩查询报表。在查询条件中输入相应的条件后单击“生成报表”按钮，在窗体右侧的报表显示控件中将会显示符合条件的学生成绩信息。

任务解决方案

（1）在数据库中添加数据表及视图。在系统的数据库 StudentManagement 中分别添加课程信息表（Courses）和成绩信息表（Results），见表 9.1 和表 9.2。

表 9.1　课程信息表（Courses）

序号	列名	数据类型	标识	主键	允许空	说明
1	CoursesID	Int	是	是	否	编号（自增）
2	CoursesName	nchar			是	课程名称

表 9.2　成绩信息表（Results）

序号	列名	数据类型	标识	主键	允许空	说明
1	CoursesID	int		是	否	课程号（外键约束）
2	StudentID	nchar		是	否	学号（外键约束）
3	Result	int			是	成绩

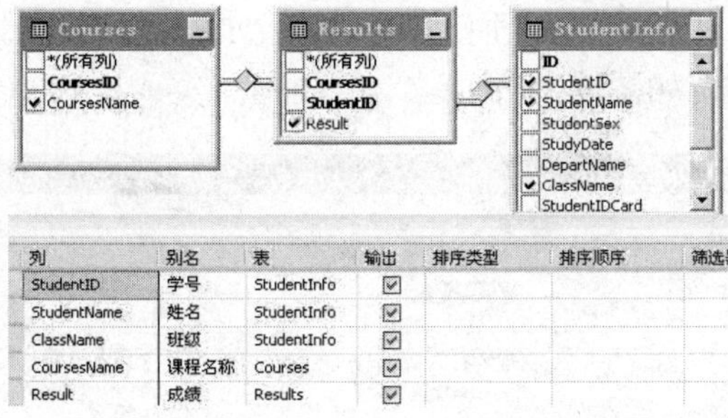

图 9-1　StuResultsView 视图结构

（2）创建报表显示窗体。在“学生信息管理系统”的表示层项目中，添加一个窗体 StuResultsReport 作为报表显示窗体，窗体上的控件类型及布局如图 9-1 所示，各控件的属性见表 9.3。

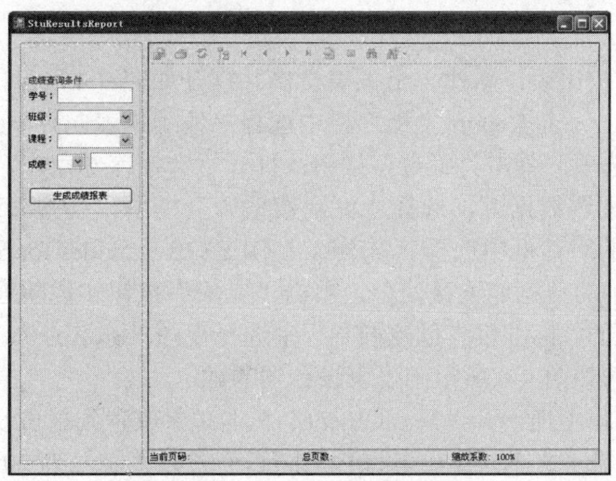

图 9-2　StuResultsReport 窗体控件布局

表 9.3　StuResultsReport 窗体控件属性表

控件	属性	设置	控件	属性	设置
Form1	Name	StuResultsReport	ComboBox1	Name	cbxClassName
	Text	StuResultsReport		DropDownStyle	DropDownList
	Startposition	CenterScreen		Items	添加班级名
TextBox1（学号）	Name	txtStuID	ComboBox2	Name	cbxCourse
	Text			DropDownStyle	DropDownList
TextBox2（成绩）	Name	txtStuResult		Items	添加课程名
	Text		ComboBox3	Name	cbxOp
CrystalReportViewer1	Name	crayrvResult		DropDownStyle	DropDownList
	Text			Items	> >= < <=

（3）设计报表文档。

① 在表示层项目中添加新建项，项目类型选择“Reporting”，模板选择“Crystal 报表”，命名为“StuResultsReport”，如图 9-3 所示。

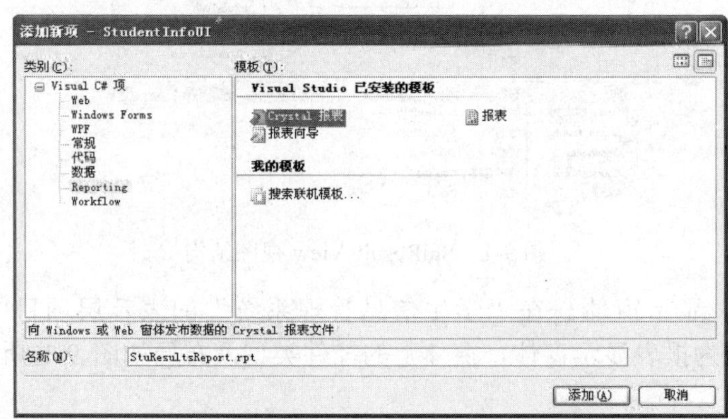

图 9-3　创建“StuResultsReport”报表文档

② 单击“添加”按钮后，新建一个报表文档并打开如图 9-4 所示的“Crystal Reports 库”对话框，在“创建新 Crystal Report 文档”栏中选择“使用报表向导”选项，并选择“选择专家”栏中的“标准”选项，单击“确定”按钮，打开“数据库专家”对话框，如图 9-5 所示。在该对话框中选择和配置数据源，选择“可用数据源”栏中“创建新连接”下的“OLE DB（ADO）”，并在打开的对话框中选择“Microsoft OLE DB Provider for SQL Server”，单击“下一步”按钮，输入正确的数据库连接信息，单击“完成”按钮实现新连接的创建。

③ 从已创建连接的“标准报表创建向导”中选择视图“StuResultsView”作为数据源，单击“完成”按钮，进入如图 9-6 所示的报表设计器界面。

④ 从左侧的工具箱中拖一个“Text Object”文本对象放置到报表设计器“Section1（报表头）”部分的空白处，输入文本“学生各课程成绩表”并设置字号为 20。在报表设计器的“字段资源管理器”窗口展开“数据库字段”选项，依次拖放各字段到报表设计器的“Section3（详

细资料）”部分的空白处，这时在“Section2（页眉）”部分将会自动添加与数据库字段名相同的文本对象。从右侧的工具箱中选择“Line Object”，在报表设计界面绘制报表表格线，完成后的报表设计如图 9-7 所示。

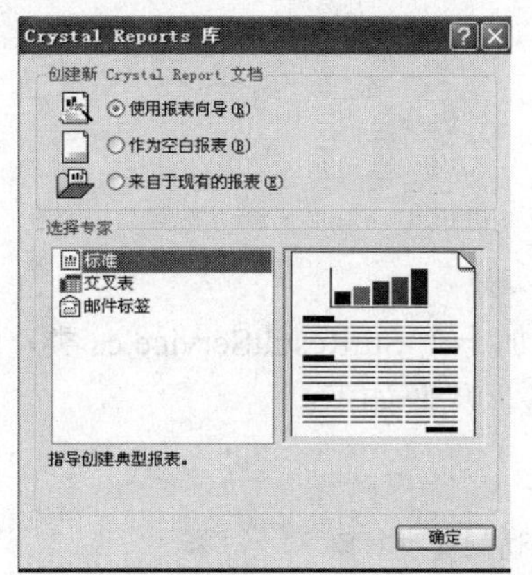

图 9-4　“Crystal Reports 库”对话框

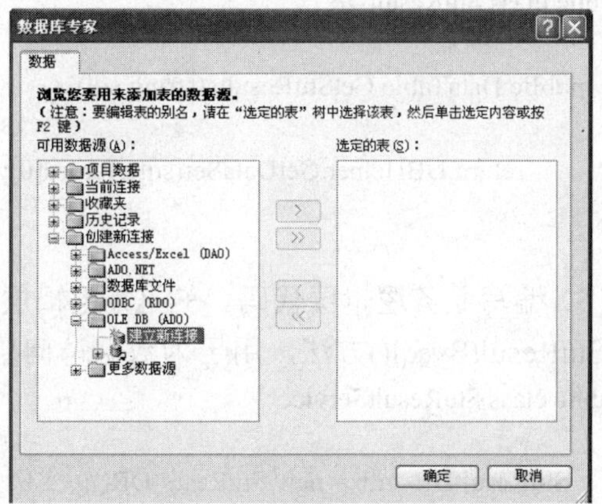

图 9-5　“数据库专家”对话框

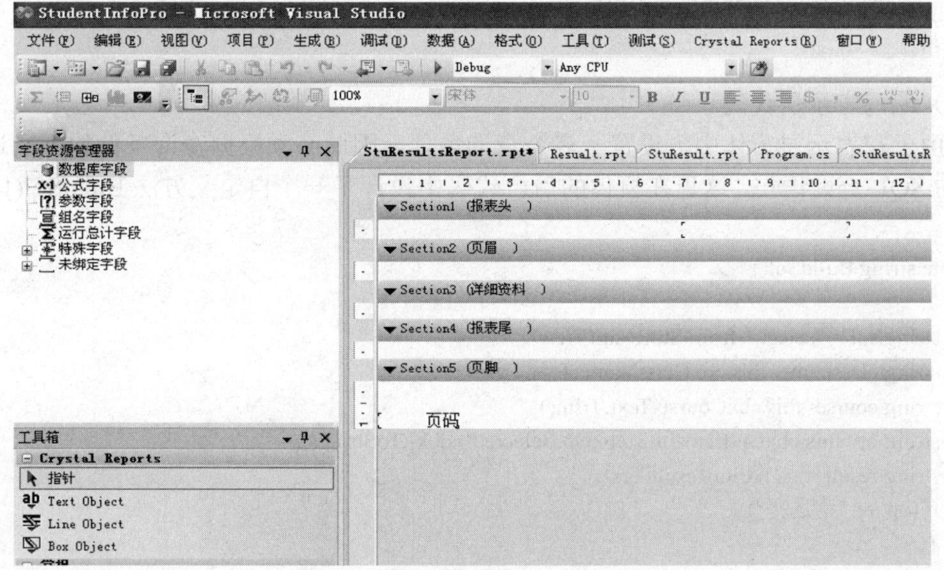

图 9-6　报表设计器界面

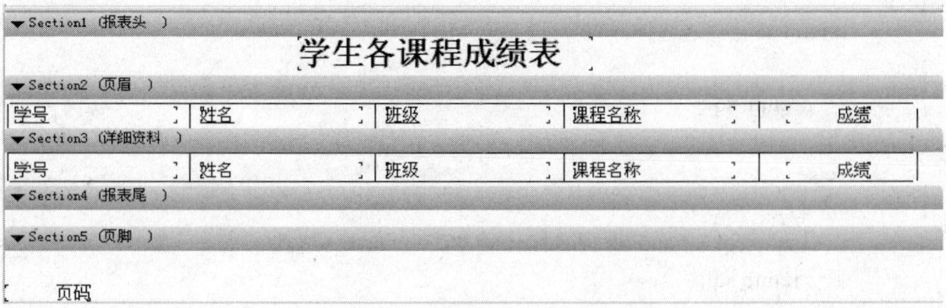

图 9-7　设计完成后的报表

（4）编写数据访问层代码。在数据访问层项目添加一个 StuResultDB.cs 类，在该类中设计一个 GetStuResults()方法，用于实现返回一个 DataTable 数据集，StuResultDB.cs 类代码如下：

```
public class StuResultDB
{
    public DataTable GetStuResults(string sql)
    {
        return DBHelper.GetDataSet(sql).Tables[0];
    }
}
```

（5）编写业务逻辑层代码。在业务逻辑层项目中添加一个 StuResultService.cs 类，设计一个 GetStuResultBysql()方法，用于为数据访问层提供服务，代码如下：

```
public class StuResultService
{
    StuResultDB srdb = new StuResultDB();//实例化一个数据访问层类对象
    public DataTable GetStuResultBysql(string sql)
    {
        return srdb.GetStuResults(sql);
    }
}
```

（6）编写表示层代码。

① 由于在表示层窗体中，设置了多个查询条件，因此必须根据查询条件的不同选择构造出对应的 SQL 查询语句，这里在窗体的后台代码中设计了一个自定义方法 BuildSql()，其代码如下：

```
private string BuildSql()
{
    string sql = "select * from StuResultView";
    string classname=this.cbxClassName.Text.Trim();
    string course=this.cbxCourse.Text.Trim();
    string op=this.cbxOp.Items[this.cbxOp.SelectedIndex].ToString();
    string result=this.txtStuResult.Text;
    if (op == "请选择")
    {
        sql = sql + " where 学号 like '%" + this.txtStuId.Text + "%'";
        if (classname == "请选择班级")
        {
            if (course == "请选择课程")
            {
                return sql;
            }
            else
            {
                sql = sql + " and 课程名称 like '%" + course + "%'";
                return sql;
            }
        }
```

```
        else
        {
            if (course == "请选择课程")
            {
                sql = sql + " and 班级 like '%" + classname + "%'";
                return sql;
            }
            else
            {
                sql = sql + " and 班级 like '%" + classname + "%'" + " and 课程名称 like '%" + course + "%'";
                return sql;
            }
        }
    }
    else
    {
        sql = sql + " where 学号 like '%" + this.txtStuId.Text + "%'";
        sql = sql + " and 班级 like '%" + classname + "%'" + " and 课程名称 like '%" + course + "%'";
        sql = sql + " and 成绩" + op + result;
                return sql;
    }
}
```

② 双击窗体中的“生成成绩报表”按钮，进入其 Click 事件的响应方法，由于要在本窗体使用水晶报表的相关类，因此首先应在窗体的后台代码中添加 using CrystalDecisions.CrystalReports.Engine;语句，导入对应命名空间，然后插入如下的代码：

```
private void btnReport_Click(object sender, EventArgs e)
{
    ReportDocument stuResult = new ReportDocument();
    //获取 StuResultsReport.rpt 报表文档在应用程序中的绝对路径
    int i=Application.StartupPath.LastIndexOf("\\");
    string reportpath = Application.StartupPath.Substring(0, i);
    i = reportpath.LastIndexOf("\\");
    reportpath = Application.StartupPath.Substring(0, i);
    reportpath = report + "\\ StuResultsReport.rpt";
    //调用 Load 方法加载设计好的 StuResultsReport.rpt 报表文档
    stuResult.Load(reportpath);
    //调用自定义方法构建查询语句
    string sql = this.BuildSql();
    //为报表文档指定数据源
    stuResult.SetDataSource(srs.GetStuResultBysql(sql));
    //为 CrystalReportViewer 控件指定报表文档数据源
    this.crayrvResult.ReportSource = stuResult;
}
```

（7）运行、调试。代码编写完成后按 F5 键进行调试，不输入任何查询条件，单击“生成成绩报表”按钮，报表运行结果如图 9-8 所示。

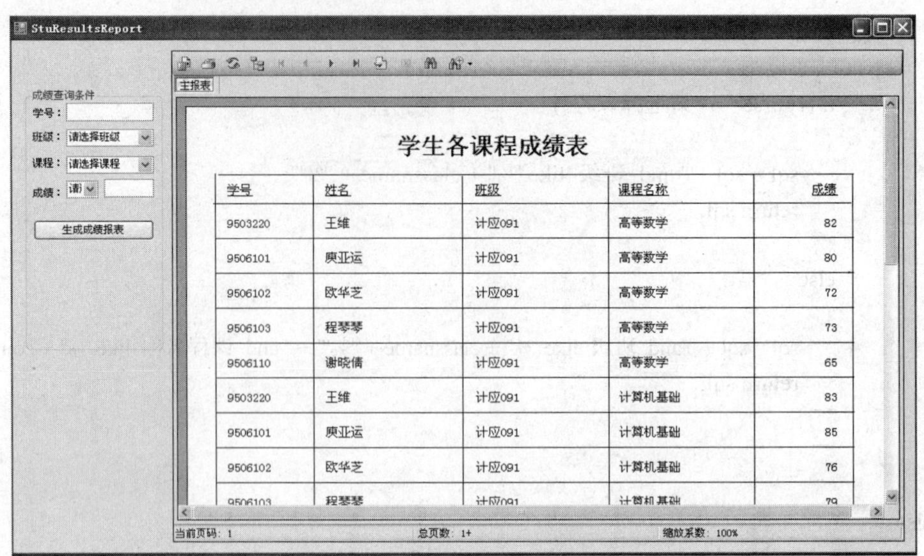

图 9-8 生成成绩报表运行结果

分析描述

在本任务中使用了 CrystalReportViewer 控件来显示报表，使用报表设计器设计了报表的格式，并完成了基于三层架构为报表提供动态的数据源的代码的编写。水晶报表设计器不仅提供了设计报表格式的工具，同时它还能实现报表数据的排序、筛选和分组显示等功能，下面将对这些功能逐一讲解。

相关知识

9.1.1 CrystalReportViewer 控件

使用 CrystalReportViewer 控件可以在应用程序窗体中查看水晶报表，其 ReportSource 属性用于设置要查看的报表，即报表文档源。该属性设置之后，指定的报表将显示在 CrystalReportViewer 控件中，报表文档源可以是 ReportDocument 对象或是指定报表文档路径，也可以是强类型报表。CrystalReportViewer 控件的常用属性见表 9.4。

表 9.4 CrystalReportViewer 控件主要属性

属性	说明
DisplayToolbar	设置报表工具栏是显示还是隐藏
DisplayStatusBar	设置报表状态栏是显示还是隐藏
EnableToolTips	设置是否在报表查看器中显示工具栏
ReportSource	设置报表文档源

9.1.2 水晶报表设计器

1. 水晶报表设计器环境介绍

水晶报表设计器环境可参见图 9-9，图中左侧上半部分为“字段资源管理器”窗口，该窗口显示的树图中包含了可以添加到报表中的数据库字段、特殊字段、公式字段、组名字段等各类在报表中使用的字段，在报表中已经被使用的字段会在该窗口中对应的字段旁边显示选中标记。如果在 Visual Studio 开发环境中没有显示“字段资源管理器”窗口，可以通过单击菜单栏中的“视图”→“其他窗口”→“文档大纲”命令显示出来。

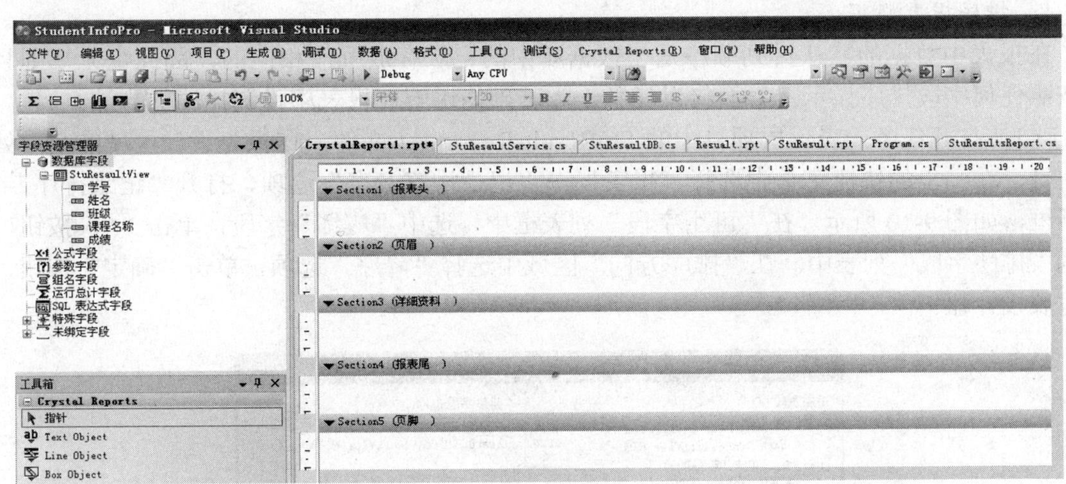

图 9-9　水晶报表设计器环境

报表设计器左侧下半部分的工具箱中 Text Object 控件用于在报表中设置显示静态文本，Line Object 控件用于在报表设计器中绘制表格线。

报表设计器的右侧是报表设计区域，该区域中显示了报表的不同部分，即报表的节，程序员可以将“字段资源管理器”窗口中的不同字段直接拖到报表节中，即可在报表的不同部分设置要显示的字段数据，以达到设计各种样式报表的目的。

2. 水晶报表设计区域介绍

在图 9-9 中的报表设计区域，可以看到水晶报表设计区域被分成 5 个部分，分别为：报表头、页眉、详细资料、报表尾和页脚。另外用户在创建报表时还可以添加其他区域，也可以隐藏已有区域，下面对每个区域做详细介绍。

（1）报表头。放在该区域中的信息和对象仅在报表的开头显示一次，通常用于放置报表标题或其他只在报表开始位置出现的信息，因此该区域中的图表数据源是包含整个报表的数据，该区域的公式也只在报表开始时进行一次求值。

（2）页眉。放在该区域的信息和对象将显示在报表每页的开始位置，通常用于放置只出现在每页顶部的信息，如字段标题。该区域不能放置图表，同时该区域中的公式只在每个新页开始时进行一次求值。

（3）详细资料。放在该区域中的信息和对象将随数据源中每条记录显示，通常用于放置报表的正文数据，如从数据库中查询的数据集。该区域不能放置图表，同时放在该区域中的公式会对每条数据记录进行一次求值。

（4）报表尾。放在该区域中的信息和对象仅在报表结束位置显示一次，通常用于放置只在报表中出现一次的统计信息，该区域中的图表数据源是包含整个报表的数据，该区域的公式只在报表结束时进行一次求值。

（5）页脚。放在该区域的信息和对象将显示在报表每页的结束位置，通常放置只出现在每页底部的信息，如页码。该区域不能放置图表，同时放在该区域中的公式只在每个新页结束位置进行一次求值。

9.1.3 报表数据的排序、分组和筛选

1．排序报表数据

在报表中数据的默认排列顺序是与数据库中的记录存放顺序相同的，因此毫无规则且不会依照任何字段排序显示。下面将以任务一为基础，讲解在报表中设置排序的方法。

（1）打开任务一表示层项目中的 StuResultsReport.rpt 文件，在报表设计区域的空白处单击右键，在弹出的快捷菜单中选择“报表”→“记录排序专家”选项，打开“记录排序专家”对话框，如图 9-10 所示。在“可用字段”列表框中，选中“成绩”字段，单击“>”按钮，添加到“排序字段”列表中。在“排序方向”区域中选择“降序”选项，单击“确定”按钮，返回报表设计器。

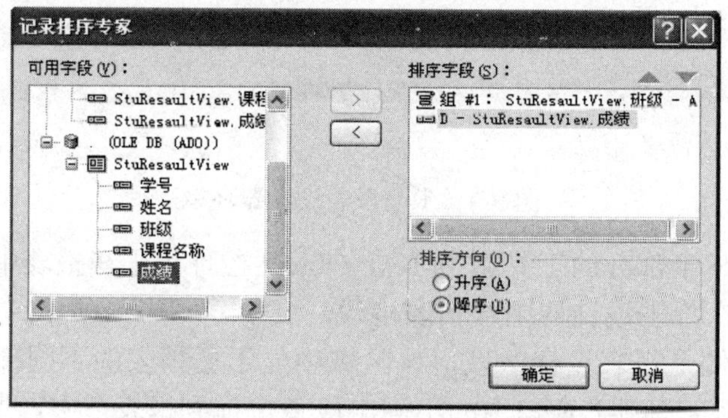

图 9-10 “记录排序专家”对话框

（2）按 F5 键运行程序，在查询条件中设置班级为“计应 091”、课程为“SQL 数据库”，然后单击“生成成绩报表”按钮，运行结果如图 9-11 所示。

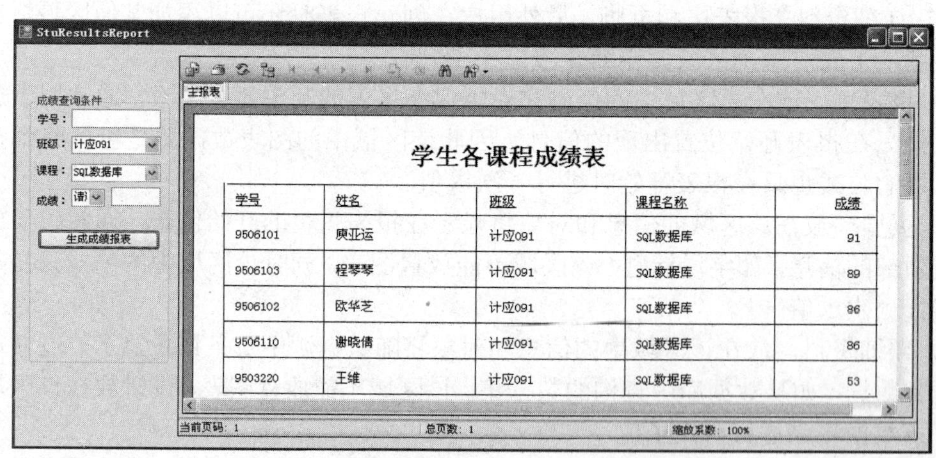

图 9-11 设置按成绩排序后的报表运行结果

2．分组报表数据

排序功能可以使报表中的数据进行有序排列，但如果想让数据层次分明，则必须将报表中的数据进行分组。下面将以任务一为基础，讲解在报表中设置分组的方法。

（1）打开任务一表示层项目中的 StuResultsReport.rpt 文件，在报表设计区域的空白处单击右键，在弹出的快捷菜单中选择“报表”→“组专家”选项，打开“组专家”对话框，如图 9-12 所示。在“可用字段”列表框中，选中“班级”字段，单击“>”按钮，添加到“分组依据”列表中，单击“确定”按钮，返回报表设计器。

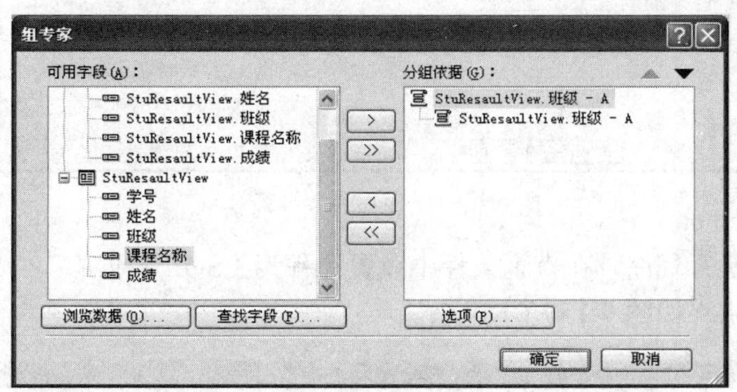

图 9-12　“组专家”对话框

（2）按 F5 键运行程序，在查询条件中设置课程为“SQL 数据库”，然后单击“生成成绩报表”按钮，运行结果如图 9-13 所示。

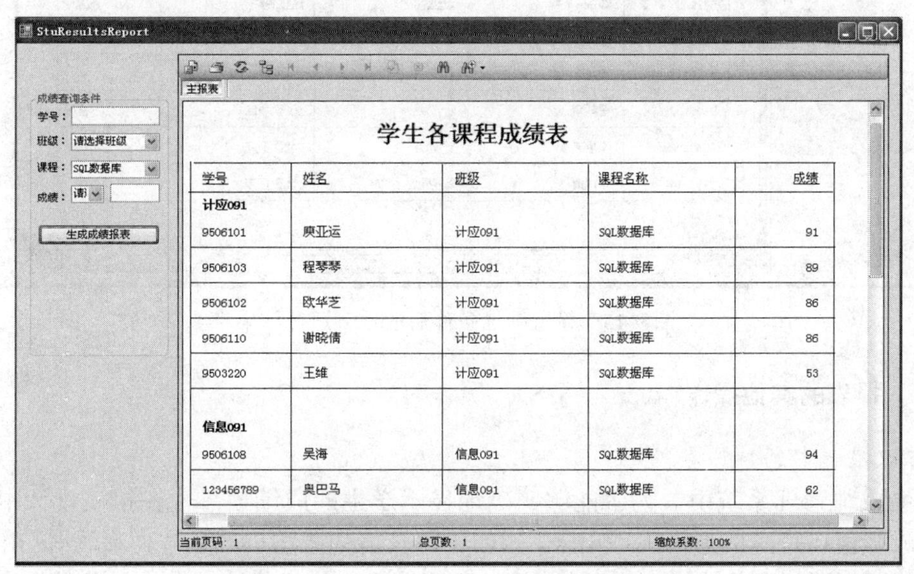

图 9-13　设置按班级分组后的报表运行结果

3. 筛选报表数据

在默认情况下，数据源中的每条数据记录都将显示在报表中，但实际运用中，可能只需要显示一些符合条件的记录，这时就需要程序员对数据源中的数据记录进行筛选。一般情况下可以通过报表设计器的“选择专家”方式进行筛选记录。下面将以任务一为基础，讲解在报表中设置记录筛选的方法。

（1）打开任务一表示层项目中的 StuResultsReport.rpt 文件，在报表设计区域的空白处单击右键，在弹出的快捷菜单中选择“报表”→“选择专家”选项，打开“选择字段”对话框，选择要设置条件限制的表字段，这里选中“成绩”字段，单击“确定”按钮，弹出“选择专家”

对话框，如图 9-14 所示。选择筛选条件为“大于或等于”，输入值 80，单击“确定”按钮，返回报表设计器。

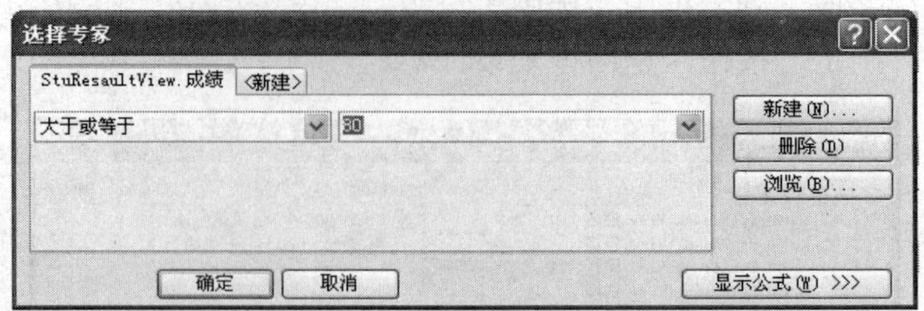

图 9-14 “选择专家”对话框

（2）按 F5 键运行程序，在查询条件中设置课程为“SQL 数据库”，然后单击“生成成绩报表”按钮，运行结果如图 9-15 所示。

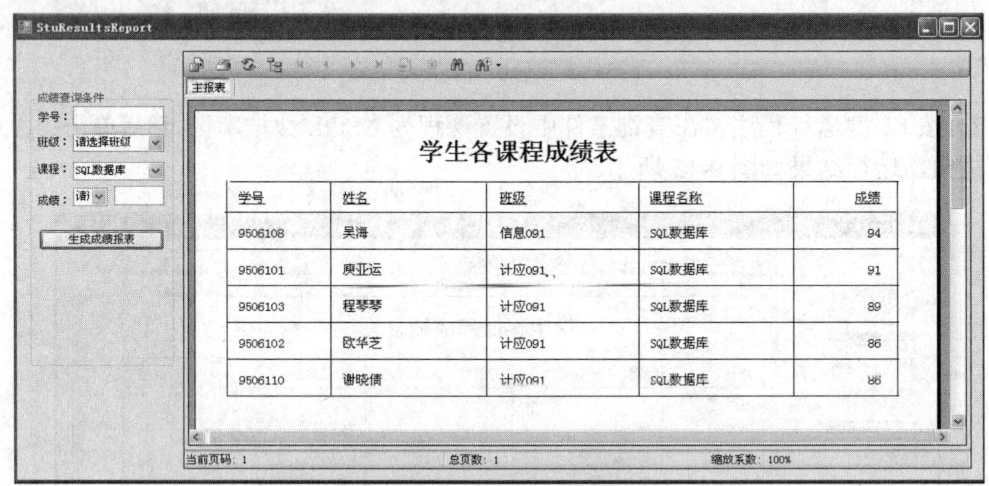

图 9-15 设置筛选条件后的报表运行结果

9.1.4 报表的其他操作

1. 标识报表中的特殊字段

在学生成绩管理系统中，为了能够明确地显示学生的成绩信息，在报表设计中应当将一些特殊的成绩值以特殊的形态表现出来，例如将不及格的成绩以红色字体显示等。在报表中标识特殊字段可以通过“条件格式化”来实现，所谓的条件格式化就是允许对象在报表生成时根据报表数据或其他条件动态地设置其格式。

例如：在任务一的基础上，将报表中成绩字段的不及格学生成绩以红色字体标识。

（1）打开任务一表示层项目中的 StuResultsReport.rpt 文件，在报表设计区域，选中“成绩”字段，单击右键，在弹出的快捷菜单中选择“设置对象格式”命令，打开格式编辑器对话框，选择“字体”选项卡，单击该界面中颜色下拉框右侧的 按钮，打开如图 9-16 所示的对话框，在工具栏的下拉框中选择“Basic 语法”项，并在该对话框的右下方空白部分编写如下代码，完成后单击“保存”按钮。

```
formula = crBlack
if {StuResultView.成绩}<60    then
```

```
formula=crRed
end if
```

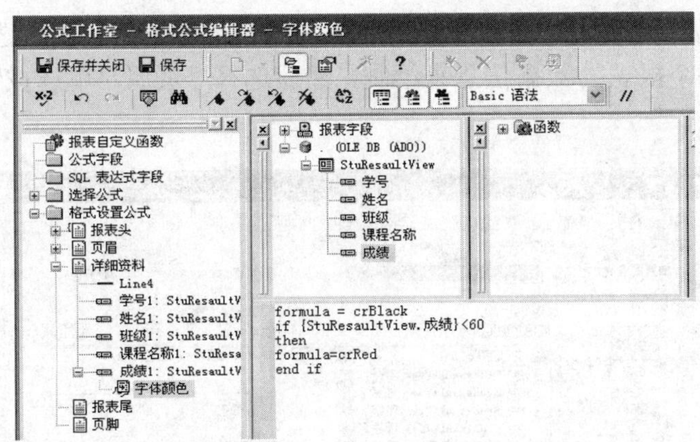

图 9-16　“公式工作室”对话框

（2）按 F5 键运行程序，不设置查询条件，然后单击“生成成绩报表”按钮，运行结果如图 9-17 所示。

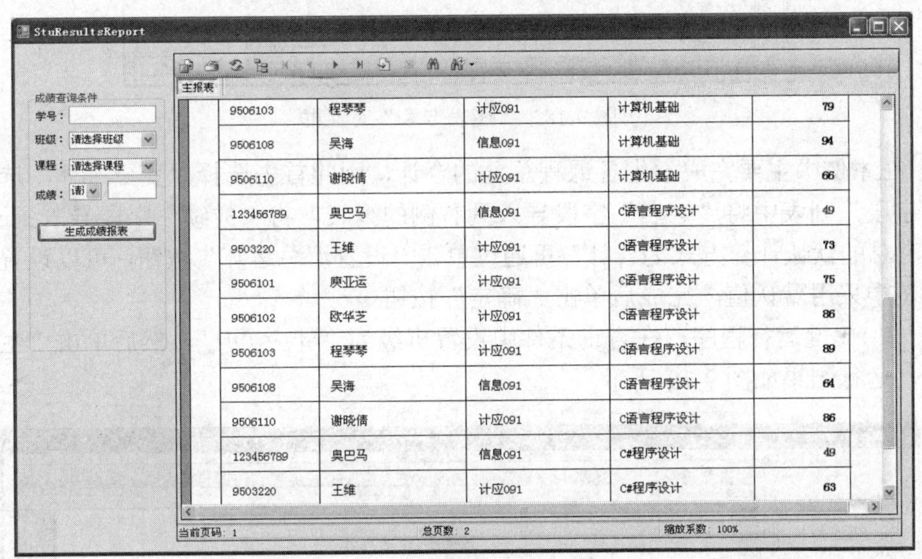

图 9-17　标识成绩字段后的运行结果

2. 在报表中插入图表

在报表中使用图表，可以一目了然地将报表中的各项数据所蕴涵的趋势、走向与彼此间的对比及差异等关系表现出来。在水晶报表设计中，可以把图表放置在报表页眉、报表页脚等报表区域内。

例如：在任务一的基础上，将图表插入报表。

（1）打开任务一表示层项目中的 StuResultsReport.rpt 文件，在报表设计区域的报表页眉区的空白位置，单击右键，在弹出的快捷菜单中选择“插入”→“图表”命令，打开“图表专家”对话框，此时“自动设计图表选项”复选框默认为选中状态，表示图表的坐标轴、颜色、数据点等选项全部采用默认值。如果希望自己设计图表的上述内容，则不要勾选复选框，此时会显示出“坐标轴”和“选项”两个选项卡。在本例中选择默认值，选择图表类型为“条形图”，选择“垂直”按钮。

（2）单击“数据”选项卡，如图 9-18 所示。从“放置图表”列表中选择“每个报表一次”选项，使图表根据整个报表的数据信息来绘制，然后选择“页眉”单选按钮，表示把图表放到页眉中。

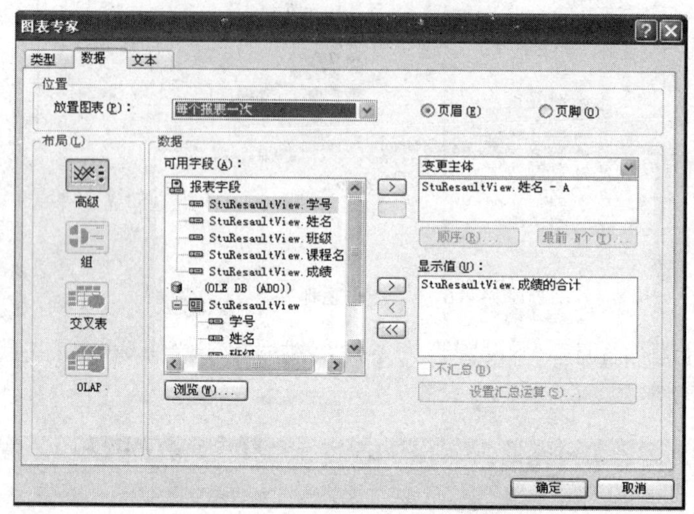

图 9-18 “图表专家”对话框

（3）在本例中主要完成学生各课程总分的合计，因此首先选择“变更主体”选项，然后在“可用字段”列表中将“姓名”字段导入到右侧的列表，将“成绩”字段导入到“显示值”列表中，汇总的默认计算方式为合计，再通过单击“设置汇总运算”按钮，可以设置汇总运算类型，本例中采用默认值，完成后单击“确定”按钮。

（4）按 F5 键运行程序，在查询条件中设置班级为“计应 091”，然后单击“生成成绩报表”按钮，运行结果如图 9-19 所示。

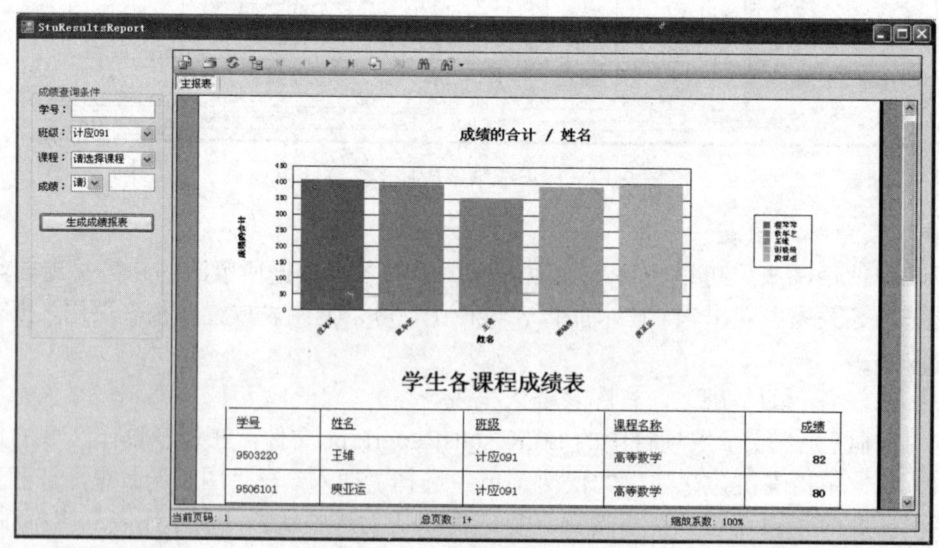

图 9-19 插入图表后的报表运行结果

9.2　应用程序打包

在编写完成一个应用程序后，如果想要把开发的系统安装部署到其他计算机上，在 Visual Studio 2008 中，用户可以使用安装部署项目模板对应用程序进行打包发布。该安装项目模板不仅可以将文件打包成安装文件，还可以将多个文件合并压缩以方便选择产品安装介质。

任务二　“学生信息管理系统”项目——应用程序打包发布

任务描述

将“学生信息管理系统”项目打包发布到其他计算机上，要求：

（1）能在桌面和程序菜单中为应用程序创建快捷方式并指定快捷方式的图标。

（2）能创建与应用程序安装对应的卸载程序。

（3）能安装系统数据库。

任务解决方案

（1）打包发布“学生信息管理系统”项目。

①创建安装部署项目。用鼠标右键单击“学生信息管理系统”项目解决方案，在弹出的快捷菜单中选择“添加项目”，项目类型选择“其他项目类型”选项中的“安装和部署”，模板选择“安装项目”，如图 9-20 所示，并将新建项目命名为 StuInfoSetup。

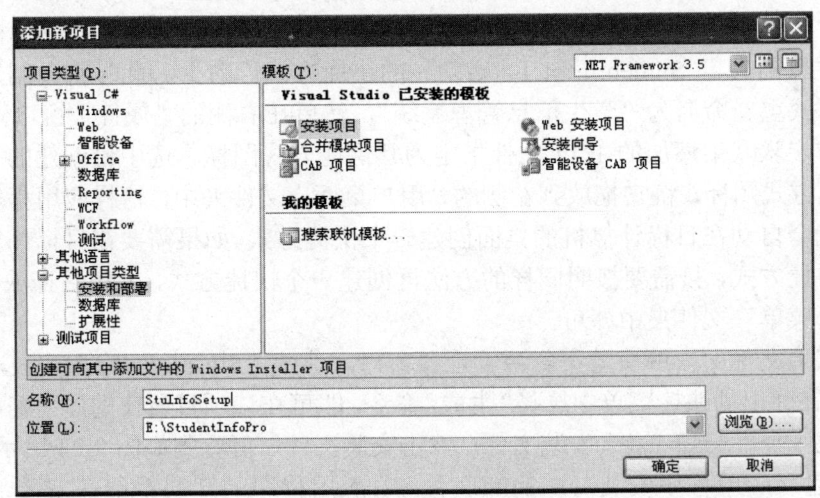

图 9-20　创建安装部署项目

②添加项目输出。创建完成安装部署项目后会自动打开该项目的文件系统视图，在“应用程序文件夹”上单击鼠标右键，在弹出的快捷菜单中选择“添加”→“项目输出”命令，打开如图 9-21 所示的“添加项目输出组”对话框。在该对话框中可以选择将要打包的项目和包含在项目中的文件，选择列表中的选项时，可以在下方的说明部分看到相关的说明。在本例中选择“主输出”，即打包应用程序 Debug 目录下的 EXE 文件和 DLL 文件。由于采用三层架构

开发应用系统，因此在解决方案管理器中将会有多个项目，应用程序必须依赖业务逻辑层、实体类层和数据访问层类库项目输出的 DLL 文件才能正常运行，所以必须将各个层项目的主输出都添加到安装部署项目中。可以从“添加项目输出组”对话框的“项目”下拉列表框中选择要添加的项目，在本例中要依次将表示层、业务逻辑层、实体类层和数据访问层的主输出全部添加到安装部署项目中，添加完成后的文件系统如图 9-22 所示。

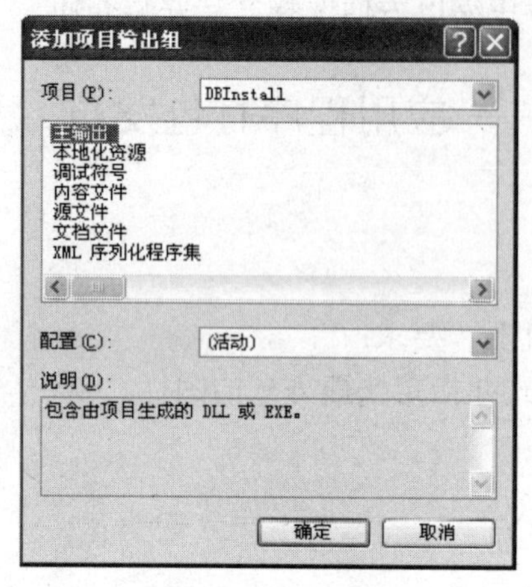

图 9-21 “添加项目输出组”对话框

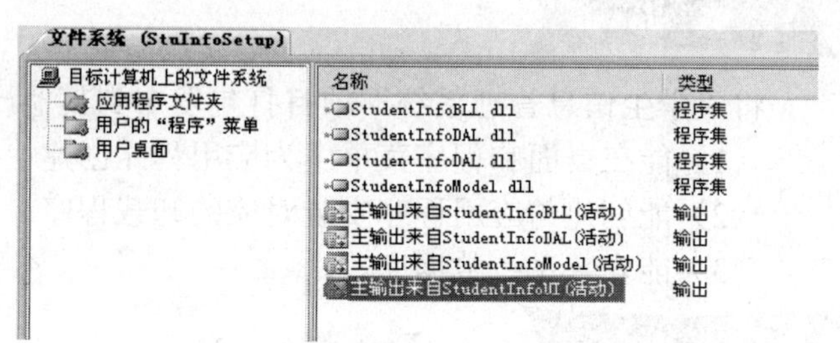

图 9-22 安装部署项目“文件系统”视图

③添加快捷方式图标。在安装部署项目的“文件系统”视图上，在“应用程序文件夹”上单击鼠标右键，在弹出的快捷菜单中选择“添加”→“文件”命令，为应用程序添加一个 ICO 类型的图标文件。

④为应用程序在桌面和“程序”菜单中创建快捷方式。在图 9-22 所示的“文件系统”视图中，选中“主输出来自 StudentInfoUI（活动）”，然后单击鼠标右键，在弹出的快捷菜单中选择“创建主输出来自 StudentInfoUI（活动）的快捷方式”命令，此时将会创建一个快捷方式，给快捷方式重新命名为“学生信息管理系统”，然后在右侧的“属性”窗口修改其“Icon”属性，将操作步骤③中添加的 ICO 文件指定为其快捷方式图标。选中已创建的“学生信息管理系统”快捷方式图标，将它拖放到左侧的“用户桌面”文件夹中，这样应用程序打包后在安装的过程中就会自动在目标计算机的桌面创建一个快捷方式。如果需要在目标计算机的“程序”菜单中创建快捷方式，只需要按照同样的方法再创建一个快捷方式，并把它拖放到左侧的“用户的‘程序’菜单”文件夹中即可。

⑤生成安装文件。在解决方案资源管理器窗口，选中“StuInfoSetup”安装部署项目，单击鼠标右键，在弹出的快捷菜单中选择“生成”命令，即可在该项目所在的磁盘路径下的 Debug 文件夹中生成一个“Setup.exe”安装文件，双击安装文件，可看到如图 9-23 所示的安装界面。

（2）创建与应用程序安装对应的卸载程序。应用程序的卸载功能在安装部署项目中不能直接实现，一般可以通过调用 Windows 系统自带的 msiexec.exe 程序来实现，其操作步骤如下：

①在任务二的解决方案资源管理器中添加一个新项目，命名为“StuUnStall”，项目类型选择“Visual C#”，模板选择“控制台应用程序”。

②在解决方案资源管理器中，选中安装部署项目“StuInfoSetup”，在其属性窗口中找到“ProductCode”属性，记录该属性值。

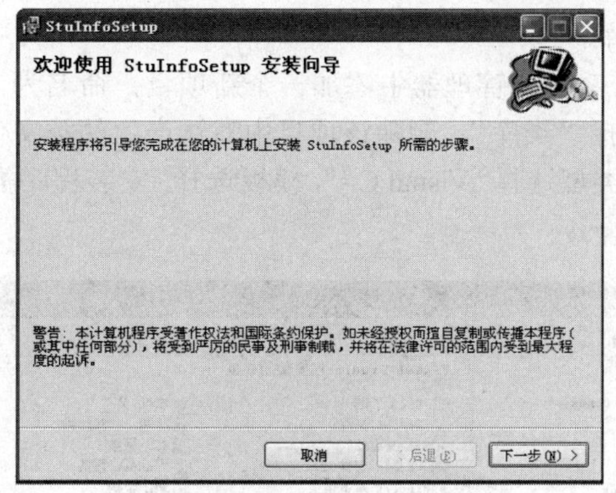

图 9-23　安装程序运行界面

③打开“StuUnStall”项目中的 Program.cs 文件，添加如下代码：

```
class Program
{
    static void Main(string[] args)
    {
        string sysroot = System.Environment.SystemDirectory;
        string productcode = "{95394279-B44B-4C36-8D5C-7AF496FF7EA0}";
        System.Diagnostics.Process.Start(sysroot + "\\msiexec.exe", "/x "+productcode+" /qr");
    }
}
```

其中加底纹部分的代码必须要用步骤②中预先记录的安装部署项目“StuInfoSetup”的“ProductCode”属性值来替换。

④按照任务二中的方法，在安装部署项目“StuInfoSetup”中添加“StuUnStall”项目的主输出，并为该输出创建一个快捷方式，命名为“卸载”，同时为其指定一个快捷方式 ICO 图标。然后在安装部署项目“StuInfoSetup”的文件视图中左侧的“用户的‘程序’菜单”文件夹中添加一个文件夹，命名为“学生信息管理系统”，将任务二中创建的“学生信息管理系统”快捷方式和已创建的“卸载”快捷方式一并拖到这个文件夹中，完成后的“文件系统”视图如图 9-24 所示。

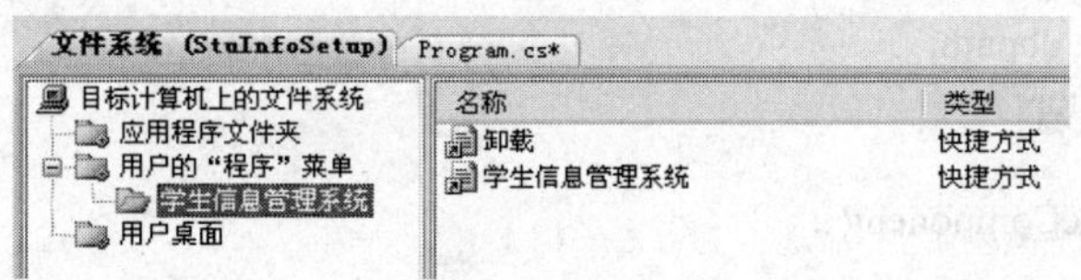

图 9-24　添加卸载功能后安装项目的“文件系统”视图

⑤重新生成安装部署项目“StuInfoSetup”，双击安装文件，安装完成后即可在目标计算机的“程序”菜单中自动生成如图 9-25 所示的快捷方式，运行“卸载”程序即可将应用程序从目标计算机中卸载。

图 9-25　安装完成后的“程序”菜单

（3）安装系统数据库。

①在任务二的解决方案资源管理器中添加一个新项目，命名为“DBSetup”，项目类型选择“Visual C#”，模板选择“类库”，删除该项目中默认产生的类文件“Class1.cs”，然后在该项目中添加一个新建项，类型选择“Visual C#”，模板选择“安装程序类”，命名为“DBSetup.cs”，如图 9-26 所示。

图 9-26 添加安装程序类文件

②切换到 DBSetup.cs 文件的代码视图，添加如下的代码：

```
using System.Data; //注意：一定要导入下面的这四个命名空间
using System.Data.SqlClient;
using System.Diagnostics;
using System.IO;
namespace DBSetup
{
    [RunInstaller(true)]
    public partial class DBSetup : Installer
    {
        private string servername;
        private string username;
        private string password;
        private string dbpath;
        public DBSetup()
        {
            InitializeComponent();
        }
/*该方法的功能是创建附加数据库的 SQL 操作语句，请注意底纹部分的代码应根据应用程序中数据库连接字符串中的 database 的值做相应的改动*/
    private string CreateSqlStr()
    {
        string sqlstr = "";
        string datafile = System.IO.Path.Combine(dbpath, "StudentManagement.mdf");
        string logfile = System.IO.Path.Combine(dbpath, "StudentManagement_log.ldf");
        sqlstr = "exec sp_attach_db N'StudentManagement',N'" + datafile + "',N'" + logfile + "'";
        return sqlstr;
    }
     private void ExecuteSql(string DatabaseName, string SqlStr)
```

```
        {
            string SqlConnectionStr = @"server=" + servername + ";uid=" + username + ";pwd=" + password;
            SqlConnection myConnection = new SqlConnection(SqlConnectionStr);
            SqlCommand myCommand = new SqlCommand(SqlStr, myConnection);
            myCommand.Connection.Open();
            myCommand.Connection.ChangeDatabase(DatabaseName);
            myCommand.ExecuteNonQuery();
            myCommand.Connection.Close();
        }
        private void AddPetShopDataBase()
        {
            //此语句是向数据库管理系统中添加一个名为 ahsm，密码为 ahsm123，默认数据库为
            //StudentManagement 的数据库登录用户，应根据应用系统中连接字符串中使用的用户名
            //和密码做相应的替换
            string sqlcreatlogin = "exec sp_addlogin 'ahsm','ahsm123','StudentManagement'";
            //为数据库登录用户 ahsm 授权
            string sqlgrantaccess = "exec sp_grantdbaccess 'ahsm','ahsm'";
            //将用户 ahsm 映射为数据库的所有者角色
            string sqladdrole = "exec sp_addrolemember 'db_owner','ahsm'";
            //执行附加数据操作
            ExecuteSql("master", CreateSqlStr());
            //执行创建登录用户操作
            ExecuteSql("master", sqlcreatlogin);
            //执行用户授权操作
            this.ExecuteSql("StudentManagement", sqlgrantaccess);
            //执行将用户映射为数据库的所有者角色
            this.ExecuteSql("StudentManagement", sqladdrole);
        }
        public override void Install(IDictionary stateSaver)
        {
            base.Install(stateSaver);
            servername = Context.Parameters["ServerName"];
            username = Context.Parameters["UserName"];
            password = Context.Parameters["PassWord"];
            string apppath = System.Reflection.Assembly.GetExecutingAssembly().Location;
            apppath = Path.GetDirectoryName(apppath);
            dbpath = Path.Combine(apppath, "DataBase");
            AddPetShopDataBase();
        }
    }
}
```

③按照任务二中的方法，在安装部署项目“StuInfoSetup”中添加“DBSetup”项目的主输出，然后在安装部署项目“StuInfoSetup”的文件视图左侧的“应用程序文件夹”中添加一个文件夹，命名为“DataBase”（注意：此处文件夹的命名一定要与上述 DBSetup.cs 文件中 public override void Install(IDictionary stateSaver)方法中加底纹部分的命名完全相同，否则在安装过程中会出现找不到数据库文件的错误），然后在 DataBase 文件夹中添加应用程序数据库的数据文件和日志文件，完成后的“文件系统”视图如图 9-27 所示。

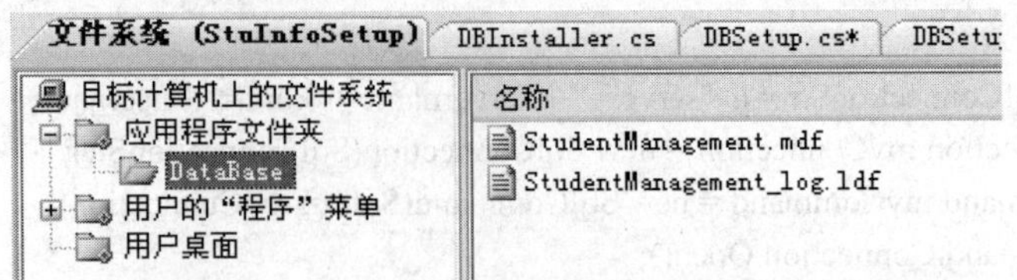

图 9-27 添加数据文件完成后的“文件系统”视图

④在解决方案资源管理器中，选中“StuInfoSetup”项目，单击鼠标右键，在弹出的快捷菜单中选择“视图”→“用户界面”命令，打开项目的“用户界面”视图，如图 9-28 所示。在该视图的“安装”下的“启动”窗体图标上单击鼠标右键，选择“添加对话框”命令，在弹出的对话框中选择“文本框（A）”类型。单击“确定”按钮，即在“启动”的窗体列表中多了一个“文本框 A”，鼠标右击该对话框，在弹出的快捷菜单中选择“上移”命令，将其移到“欢迎使用”对话框的下面，并按照表 9.5 所示的属性值设置其属性。

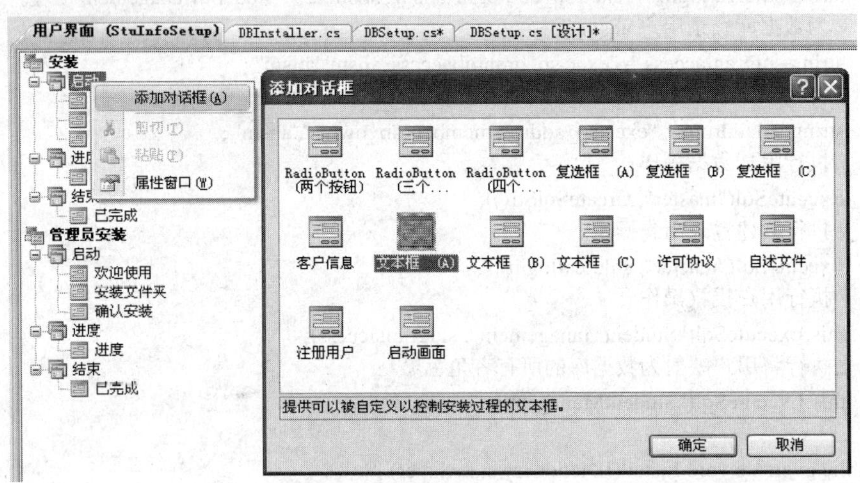

图 9-28 在项目的“用户界面”视图添加对话框

表 9.5 文本框 A 的属性值

属性名	属性值
BannerText	系统数据库安装向导
BodyText	系统数据库安装向导
Edit1Label	数据库服务器名称:
Edit1Property	SERVER
Edit1Visible	True
Edit2Label	用户名
Edit2Property	UID
Edit2Visible	True
Edit3Label	密码:
Edit3Property	PWD
Edit3Visible	True

⑤在解决方案资源管理器中，选中“StuInfoSetup”项目，单击鼠标右键，在弹出的快捷菜单中选择“视图”→“自定义操作”命令，打开项目的“自定义操作”视图，如图 9-29 所示。在“安装”文件夹上单击鼠标右键，选择“添加自定义操作”命令，在打开的对话框中选择“应用程序文件夹”中的“主输出来自 DBSetup（活动）”。单击“确定”按钮，即可在“自定义操作”视图左侧的“安装”文件夹下添加一个“主输出来自 DBSetup（活动）”自定义操作图标，再选中该图标，在“属性”窗口中设定其“CustomActionData”属性值为：

/ServerName=[SERVER]　/UserName=[UID]　/PassWord=[PWD];

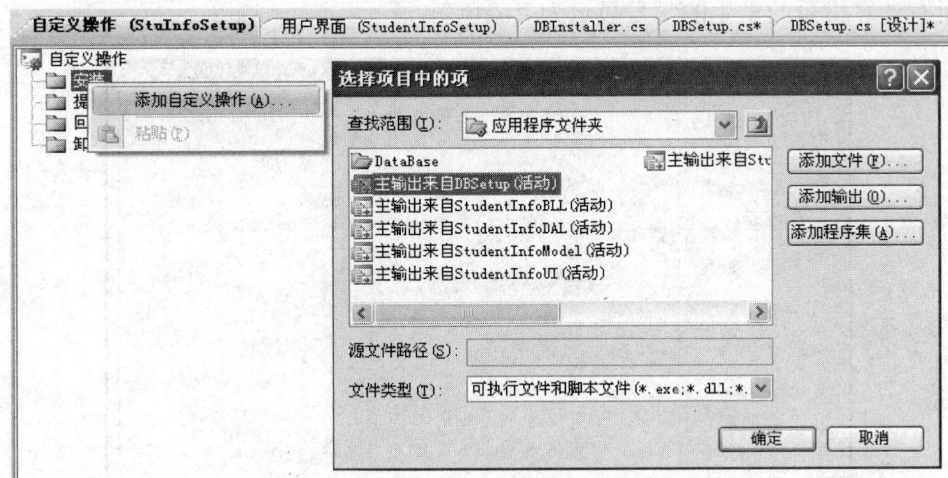

图 9-29　添加自定义操作界面

⑥重新生成安装部署项目“StuInfoSetup”，双击产生的安装文件，在安装过程中会显示如图 9-30 所示的界面，输入正确的数据库服务器名称、用户名和密码后，即可将数据库文件自动安装到指定的数据库服务器中。

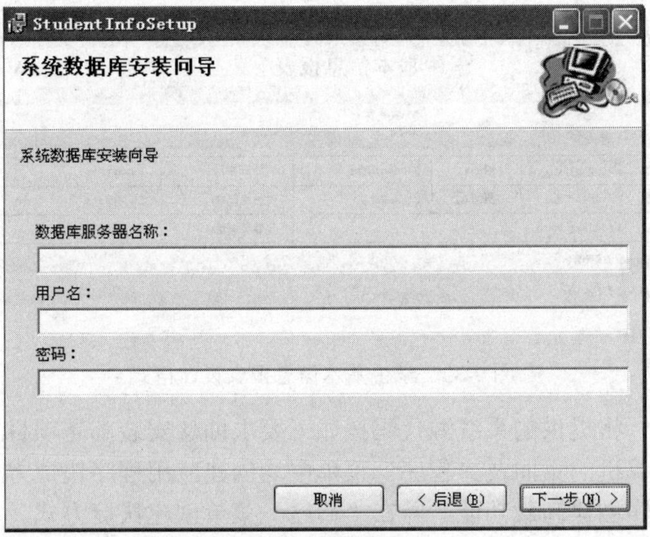

StudentInfoSetup
系统数据库安装向导
系统数据库安装向导
数据库服务器名称：
用户名：
密码：
取消　< 后退(B)　下一步(N) >

图 9-30　安装过程中的数据库安装向导界面

习题九

应用题

1．为本章任务二设计一个如图 9-31 所示的学生基本信息报表窗体，报表的格式如图 9-32 所示，要求：在报表中设定排序字段为“出生日期”，分组字段为“性别”，设定字段标识，将报表中所有计算机系的学生的学号显示为“绿色”。

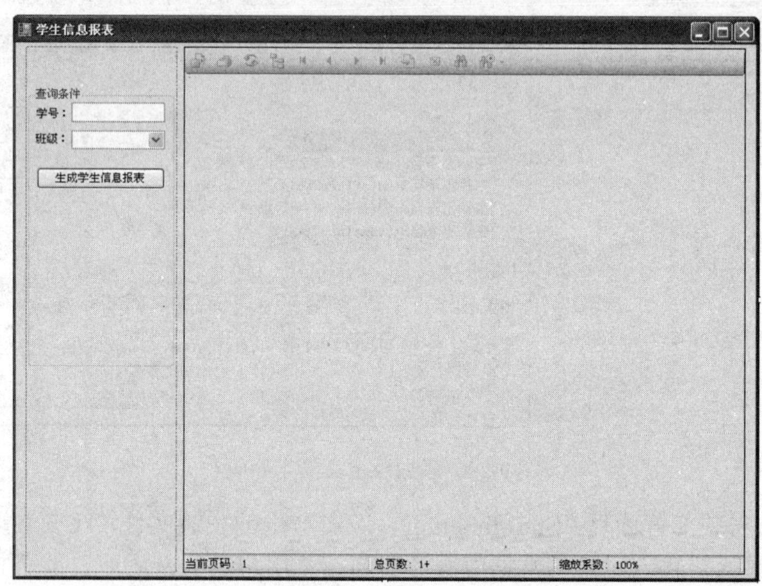

图 9-31　学生基本信息报表窗体

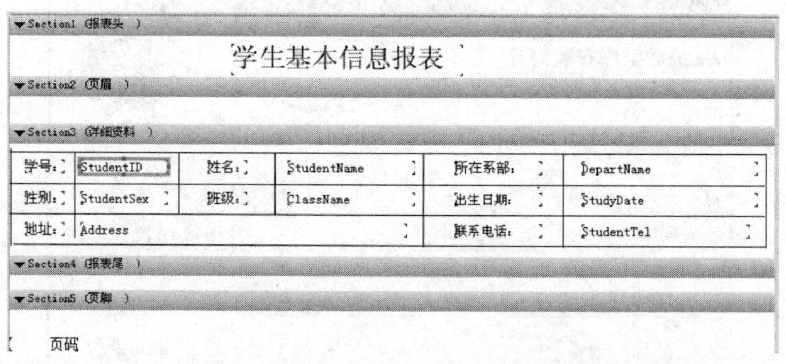

图 9-32　学生基本信息报表设计格式

2．仿照任务二，将提供的系统源代码按如下要求创建安装部署项目并进行打包：

（1）在目标计算机的桌面及“程序”菜单中均创建应用程序快捷方式。

（2）为应用程序创建卸载功能，并在“程序”菜单创建快捷方式。

（3）创建数据库安装自定义操作，使程序在安装过程中自动安装数据库。

第 10 章　企业进销存管理系统设计

企业进销存管理系统是一个典型的数据库应用程序，它是根据企业的日常工作需求，集进货管理、销售管理、存货管理和报表管理等多个环节于一体的信息系统应用程序。本章通过开发一个简单的企业进销存管理系统为例，介绍使用 C#开发应用程序的全过程。

本章要点

- 使用 Visio 进行需求分析
- 使用 Visio 设计系统数据库
- 进销存管理系统各功能模块设计与实现
- 应用程序测试与发布

学习目标

- 能使用 Visio 进行系统功能需求分析
- 能使用 Visio 设计系统数据库
- 能使用 C#开发基于三层架构的数据库应用系统

10.1　企业进销存管理系统需求分析

开发任何一个应用程序，首要工作就是针对客户的要求进行系统功能需求分析。所谓需求分析是指从用户的角度来理解应用程序，确定所开发系统的综合要求，提出这些需求的实现条件，以及需求应该达到的标准。主要包括：功能需求、性能需求、用户界面需求以及资源使用需求等各个方面，其中相对比较重要的是功能方面的需求，即要明确软件必须实现的各项功能。只有明确了各项功能需求，才能根据功能要求进行数据库设计、类设计和界面设计等工作。本章要求实现的企业进销存管理系统功能需求如下：

（1）供应商信息管理：系统操作员可以添加、删除、修改供应商信息，还可以根据查询条件查询相应的供应商信息。

（2）客户信息管理：系统操作员可以对客户信息进行添加、删除、修改和查询操作。

（3）员工信息管理：系统操作员可以对企业员工信息进行添加、删除、修改和查询操作。

（4）采购进货管理：系统操作员可以根据企业的采购进货业务流程，实现采购进货记录的添加、修改、删除等操作，同时还可以进行自动计算应付账款、自动计算利润和采购记录查询等操作。

（5）采购退货管理：系统操作员可以根据企业的采购退货业务流程，实现采购退货记录的添加、修改、删除等操作。

（6）采购查询：系统操作员可以根据查询条件批量查询采购进货记录和采购退货记录。

（7）商品销售管理：系统操作员可以添加、修改和删除商品销售记录并自动更新库存，同时还可以进行销售利润计算操作。

（8）销售退货管理：系统操作员可以添加、修改和删除客户的退货记录。

（9）存货管理：系统操作员可以查询商品的库存量，设置商品的报警库存量，以及在不同仓库之间进行库存调拨等操作。

（10）报表管理：系统操作员可以生成员工信息报表、供应商信息报表、客户信息报表、采购进货报表、员工销售量报表、库存状态报表等一系列企业经常使用的报表。

（11）系统管理：系统管理员可以添加、删除、修改系统的操作员账户信息，为系统操作员账户授权以及进行系统数据库的备份与还原。

在使用面向对象系统分析建模时，通常使用用例图（Use Case Diagram）来描述系统的功能需求。用例图是由软件需求分析到最终实现的第一步，它从用户的角度详细描述了系统的各类使用者，以及系统为每类使用者提供什么样的功能。

在完成系统功能分析后，还需要结合用户的实际业务工作流程对系统的每个用例进行业务流程分析，业务流程分析主要是通过UML中的活动图来描述。

任务一 “企业进销存管理系统”项目——需求分析设计

任务描述

根据前面对企业进销存管理系统功能需求的描述，使用Microsoft Office Visio for Enterprise Architects软件，完成系统的用例建模。

任务解决方案

（1）建立系统用例模型。

①打开Microsoft Office Visio for Enterprise Architects软件，单击“文件”→“新建”→“软件”→“UML模型图”，新建一个UML模型图，如图10-1所示。

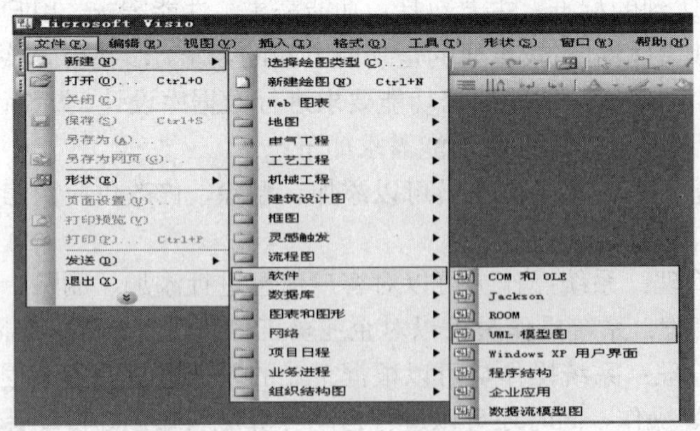

图10-1 “UML模型图”命令

②在新建 UML 模型图左下方的模型资源管理器中，右键单击“UML 系统”，选择“模型”选项，打开如图 10-2 所示的“UML 模型”对话框，在对话框中新建“用例模型”，单击“确定”按钮，这时在模型资源管理器中可以看到新增的模型。

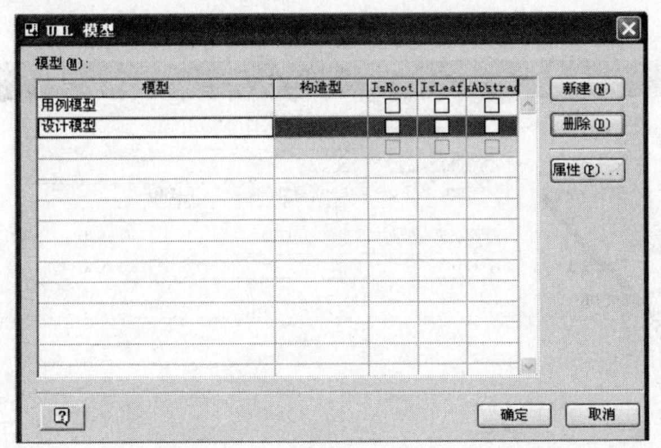

图 10-2　“UML 模型”对话框

③在模型资源管理器中，选择“UML 系统”→“用例模型”→“顶层包”，右键单击“顶层包”，选择“新建”→“用例图”，新建一个空白的用例图，如图 10-3 所示。

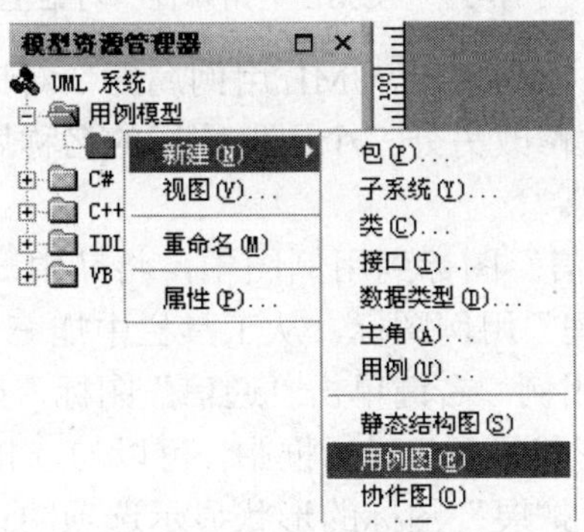

图 10-3　新建用例图

（2）设计用例图。

①在如图 10-4 所示的“UML 用例”工具栏中，分别拖出 3 个“参与者”、一个“系统边界”及 4 个“用例”图标到空白的用例图中。

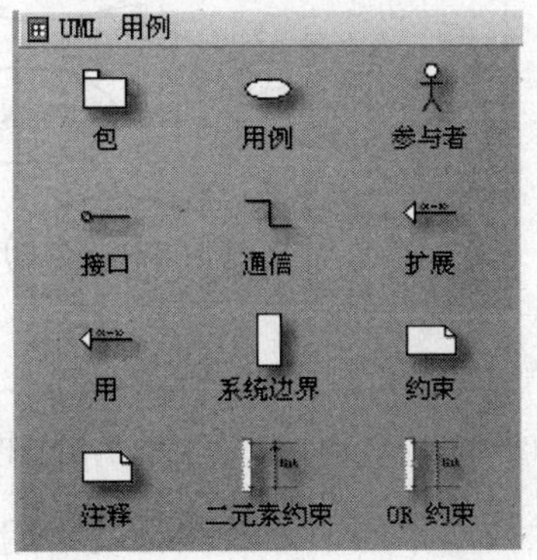

图 10-4　“UML 用例”工具栏

②在新建的用例图中，首先双击系统边界中的系统文字，重命名为“企业进销存管理系统”，然后双击“参与者”图标，打开如图 10-5 所示的“UML 主角属性”对话框，在“名称”栏中输入“系统用户”，按上述方法依次修改其他两个“参与者”图标的名称为“操作员”和“管理员”。

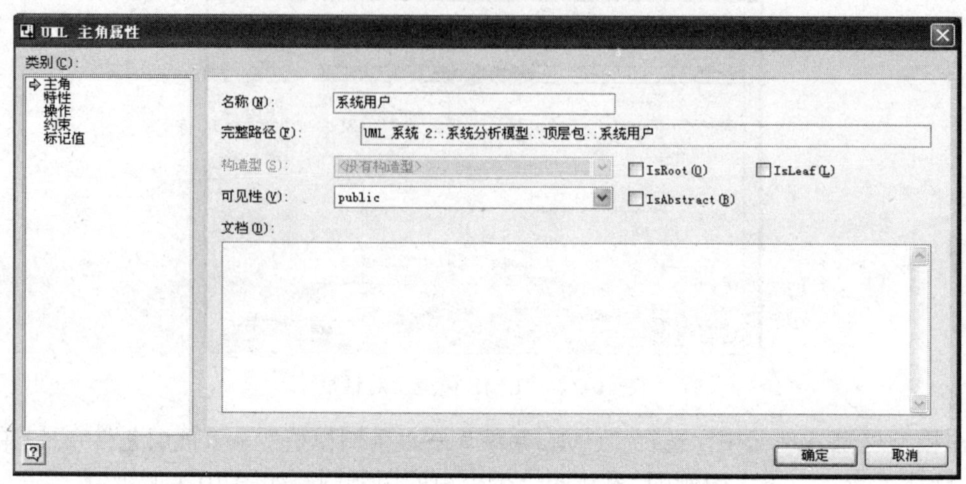

图 10-5 “UML 主角属性”对话框

③双击图中的一个用例图标，打开“UML 用例属性”对话框，在“名称”栏中输入“基本信息管理”，按上述方法依次修改另外三个用例图标的名称属性为“员工信息管理”、“供应商信息管理”、“客户信息管理”。

④从工具栏中拖一个“通信”图标到用例图中，将其中一端连接“系统用户”参与者图标，另一端连接“基本信息管理”用例图标。从工具栏中拖三个“扩展”图标，分别连接“基本信息管理”用例和其他三个用例。右键单击“通信”图标，在弹出的快捷菜单中选择“形状显示选项”，在打开的“UML 形状显示”对话框中，可以勾选相应的显示选项，来控制“通信”图标在用例图中的显示状态。“扩展”图标的形状显示选项的设置方式与“通信”图标的设置方法类似，读者可以自行完成相关的显示设置，设置完成后如图 10-6 所示。

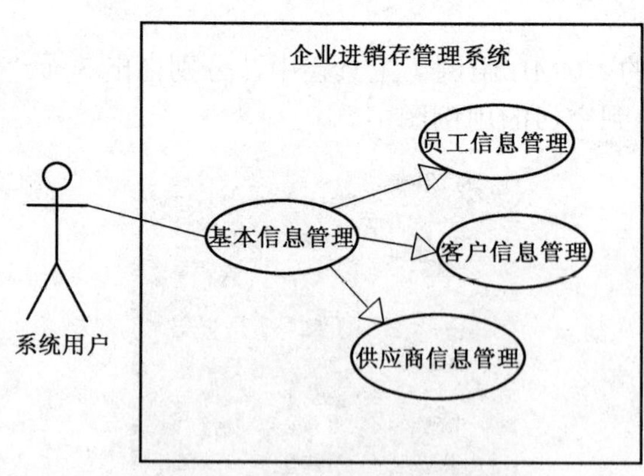

图 10-6 完成形状设置后的用例图

⑤按步骤④中所描述的方法依次添加、修改其他的“用例”图标和“通信”图标，完成系统用例图的绘制，完成后的用例图如图 10-7 所示。

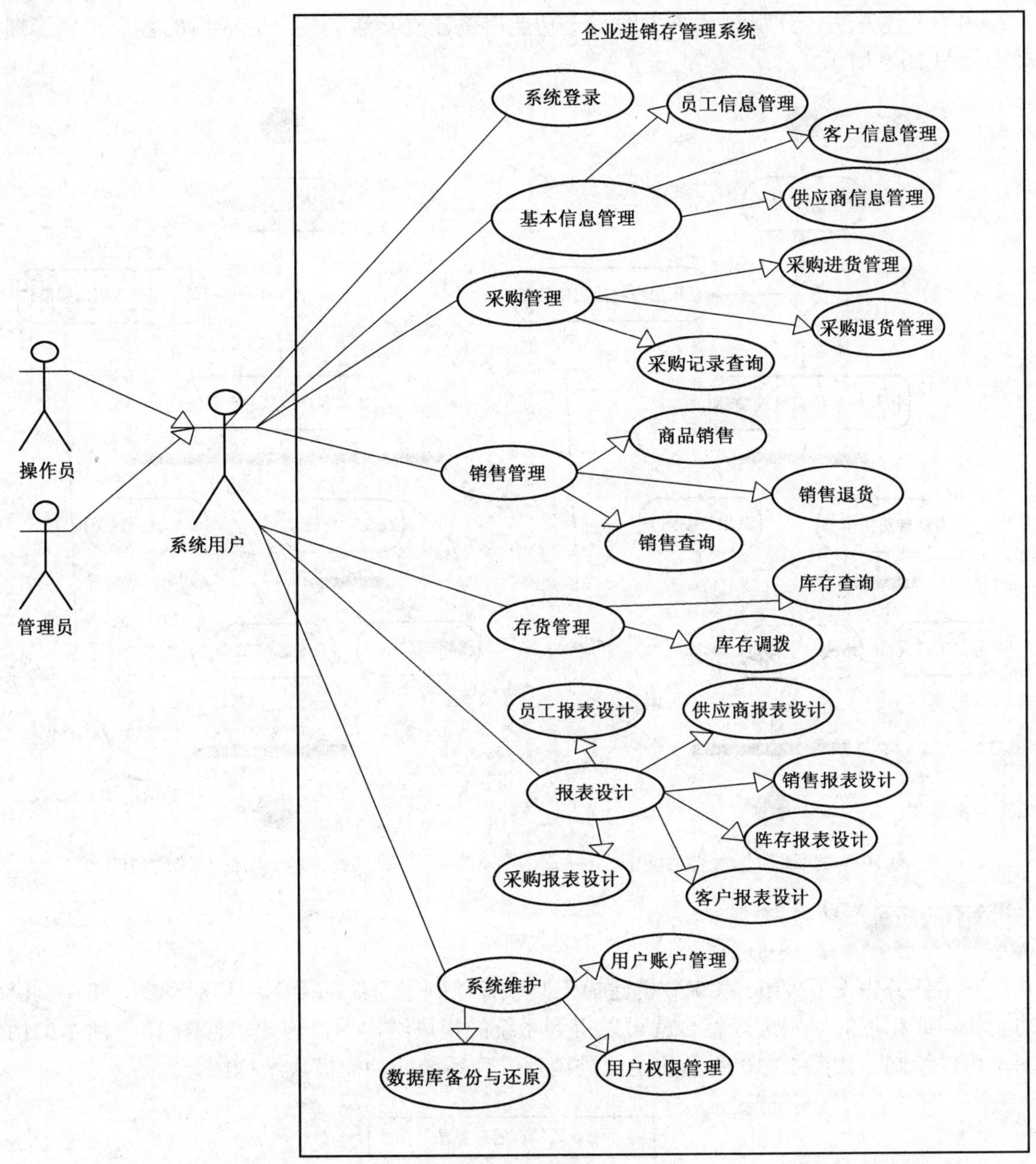

图 10-7　企业进销存系统用例图

（3）建立活动图。在模型资源管理器中，选择“UML 系统”→“用例模型”→“顶层包”，右键单击“顶层包”，选择“新建”→“活动图”，新建一个空白的活动图。

①从“UML 活动”工具栏中，分别拖一个初始状态图标、一个最终状态图标、两个转换分叉图标、一个转换连接图标、一个判定图标和若干个动作状态图标到空白的活动图中。

②双击每个动作状态图标，打开“UML 状态属性”对话框，按图 10-8 所示的内容修改每个动作状态的名称属性。然后从“UML 活动”工具栏中，拖入若干个控制流图标，用控制流图标将活动图中的各图标连接起来。图标的输出控制流，可通过双击该控制流的方式，打开“UML 转换属性”对话框，在对话框中设置输出控制流的临界条件。

③按上述方法，分别对系统中的每个功能用例建立其活动图，完成后的客户信息管理活动图如图 10-9 所示。

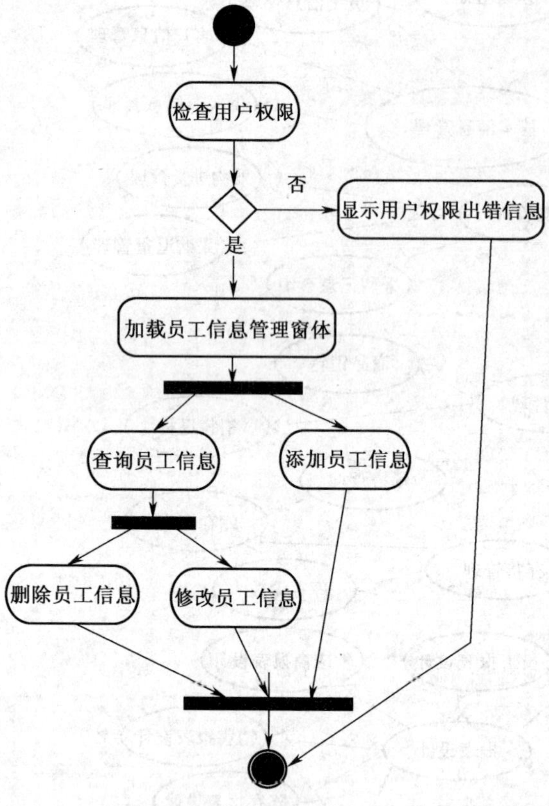

检查用户权限
否
显示用户权限出错信息
是
加载员工信息管理窗体
查询员工信息
添加员工信息
删除员工信息
修改员工信息

图 10-8 员工信息管理活动图

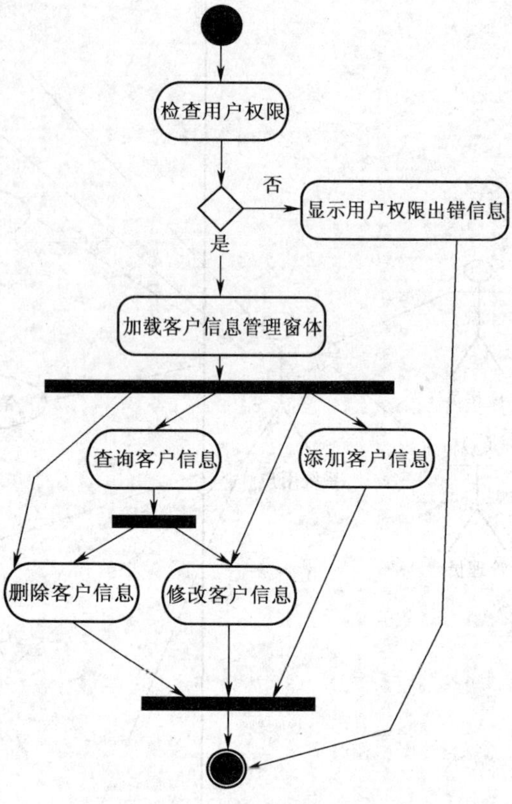

检查用户权限
否
显示用户权限出错信息
是
加载客户信息管理窗体
查询客户信息
添加客户信息
删除客户信息
修改客户信息

图 10-9 客户信息管理活动图

分析描述

在本任务中使用 Visio 系统分析建模工具软件绘制了系统的用例图和活动图，将用例图中功能相同或相近的用例进行整合就可以得到系统的模块结构图。因此根据图 10-7 所示的用例图，可以绘制出如图 10-10 所示的企业进销存管理系统的功能模块结构图。

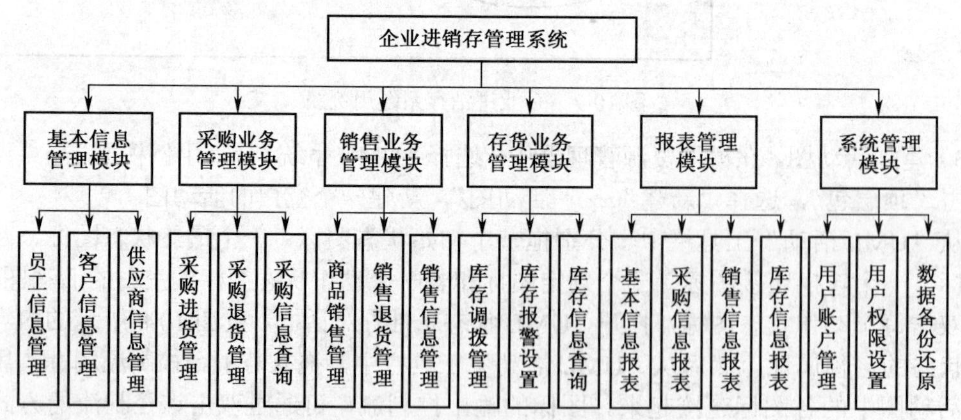

图 10-10 企业进销存系统功能模块图

活动图是描述系统在执行某一用例时的具体步骤，它主要表现的是系统在完成某个功能时的动作序列。从活动图中可以看出，系统是如何一步一步地完成用例的，可以说活动图是对用例图的一种细化，帮助开发者理解业务领域。

10.2　企业进销存管理系统数据库设计

数据库设计是软件系统开发中的一项重要的基础工作，数据库设计的首要工作是分析客户的业务和数据处理需求，然后根据数据处理需求，设计数据库的 E-R 模型图。再将设计好的 E-R 图转换成多张表，利用数据库设计的范式理论对各表进行规范化，建立数据库的逻辑模型。在完成逻辑模型设计后，只需要选择一个合适的数据库管理系统，通过命令或图形化操作的方式建立数据库和相应的表即可。本章开发的企业进销存管理系统的数据库逻辑模型有 12 张表，各表的逻辑结构和字段说明如表 10.1～表 10.12 所示。

表 10.1　供应商信息表（Company）

序号	列名	数据类型	长度	标识	主键	允许空	说明
1	CompanyID	int	4	是	是	否	编号（自增）
2	CompanyName	nvarchar	100			是	供应商名称
3	CompanyDirector	nvarchar	20			是	主管
4	CompanyPhone	nvarchar	20			是	电话
5	CompanyFax	nvarchar	20			是	传真
6	CompanyAddress	nvarchar	200			是	地址
7	CompanyRemark	nvarchar	400			是	备注

表 10.2　客户信息表（Customer）

序号	列名	数据类型	长度	标识	主键	允许空	说明
1	CustomerID	int	4	是	是	否	编号（自增）
2	Name	nvarchar	20			是	客户名称
3	Sex	nvarchar	4			是	性别
4	Birthday	datetime	8			是	生日
5	PhoneH	nvarchar	20			是	固定电话
6	PhoneM	nvarchar	20			是	移动电话
7	Address	nvarchar	200			是	地址
8	Remark	nvarchar	200			是	备注

表 10.3　部门信息表（Department）

序号	列名	数据类型	长度	标识	主键	允许空	说明
1	DepartmentID	int	4	是	是	否	编号（自增）
2	DepName	nvarchar	20			是	部门名称
3	DepDescription	nvarchar	200			是	部门描述
4	DepPrincipal	nvarchar	20			是	部门负责人

表 10.4　仓库信息表（Depot）

序号	列名	数据类型	长度	标识	主键	允许空	说明
1	DepotID	int	4	是	是	否	编号（自增）
2	DepotSort	nvarchar	20			是	仓库类型

表 10.5　采购进货信息表（Goods）

序号	列名	数据类型	长度	标识	主键	允许空	说明
1	GoodsID	nvarchar	20		是	否	进货记录编号（自增）
2	UserID	int	4			是	进货员工编号（外键）
3	CompanyID	int	4			是	供应商编号（外键）
4	DepotID	int	4			是	仓库编号（外键）
5	GoodsName	nvarchar	50			是	商品名称
6	GoodsNum	int	4			是	商品数量
7	UnitID	int	4			是	单位编号（外键）
8	GoodsTime	datetime	8			是	进货时间
9	GoodsSpec	nvarchar	20			是	商品规格
10	GoodsPrice	money	8			是	进货价格
11	SellPrice	money	8			是	销售价格
12	NeedPay	money	8			是	应付金额
13	HasPay	money	8			是	实付金额
14	Remark	nvarchar	200			是	备注

表 10.6　职位信息表（Post）

序号	列名	数据类型	长度	标识	主键	允许空	说明
1	PostID	int	4	是	是	否	职位编号（自增）
2	PostName	nvarchar	20			是	职位名称
3	PostDescription	nvarchar	200			是	职位描述

表 10.7　采购退货信息表（ReGoods）

序号	列名	数据类型	长度	标识	主键	允许空	说明
1	ReGoodsID	nvarchar	20		是	否	退货记录编号（自增）
2	StockID	int	4			是	存货编号（外键）
3	GoodsID	nvarchar	20			是	商品编号（外键）
4	UserID	int	4			是	退货员工编号（外键）
5	CustomerID	int	4			是	客户编号
6	CompanyID	int	4			是	供应商编号
7	DepotID	int	4			是	仓库编号（外键）
8	ReGoodsName	nvarchar	20			是	退货商品名称

续表

序号	列名	数据类型	长度	标识	主键	允许空	说明
9	ReGoodsSpec	nvarchar	20			是	商品规格
10	ReGoodsTime	datetime	8			是	退货时间
11	ReGoodsNum	int	4			是	退货数量
12	UnitID	nvarchar	20			是	商品单位
13	ReGoodsPrice	money	8			是	退货价格
14	NeedPay	money	8			是	退货金额
15	HasPay	money	8			是	实退金额
16	ReGoodsResult	nvarchar	400			是	退货原因

表 10.8　商品销售信息表（Sell）

序号	列名	数据类型	长度	标识	主键	允许空	说明
1	SellID	nvarchar	20		是	否	销售记录编号
2	StockID	int	4			是	存货编号
3	GoodsID	nvarchar	20			是	商品编号
4	UserID	int	4			是	销售员工编号
5	GoodsName	nvarchar	50			是	商品名称
6	GoodsNum	int	4			是	销售数量
7	GoodsSpec	nvarchar	20			是	商品规格
8	GoodsTime	datetime	8			是	销售时间
9	GoodsPrice	money	8			是	商品进价
10	SellPrice	money	8			是	销售价格
11	NeedPay	money	8			是	应收金额
12	HasPay	money	8			是	实收金额
13	Remark	nvarchar	200			是	备注

表 10.9　商品单位信息表（Unit）

序号	列名	数据类型	长度	标识	主键	允许空	说明
1	UnitID	int	4	是	是	否	编号
2	UnitName	nvarchar	10			是	单位名称

表 10.10　存货信息表（Stock）

序号	列名	数据类型	长度	标识	主键	允许空	说明
1	StockID	int	4	是	是	否	存货记录编号
2	GoodsID	nvarchar	20			是	商品编号
3	CompanyID	int	4			是	供应商编号
4	DepotID	int	4			是	仓库编号

续表

序号	列名	数据类型	长度	标识	主键	允许空	说明
5	GoodsName	nvarchar	20			是	商品名称
6	StockNum	int	4			是	存货数量
7	AlarmNum	int	4			是	报警数量
8	GoodsUnit	nvarchar	20			是	商品单位
9	GoodsTime	datetime	8			是	存货时间
10	GoodsSpec	nvarchar	20			是	商品规格
11	GoodsPrice	money	8			是	商品价格
12	SellPrice	money	8			是	销售价格
13	NeedPay	money	8			是	存货金额
15	Remark	nvarchar	200			是	备注

表 10.11 员工信息表（UserInfo）

序号	列名	数据类型	长度	标识	主键	允许空	说明
1	UserID	int	4	是	是	否	员工编号
2	Name	nvarchar	20			是	员工姓名
3	SysLoginName	nvarchar	20			是	登录账号
4	Pwd	nvarchar	100			是	登录密码
5	Sex	nvarchar	20			是	员工性别
6	Birthday	datetime	8			是	员工出生日期
7	DepartmentID	int	4			是	所属部门
8	PostID	int	4			是	职位
9	PhoneH	nvarchar	20			是	固定电话
10	PhoneM	nvarchar	20			是	移动电话
11	Address	nvarchar	200			是	住址
12	PopedomID	int	4			是	权限记录编号

表 10.12 用户权限信息表（Popedom）

序号	列名	数据类型	长度	标识	主键	允许空	说明
1	PopedomID	int	4	是	是	否	权限记录编号
2	SysUserSort	nvarchar	20			是	账号类型
3	SysUserName	nvarchar	20			是	账号名
4	EmployeeInfo	bit	1			是	员工管理权限
5	CompanyInfo	bit	1			是	供应商管理权限
6	CustomerInfo	bit	1			是	客户管理权限
7	GoodsInInfo	bit	1			是	进货管理权限
8	GoodsOutInfo	bit	1			是	退货管理权限

续表

序号	列名	数据类型	长度	标识	主键	允许空	说明
9	SellGoodsInfo	bit	1			是	商品销售权限
10	ReGoodsInfo	bit	1			是	销售退货权限
11	StockChangeInfo	bit	1			是	库存调拨权限
12	StockAlarmInfo	bit	1			是	设置库存报警权限
13	SysUser	bit	1			是	用户账号管理权限
14	PopedomInfo	bit	1			是	账号授权管理权限
15	BakDataInfo	bit	1			是	备份数据库权限
16	ReBakDataInfo	bit	1			是	还原数据库权限

任务二 “企业进销存管理系统”项目——系统数据库设计

任务描述

根据前面对企业进销存管理系统数据库逻辑模型的描述，使用 Microsoft Office Visio for Enterprise Architects 软件，建立数据库的逻辑模型，并通过 Visio 的自动生成功能，在 SQL 2005 中生成进销存系统的数据库和相应的表。

任务解决方案

（1）建立数据库模型图。打开 Microsoft Office Visio for Enterprise Architects 软件，单击“文件”→“新建”→“数据库”→“数据库模型图”，新建一个空白的数据库模型图。

（2）添加实体（以 UserInfo 表为例）。

①从窗口右侧的“实体关系”工具栏中将“实体”控件拖至新建的数据库模型图中，然后在下方的数据库属性窗口的“类别”选项列表中选择“定义”选项，在“物理名称”栏中输入“UserInfo”作为表名，如图 10-11 所示。

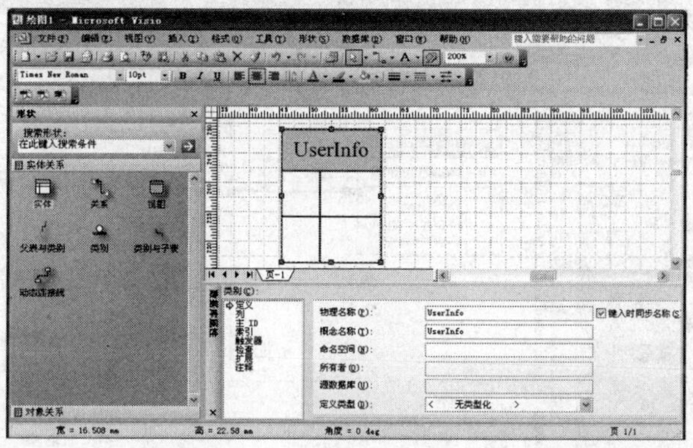

图 10-11 定义实体表名

②在 Visio 的主菜单中，选择“数据库”→“选项”→“驱动程序”，打开“数据库驱动程序”设置对话框，在默认的驱动程序列表中，选择“Microsoft SQL Server”，单击“确定”

按钮，完成数据库模型驱动程序设置。

③在数据库属性窗口中，分别设置 UserInfo 表的列名、数据类型、字段非空属性、主键等信息。

④由于 UserID 是 UserInfo 表的主键，并且是自动递增的，所以必须进行相应的设置。单击数据库属性窗口右侧的“编辑”按钮，进入“UserID 的列属性”对话框，选择“数据类型”选项卡，单击“编辑”按钮，打开“Microsoft SQL Server 数据类型”对话框，选中“标识”复选框，单击“确定”按钮。此时，在属性窗口中可看到 UserID 列的数据类型变为 int identity。

⑤按照上面的方法，将表 10.11 中 UserInfo 表的其他字段依次添加到实体模型中，添加完成后如图 10-12 所示。

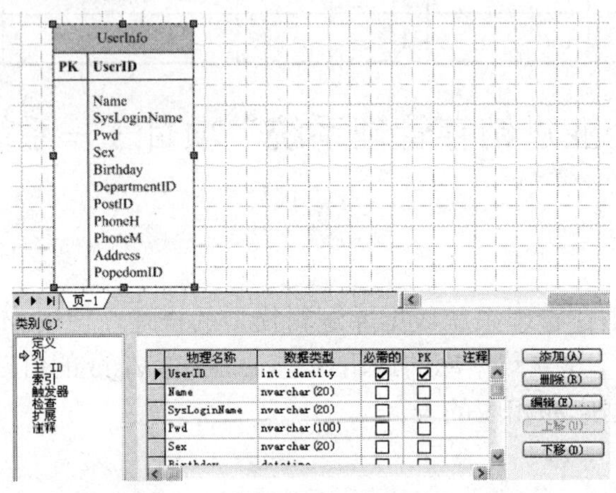

图 10-12 UserInfo 实体模型中各字段设计

（3）添加实体间关系。按上述的方法向数据库模型图中另外添加一个实体 Department，从“实体关系”工具栏中将“关系”控件拖至数据库模型图设计界面中，箭头一端连接 Department 实体，另一端连接 UserInfo 实体，这时在 UserInfo 实体的 DepartmentID 字段前出现了“FK1”，表示在两个实体间建立了一个外键关系，在数据库属性栏中，选择“类别”中的“定义”选项，可以看到如图 10-13 所示的效果。

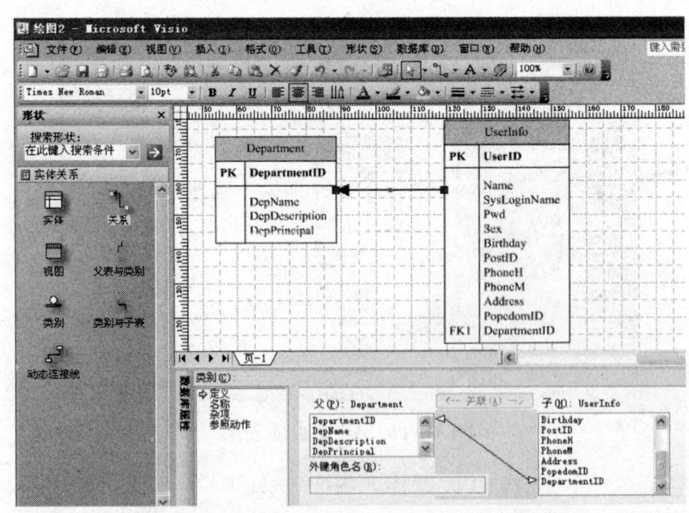

图 10-13 建立 UserInfo 实体与 Department 实体间的关系

（4）完成数据库模型图设计。按照上面所述的添加实体和关系的方法，将企业进销存管理系统中的其余 10 个实体及其关系添加到数据库模型图中，完成后的效果如图 10-14 所示。

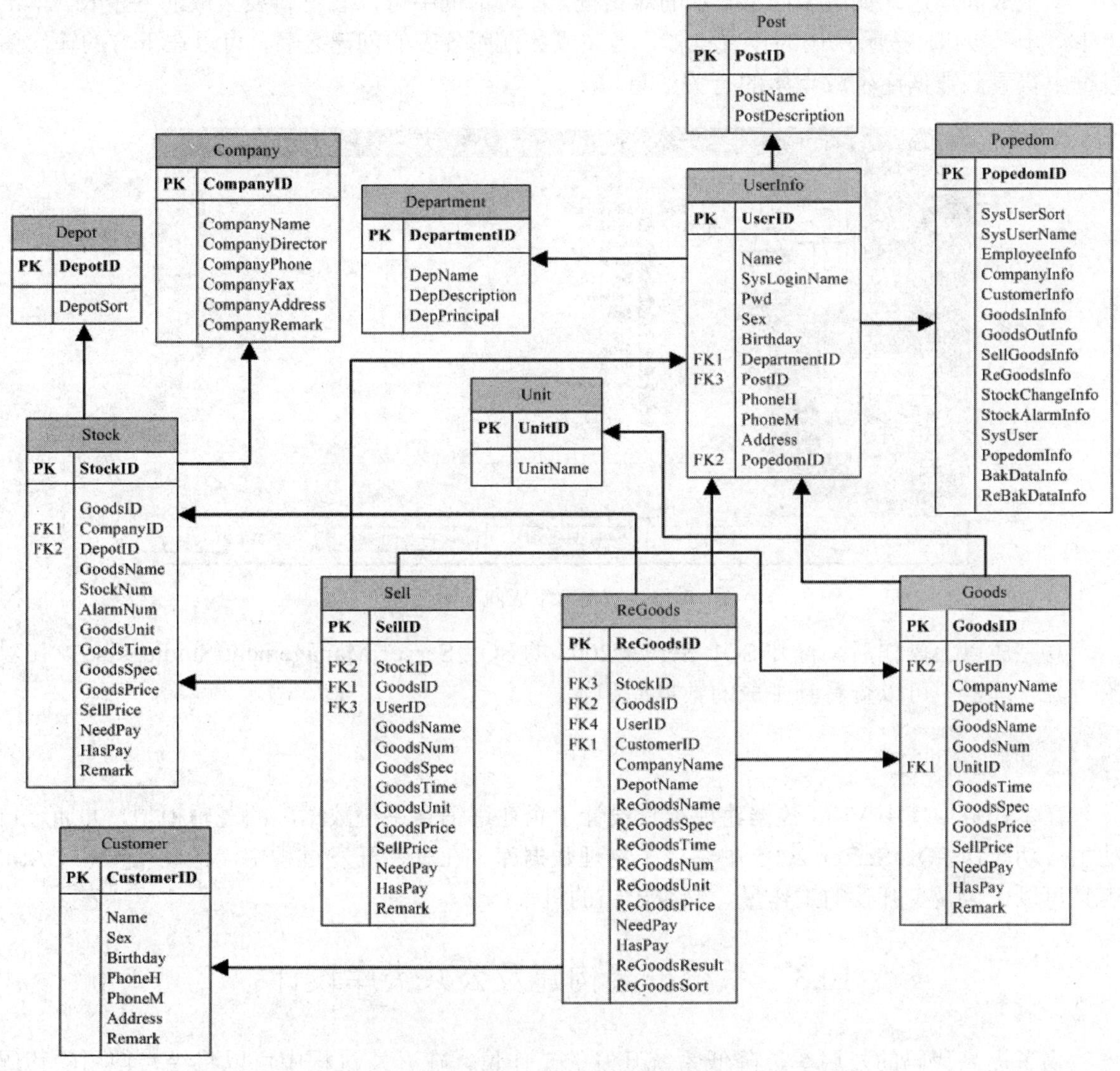

图 10-14　企业进销存系统数据库模型图

（5）生成物理数据库。

①在数据库模型图设计界面中，选择主菜单中的“数据库”→“生成”选项，打开“生成向导”对话框，选中“生成新的数据库”复选框，单击“下一步”按钮。

②在“生成向导”对话框中，选中“创建数据库”选项，单击“数据源名称”右侧的“新建”按钮，打开“新建数据源”对话框，选中“用户数据源”选项，单击“下一步”按钮，在对话框中选择数据源驱动程序为“SQL Server”，再单击“下一步”按钮，进入下一个设置对话框。

③在新打开的对话框中，输入数据源的名称为“MyCon”，在“服务器”列表框中选择“(local)”或直接输入“ •”，连续单击“下一步”按钮，直至完成数据源的创建，返回到数据库生成向导界面。

④在数据库生成向导界面输入数据源名称“MyCon”，在数据库名称的文本框中输入准备生成数据库的名称，如“GoodsManage”，输入完成后，单击“下一步”按钮。

⑤生成向导进入如图 10-15 所示的对话框，在对话框中可以看见将要生成的各个表，单击“下一步”按钮，按照默认的设置操作，当完成数据库各表的创建之后，可以在下方的输出信息框中查看到数据库生成完毕的有关信息。

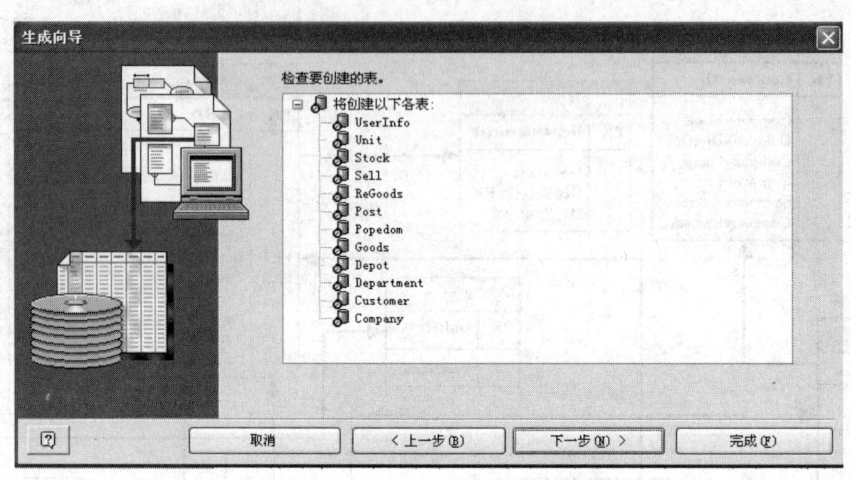

图 10-15　数据库生成向导对话框

⑥完成以上操作后，打开 SQL Server 2005 的 SQL Server Management Studio 工具，在对象资源管理器中可以查看到生成的数据库和表。

分析描述

在本任务中使用 Visio 数据建模工具设计了企业进销存系统数据库的逻辑模型，并通过自动生成功能在 SQL Server 2005 中生成了物理数据库。在软件开发过程中，借助于一些 CASE 工具可以大大减少开发的工作量，减少出错的机率。

10.3　系统框架构建及公共类库设计

为了提高代码的复用率，降低系统开发的工作量，在开发过程中可以将经常使用的代码（如数据连接、获取 DataSet 数据集等）放到一个静态类中，在使用时只需调用该类的方法即可实现相应的功能。

任务二　“企业进销存管理系统”项目——框架搭建及库设计

任务描述

参考第 8 章的知识，在 Visual Studio 2008 开发环境中，建立企业进销存系统的三层开发框架，设计数据访问层公共类 DBHelper.cs 和 UI 层公共类 Common.cs，完成系统登录窗体和主界面窗体的设计。

任务解决方案

（1）搭建三层架构开发框架。在 Visual Studio 2008 开发环境中新建一个“Windows 窗体应用程序”项目，项目命名为“GoodsManage”，按照第 8 章任务一所描述的方法，为解决方案添加业务逻辑层、数据访问层和实体类层三个类库项目，分别命名为“GoodsManageBLL”、“GoodsManageDAL”和“GoodsManageModel”，并为各层项目添加相应的引用。

（2）创建数据访问层公共类 DBHelper.cs。在数据访问层项目中添加一个类，命名为“DBHelper.cs”，在类中添加如下的代码：

```
public static class DBHelper      //定义 DBHelper 为静态类
{
    //定义一个 SqlConnection 类型的属性 Connection
    public static SqlConnection connection;
    public static SqlConnection Connection
    {
        get
        {
            string connectionString = "server=.;database=GoodsManager;uid=sa;pwd=123";
            if (connection == null)
            {
                connection = new SqlConnection(connectionString);
                connection.Open();
            }
            else if (connection.State == System.Data.ConnectionState.Closed)
            {
                connection.Open();
            }
            else if (connection.State == System.Data.ConnectionState.Broken)
            {
                connection.Close();
                connection.Open();
            }
            return connection;
        }
    }
    //定义一个静态方法 GetReader，通过执行 SQL 语句返回一个 SqlDataReader 数据集
    public static GetReader(string safeSql)
    {
        SqlCommand cmd = new SqlCommand(safeSql, Connection);
        SqlDataReader reader = cmd.ExecuteReader();
        return reader;
        connection.Close();
    }
    //定义静态方法 GetReader 的重载，通过执行存储过程返回一个 SqlDataReader 数据集
    // storprocedurename 为存储过程名称，parameters 为存储过程参数数组
    public static SqlDataReader GetReader(string storprocedurename, SqlParameter[] parameters)
    {
        SqlCommand cmd = new SqlCommand();
        cmd.Connection = Connection;
        cmd.CommandText = storprocedurename;
```

```
        cmd.CommandType = CommandType.StoredProcedure;
        foreach (SqlParameter parameter in parameters)
        {
            if (parameter != null)
            {
                if ((parameter.Direction == ParameterDirection.InputOutput || parameter
                .Direction == ParameterDirection.Input) &&(parameter.Value == null))
                {
                    parameter.Value = DBNull.Value;
                }
                cmd.Parameters.Add(parameter);
            }
        }
        SqlDataReader sdr = cmd.ExecuteReader();
        return sdr;
        connection.Close();
    }
    //定义一个静态方法 GetDataSet，通过执行 SQL 语句返回一个 DataSet 数据集
    public static DataSet GetDataSet(string safeSql)
    {
        SqlDataAdapter sda = new SqlDataAdapter(safeSql, Connection);
        DataSet ds = new DataSet();
        sda.Fill(ds);
        return ds;
    }
    //定义静态方法 GetDataSet 的重载，通过执行存储过程返回一个 DataSet 数据集
    // storprocedurename 为存储过程名称，parameters 为存储过程参数数组
    public static DataSet GetDataSet(string storprocedurename, SqlParameter[] parameters)
    {
        SqlDataAdapter sda = new SqlDataAdapter(storprocedurename, Connection);
        sda.SelectCommand.CommandType = CommandType.StoredProcedure;
        foreach (SqlParameter parameter in parameters)
        {
            if (parameter != null)
            {
                if ((parameter.Direction == ParameterDirection.InputOutput || parameter
                .Direction == ParameterDirection.Input) && (parameter.Value == null))
                {
                    parameter.Value = DBNull.Value;
                }
                sda.SelectCommand.Parameters.Add(parameter);
            }
        }
        DataSet ds = new DataSet();
        sda.Fill(ds);
        return ds;
    }
    //定义静态方法 ExecuteCommand，执行 SQL 语句，返回执行 SQL 命令时数据库中受影响的行数
    public static int ExecuteCommand(string sql)
    {
        SqlCommand cmd = new SqlCommand(sql, Connection);
        int result = cmd.ExecuteNonQuery();
```

```
        return result;
    }
    //定义静态方法 ExecuteCommand 的重载，执行存储过程，返回执行存储过程时数据库中受影响的
    //行数，storprocedurename 为存储过程名称，parameters 为存储过程参数数组
    public static int ExecuteCommand(string storprocedurename, SqlParameter[] parameters)
    {
        SqlCommand cmd = new SqlCommand(storprocedurename, Connection);
        cmd.CommandType = CommandType.StoredProcedure;
        foreach (SqlParameter parameter in parameters)
        {
            if (parameter != null)
            {
                if ((parameter.Direction == ParameterDirection.InputOutput || parameter
.Direction == ParameterDirection.Input) && (parameter.Value == null))
                {
                    parameter.Value = DBNull.Value;
                }
                cmd.Parameters.Add(parameter);
            }
        }
        return cmd.ExecuteNonQuery();
    }
    //定义静态方法 GetObjectBysql，通过执行 SQL 语句返回一个一行一列的 object 对象
    public static object GetObjectBysql(string sql)
    {
        SqlCommand cmd = new SqlCommand(sql, Connection);
        object result = cmd.ExecuteScalar();
        return result;
    }
}
```

（3）在 UI 层创建公共方法类 Common.cs。当 UI 层的多个窗体都会用到某一方法时，就需要将这些方法放在一个公共类中，这样可以提高代码的复用率。在本系统中在 UI 层项目中新建一个类库，命名为“Common.cs”，在类中添加如下的代码：

```
using System.Windows.Forms;
using System.Data;
using System.Data.SqlClient;
using System.IO;
using System.Security.Cryptography;
namespace GoodsManage
{
    public static class Common
    {
    //定义静态方法 BindCombox，用于对窗体中的 ComboBox 控件进行数据绑定
    // cbx 为需要绑定的 ComboBox 控件，dt 为数据源，bindmanber 为绑定字段
        public static void BindCombox(ComboBox cbx, DataTable dt, string bindmanber)
        {
            cbx.BeginUpdate();
            cbx.DataSource = dt;
            cbx.DisplayMember = bindmanber;
            cbx.ValueMember = bindmanber;
            cbx.EndUpdate();
```

```
}
//定义静态方法 DESEncrypt，用于实现对字符串的 DES 加密，返回加密后的字符串
// encryptstring 为需要加密的字符串，如创建用户时的登录密码字段
public static string DESEncrypt(string)
{
    string strRtn;
    //定义 DES 加密算法的密钥，其值可以自行设定，但必须注意要与解密算法密钥相同
    string encryptkey = "AHSM";
    try
    {
        DESCryptoServiceProvider desc = new DESCryptoServiceProvider();//des 进行加密
        byte[] key = System.Text.Encoding.Unicode.GetBytes(encryptkey);
        byte[] data = System.Text.Encoding.Unicode.GetBytes(encryptstring);
        MemoryStream ms = new MemoryStream();//存储加密后的数据
        CryptoStream cs = new CryptoStream(ms, desc.CreateEncryptor(key, key),
        CryptoStreamMode.Write);
        cs.Write(data, 0, data.Length);//进行加密
        cs.FlushFinalBlock();
        strRtn = Convert.ToBase64String(ms.ToArray());
        return strRtn;
    }
    catch (Exception ex)
    {
        MessageBox.Show("错误：" + ex.Message, "错误消息提示框",
        MessageBoxButtons.OKCancel, MessageBoxIcon.Error);
        return null;
    }
}
//定义静态方法 DESDecrypt，用于实现对 DES 加密后的字符串解密，返回解密后的字符串
// encryptstring 为需要解密的字符串，如数据库中的用户登录密码字段
public static string DESDecrypt(string decryptstring)
{
    string strRtn;
    string encryptkey = "AHSM";//解密密钥，必须要与加密密钥相同
    try
    {
        DESCryptoServiceProvider desc = new DESCryptoServiceProvider();
        byte[] key = System.Text.Encoding.Unicode.GetBytes(encryptkey);
        byte[] data = Convert.FromBase64String(decryptstring);
        MemoryStream ms = new MemoryStream();//存储解密后的数据
        CryptoStream cs = new CryptoStream(ms, desc.CreateDecryptor(key, key),
        CryptoStreamMode.Write);
        cs.Write(data, 0, data.Length);//解密数据
        cs.FlushFinalBlock();
        strRtn = System.Text.Encoding.Unicode.GetString(ms.ToArray());
        return strRtn;
    }
    catch (Exception ex)
    {
        MessageBox.Show("错误：" + ex.Message, "错误消息提示框",
```

```
                MessageBoxButtons.OKCancel, MessageBoxIcon.Error);
                return null;
            }
        }
    }
```

（4）编写登录窗体程序，分别调用在 DBHelper.cs 和 Common.cs 定义的方法，实现系统登录功能。

①在 UI 创建一个窗体，命名为“frmLogin”，窗体中的控件布局如图 10-16 所示。

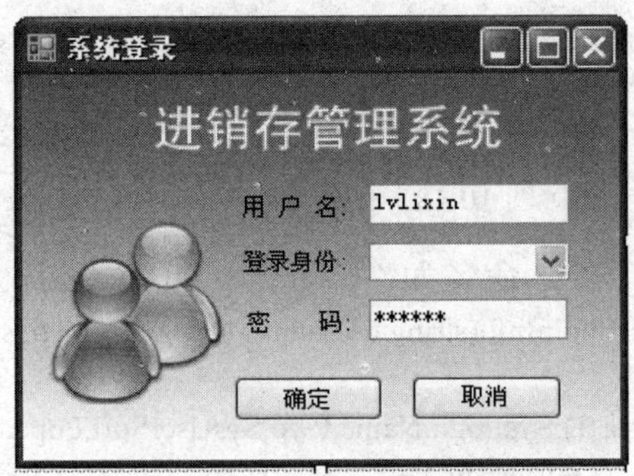

图 10-16　登录窗体控件布局

登录窗体加载时需要调用 Common 类的 BindCombox 方法，从数据库中获取数据并绑定到窗体的 ComBox 控件上。当用户单击登录时，要向数据库中验证用户是否合法，各对象之间的调用关系如图 10-17 所示。

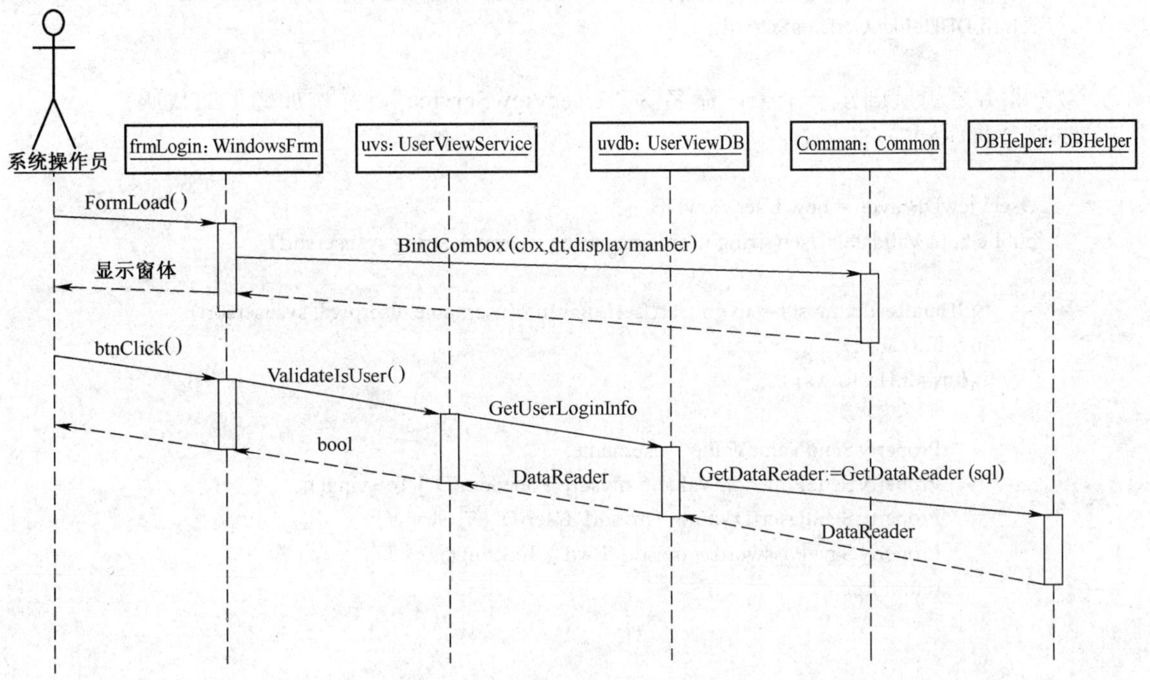

图 10-17　登录窗体的时序图

②在数据库中按图 10-18 创建一个视图，命名为“UserView”。

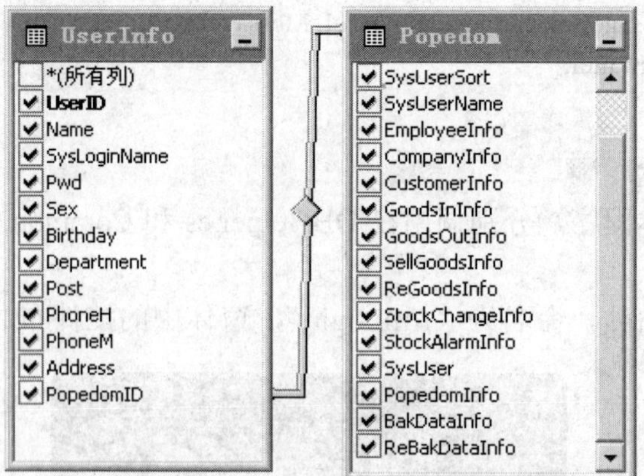

图 10-18 创建 UserView 视图

③在数据访问层创建一个类，命名为“UserViewDB”，并添加如下的代码：

```
public SqlDataReader GetUserLoginInfo(string username, string userpwd, string sysusersort)
{
    string sql = "SELECT UserID,SysLoginName,Pwd,SysUserSort,PopedomID FROM UserView
    WHERE SysLoginName='" + username + "'";
    sql += "AND Pwd='" + userpwd + "' AND SysUserSort='" + sysusersort + "'";
    return DBHelper.GetReader(sql);
}
public DataSet GetUserPermition(string sysloginname)
{
    string sql = "SELECT * FROM UserView WHERE SysLoginName = '" + sysloginname + "'";
    return DBHelper.GetDataSet(sql);
}
```

④在业务逻辑层创建一个类，命名为“UserViewService”，并添加如下的代码：

```
public class UserViewService
{
    UserViewDB uvdb = new UserViewDB();
    public bool ValidateIsUser(string username, string userpwd, string sysusersort)
    {
        SqlDataReader mysdr = uvdb.GetUserLoginInfo(username, userpwd, sysusersort);
        mysdr.Read();
        if (mysdr.HasRows)
        {
            Property.SendNameValue = username;
            Property.SendPopedomValue = mysdr["PopedomID"].ToString();
            Property.SendUserIDValue = mysdr["UserID"].ToString();
            Property.SavePassword = mysdr["Pwd"].ToString();
            return true;
        }
        else
        {
            return false;
        }
    }
```

```
    public DataSet GetUserPermition(string userloginname)
    {
        return uvdb.GetUserPermition(userloginname);
    }
  }
```

⑤双击登录窗体，进入窗体 frmLogin_Load()代码编辑界面，输入以下代码：

```
private void frmLogin_Load(object sender, EventArgs e)
{
    Common.BindCombox(this.cbxDegree, pds.GetSysUserSort(), "SysUserSort");
}
```

⑥双击登录窗体的“确定”按钮，进入其代码编写界面，输入以下代码：

```
private void btnOK_Click(object sender, EventArgs e)
{
    if (this.txtUid.Text.Length == 0)
    {
        this.errAllInfo.SetError(this.txtUid, "用户名不能为空！");
    }
    else
    {
        if (this.txtPwd.Text.Length < 6)
        {
            this.errAllInfo.SetError(this.txtPwd, "密码不能少于六位！");
        }
        else
        {
            bool resualt= uvs.ValidateIsUser(this.txtUid.Text,Common.DESEncrypt
            (this.txtPwd.Text),this.cbxDegree.SelectedValue.ToString())
            if (resualt)
            {
                frmMain appmain = new frmMain();
                this.Hide();
                appmain.Show();
            }
            else
            {
                MessageBox.Show("用户名、密码或身份不正确！", "登录提示",
                MessageBoxButtons.OKCancel, MessageBoxIcon.Information);
            }
        }
    }
}
```

（5）编写主窗体程序。

①在 UI 层新建一个窗体，命名为“frmMain”，并设置窗体的“IsMdiContainer”属性值为“Ture”，窗体的布局如图 10-19 所示。

②在主界面上创建一个主菜单 MenuStrip，菜单的内容按图 10-20 设计，再创建一个定时器 Timer 和一个状态栏控件 StatusStrip，编辑设置状态栏为三部分，放置三个 StatusLable，分

别用来显示当前登录用户信息、分隔符和时间信息。

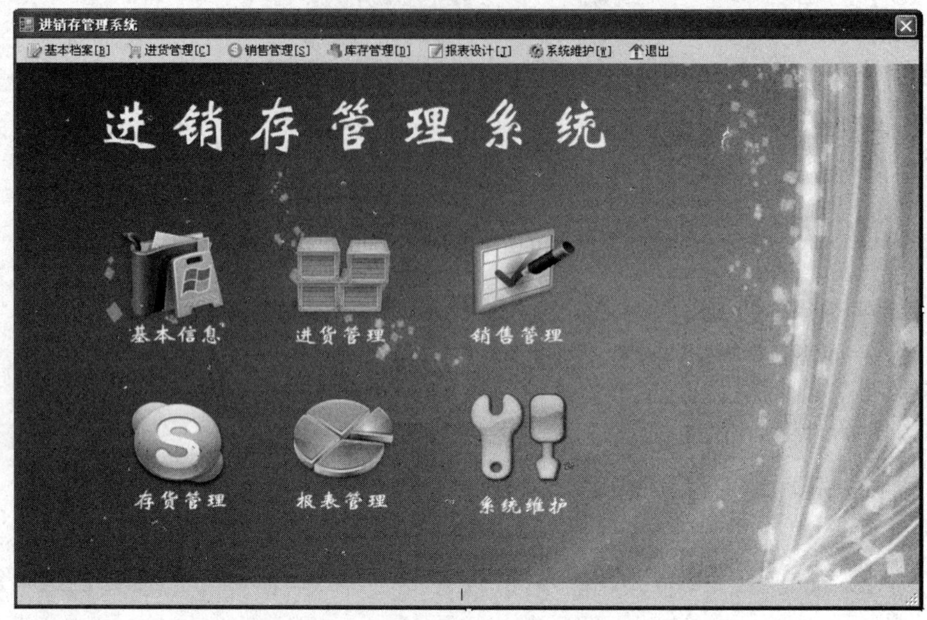

图 10-19 主窗体界面

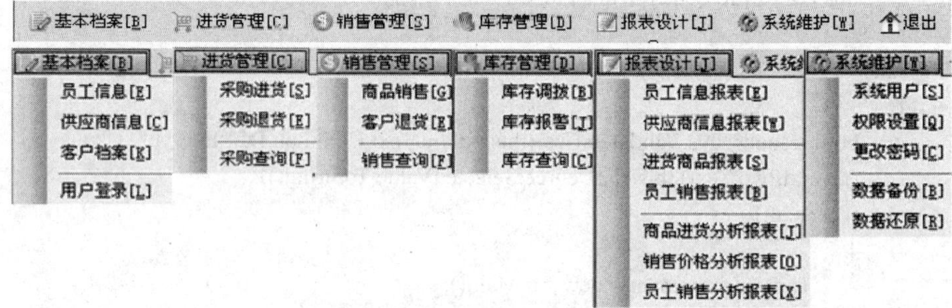

图 10-20 主菜单及其子选项

③双击主窗体界面，在后台代码界面编写一个 MenuShow()函数，用来实现根据用户权限显示相应菜单的功能，MenuShow()函数的代码如下：

```
private void MenuShow()
{
    ArrayList arylst = new ArrayList();
    ToolStripMenuItem[] menu = new ToolStripMenuItem[] {this.menuEmployee,
    this.menuCompany,this.menuCustomer,this.menuGoodsIn,this.menuGoodsOut,
    this.menuSellGoods,this.menuGoodsBack,this.menuDepotChange,
    this.menuDepotAlarm,this.menuSysUser,this.menuPopedomSet,this.menuDatabak,
    this.menuReBakData};
    DataSet ds = uvs.GetUserPermition(Property.SendNameValue.ToString());
    for (int i = 0; i < 13; i++)
    {
        arylst.Add(ds.Tables[0].Rows[0][14 + i].ToString());
    }
    for (int j = 0; j < arylst.Count; j++)
```

```
    {
        if (arylst[j].ToString() == "False")
        {
            menu[j].Visible = false;
        }
        else
        {
            menu[j].Visible = true;
        }
    }
}
```

④在窗体的 frmMain_Load()函数中添加如下的代码：

```
private void frmMain_Load(object sender, EventArgs e)
{
    this.timer1.Start();
    this.statusUser.Text = "系统操作员：" + Property.SendNameValue;
    this.MenuShow();
}
```

⑤由于主窗体界面上的主菜单有很多选项，不可能在后台为每个菜单选项编辑后台代码，在本例中，把所有的菜单选项的“Click”事件响应函数都设置为“MenuClick()”，该函数通过调用 UI 层公共类 Common.cs 中的 ShowForm()方法来加载显示相应的窗体。其代码如下：

```
private void MenuClick(object sender, EventArgs e)
{
    Common.ShowForm((ToolStripMenuItem)sender, this);
}
```

在 ShowForm()方法中通过每个菜单项的“Tag”属性值来判断单击的是哪个菜单项并做出相应的处理。打开 Common.cs 类，在类中编写方法 ShowForm()，其代码如下：

```
public void ShowForm(ToolStripMenuItem control, Form form)
{
    switch (control.Tag.ToString())
    {
        case "1":
            EmployeeInfo employee = new EmployeeInfo();
            employee.MdiParent = form;
            employee.StartPosition = FormStartPosition.CenterScreen;
            employee.Show();
            break;
        case "2":
            CompanyInfo company = new CompanyInfo();
            company.MdiParent = form;
            company.StartPosition = FormStartPosition.CenterScreen;
            company.Show();
            break;
        case "3":
            Login login = new Login();
            login.StartPosition = FormStartPosition.CenterScreen;
            login.ShowDialog();
            form.Dispose();     //释放窗体资源
            break;
```

```
            //……在此只给出基本档案管理模块三个菜单项的代码，其他菜单项的代码可以
            //按上面的方法自己来完成

        }
    }
```

分 析 描 述

在本任务中采用三层架构的方式搭建了企业进销存管理系统的开发架构，设计了数据访问层公共类和UI层公共类，完成了登录窗体和主窗体的设计。

10.4 基本信息管理模块设计

基本信息管理模块主要包括员工信息管理、客户信息管理和供应商信息管理三个主要功能模块，每个功能模块都能实现对相应信息的增加、删除、修改和按条件查询。

任务四 “企业进销存管理系统”项目——基本信息管理模块设计

任 务 描 述

在UI层创建三个窗体，分别对应员工信息管理、客户信息管理和供应商信息管理，在业务逻辑层、数据访问层和实体类层分别编写代码，实现对相应信息的增加、删除、修改以及按条件查询等功能。

任务解决方案

（1）员工信息管理模块设计。

①在UI层添加一个文件夹，命名为“BaseInfoManage”，在该文件夹下添加一个窗体，命名为“EmployeeInfo.cs”，窗体控件布局如图10-21所示。

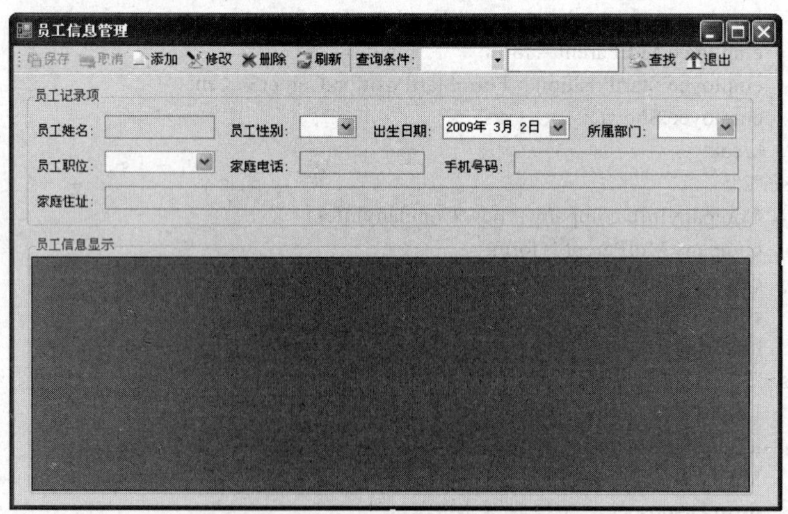

图10-21 “员工信息管理”窗体界面

“员工信息管理”窗体加载时，首先调用 Common 类的 BindCombox 方法，从数据库中获取部门表的数据和职位表的数据，并绑定到窗体中相应的 ComBox 控件上。当用户单击工具栏上相应的功能按钮时，窗体调用 BLL 层类 UserInfoService.cs 的相应方法来实现对应的功能，各对象之间的调用关系如图 10-22 所示。

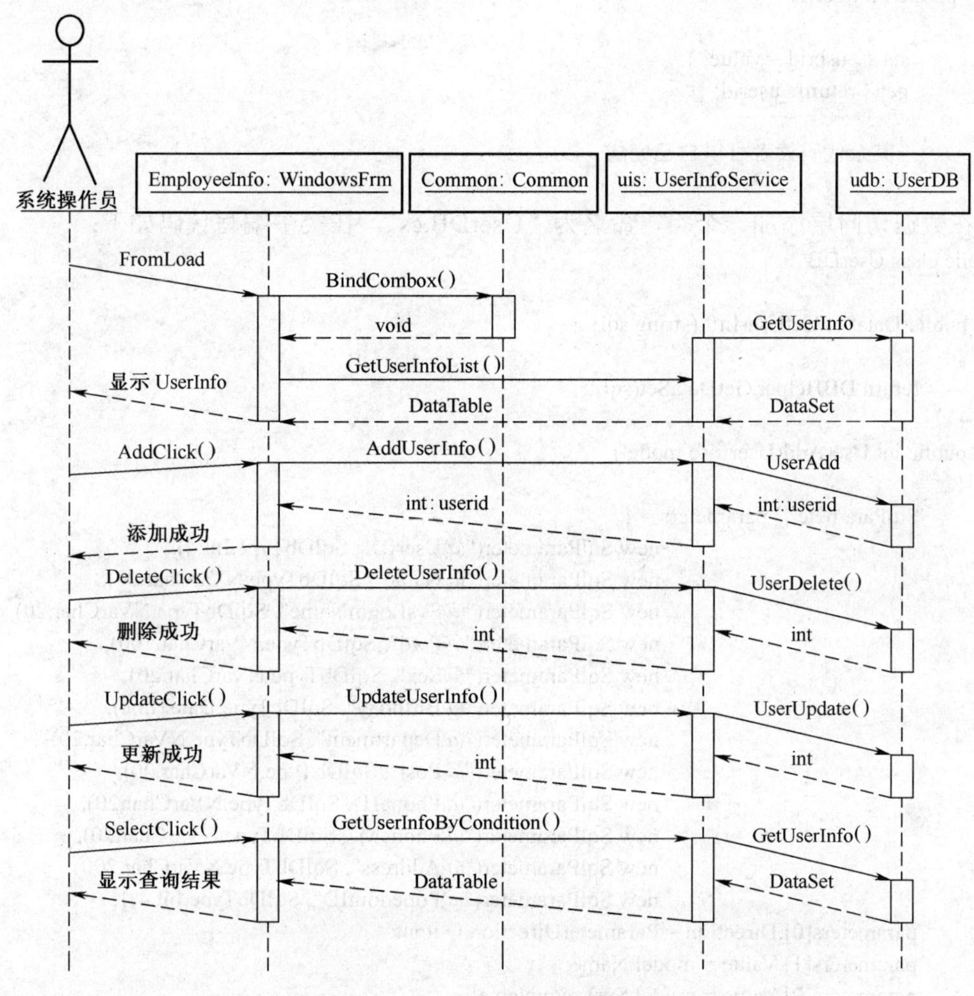

图 10-22　“员工信息管理”窗体时序图

②在实体类层添加一个类，命名为“UserInfo.cs”，按数据库中 UserInfo 表的各个字段名称及数据类型，为 UserInfo.cs 类添加相应的属性，参考代码如下：

```
public class UserInfo
{
    public UserInfo()
    { }
    private int _userid;
    private string _name;
    private string _sysloginname;
    private string _pwd;
    private string _sex;
    private DateTime _birthday;
    private string _department;
```

```
        private string _post;
        private string _phoneh;
        private string _phonem;
        private string _address;
        private int _popedomid;
        public int UserID
        {
            set { _userid = value; }
            get { return _userid; }
        }
        //……其余代码读者可以自己完成
}
```

③在数据访问层添加一个类，命名为“UserDB.cs”，在类中编写代码如下：

```
public class UserDB
{
    public DataSet GetUserInfo(string sql)
    {
        return DBHelper.GetDataSet(sql);
    }
    public int UserAdd(UserInfo model)
    {
        SqlParameter[] parameters = {
                                    new SqlParameter("@UserID", SqlDbType.Int,4),
                                    new SqlParameter("@Name", SqlDbType.NVarChar,20),
                                    new SqlParameter("@SysLoginName", SqlDbType.NVarChar,20),
                                    new SqlParameter("@Pwd", SqlDbType.NVarChar,100),
                                    new SqlParameter("@Sex", SqlDbType.NVarChar,20),
                                    new SqlParameter("@Birthday", SqlDbType.DateTime),
                                    new SqlParameter("@Department", SqlDbType.NVarChar,20),
                                    new SqlParameter("@Post", SqlDbType.NVarChar,20),
                                    new SqlParameter("@PhoneH", SqlDbType.NVarChar,20),
                                    new SqlParameter("@PhoneM", SqlDbType.NVarChar,20),
                                    new SqlParameter("@Address", SqlDbType.NVarChar,200),
                                    new SqlParameter("@PopedomID", SqlDbType.Int,4)};
        parameters[0].Direction = ParameterDirection.Output;
        parameters[1].Value = model.Name;
        parameters[2].Value = model.SysLoginName;
        parameters[3].Value = model.Pwd;
        parameters[4].Value = model.Sex;
        parameters[5].Value = model.Birthday;
        parameters[6].Value = model.Department;
        parameters[7].Value = model.Post;
        parameters[8].Value = model.PhoneH;
        parameters[9].Value = model.PhoneM;
        parameters[10].Value = model.Address;
        parameters[11].Value = model.PopedomID;
        DBHelper.ExecuteCommand("UserInfo_ADD", parameters);
        return (int)parameters[0].Value;
    }
    public int UserUpdate(UserInfo model)
    {
```

```
        SqlParameter[] parameters = {
                                    new SqlParameter("@UserID", SqlDbType.Int,4),
                                    new SqlParameter("@Name", SqlDbType.NVarChar,20),
                                    new SqlParameter("@SysLoginName", SqlDbType.NVarChar,20),
                                    new SqlParameter("@Pwd", SqlDbType.NVarChar,100),
                                    new SqlParameter("@Sex", SqlDbType.NVarChar,20),
                                    new SqlParameter("@Birthday", SqlDbType.DateTime),
                                    new SqlParameter("@Department", SqlDbType.NVarChar,20),
                                    new SqlParameter("@Post", SqlDbType.NVarChar,20),
                                    new SqlParameter("@PhoneH", SqlDbType.NVarChar,20),
                                    new SqlParameter("@PhoneM", SqlDbType.NVarChar,20),
                                    new SqlParameter("@Address", SqlDbType.NVarChar,200),
                                    new SqlParameter("@PopedomID", SqlDbType.Int,4)};
        parameters[0].Value = model.UserID;
        parameters[1].Value = model.Name;
        parameters[2].Value = model.SysLoginName;
        parameters[3].Value = model.Pwd;
        parameters[4].Value = model.Sex;
        parameters[5].Value = model.Birthday;
        parameters[6].Value = model.Department;
        parameters[7].Value = model.Post;
        parameters[8].Value = model.PhoneH;
        parameters[9].Value = model.PhoneM;
        parameters[10].Value = model.Address;
        parameters[11].Value = model.PopedomID;
        return DBHelper.ExecuteCommand("UserInfo_Update", parameters);
    }
    public int UserDelete(int userid)
    {
        SqlParameter[] parameters = {
                                    new SqlParameter("@UserID", SqlDbType.Int,4)};
        parameters[0].Value = userid;
        return DBHelper.ExecuteCommand("UserInfo_Delete", parameters);
    }
}
```

④在业务逻辑层添加一个类，命名为“UserInfoService.cs”，在类中添加以下代码：

```
public class UserInfoService
{
    UserDB udb = new UserDB();
    public DataTable GetUserInfoList()
    {
        string sql = "select * from UserInfo";
        return udb.GetUserInfo(sql).Tables[0];
    }
    public DataSet GetUserInfoByCondition()
    {
        string sql = "SELECT UserID as 员工 ID,Name as 员工姓名,Sex as 员工性别,Birthday as
        出生日期,Department as 所属部门,Post as 所在职位";
        sql += ",PhoneH as 家庭电话,PhoneM as 手机号码,Address as 家庭住址 FROM UserInfo
        order by UserID desc";
        return udb.GetUserInfo(sql);
```

```
    }
    public DataSet GetUserInfoByCondition(string condition, string value)
    {
        string condition1 = "";
        switch (condition)
        {
            case "员工姓名":
                condition1="Name";
                break;
            case "员工性别":
                condition1="Sex";
                break;
            case "所属部门":
                condition1="Department";
                break;
            case "员工职位":
                condition1 = "Post";
                break;
            default:
                condition1 = "";
                break;
        }
        string sql = "SELECT UserID as 员工 ID,Name as 员工姓名,Sex as 员工性别,Birthday as
        出生日期,Department as 所属部门,Post as 所在职位";
        sql += ",PhoneH as 家庭电话,PhoneM as 手机号码,Address as 家庭住址 FROM UserInfo
        where " + condition1 + " Like " + "'%" + value + "%'";
        return udb.GetUserInfo(sql);
    }
    public int AddUserInfo(UserInfo user)
    {
        return udb.UserAdd(user);
    }
    public int UpdateUserInfo(UserInfo user)
    {
        return udb.UserUpdate(user);
    }
    public int DeleteUserInfo(int userid)
    {
        return udb.UserDelete(userid);
    }
}
```

⑤在 UI 层 EmployeeInfo.cs 窗体的后台代码界面，编写如下的几个自定义函数：

```
private void ControlStatus()//实现窗体控件的状态转换
{
    this.toolSave.Enabled = !this.toolSave.Enabled;
    this.toolAdd.Enabled = !this.toolAdd.Enabled;
    this.toolCancel.Enabled = !this.toolCancel.Enabled;
    this.toolAmend.Enabled = !this.toolAmend.Enabled;
    this.txtName.ReadOnly = !this.txtName.ReadOnly;
    this.txtPhoneH.ReadOnly = !this.txtPhoneH.ReadOnly;
    this.txtPhoneM.ReadOnly = !this.txtPhoneM.ReadOnly;
```

```
        this.txtAddress.ReadOnly = !this.txtAddress.ReadOnly;
        this.cbxSex.Enabled = !this.cbxSex.Enabled;
        this.cbxPost.Enabled = !this.cbxPost.Enabled;
        this.cbxDepartment.Enabled = !this.cbxDepartment.Enabled;
        this.dtBirthday.Enabled = !this.dtBirthday.Enabled;
        this.dgvUserInfo.Enabled = !this.dgvUserInfo.Enabled;
    }
    private void ClearControls()//用于清空控件的内容
    {
        this.cbxDepartment.SelectedIndex = 0;
        this.cbxPost.SelectedIndex = 0;
        this.cbxSex.SelectedIndex = 0;
        this.txtAddress.Text = "";
        this.txtName.Text = "";
        this.txtPhoneH.Text = "";
        this.txtPhoneM.Text = "";
        this.dtBirthday.Value = DateTime.Now;
    }
    private void FillControls()//用于获取 DataGridView 中的数据并显示在窗体控件中
    {
        try
        {
            this.txtName.Text = this.dgvUserInfo[1, this.dgvUserInfo.CurrentCell
                .RowIndex].Value.ToString();
            this.txtPhoneH.Text = this.dgvUserInfo[6, this.dgvUserInfo.CurrentCell
                .RowIndex].Value.ToString();
            this.txtPhoneM.Text = this.dgvUserInfo[7, this.dgvUserInfo.CurrentCell
                .RowIndex].Value.ToString();
            this.txtAddress.Text = this.dgvUserInfo[8, this.dgvUserInfo.CurrentCell
                .RowIndex].Value.ToString();
            this.cbxDepartment.Text = this.dgvUserInfo[4, this.dgvUserInfo.CurrentCell
                .RowIndex].Value.ToString();
            this.cbxPost.Text = this.dgvUserInfo[5, this.dgvUserInfo.CurrentCell
                .RowIndex].Value.ToString();
            this.cbxSex.Text = this.dgvUserInfo[2, this.dgvUserInfo.CurrentCell
                .RowIndex].Value.ToString();
            this.dtBirthday.Value = Convert.ToDateTime(this.dgvUserInfo[3, this.
                dgvUserInfo.CurrentCell.RowIndex].Value.ToString());
        }
        catch { }
    }
```

⑥为工具栏上的“添加”、“修改”、“删除”、“查询”、“保存”按钮，以及窗体的 Load() 事件添加如下所示的后台代码：

```
    private void EmployeeInfo_Load(object sender, EventArgs e)
    {
        this.BindDgv();
        Common.BindCombox(this.cbxPost, pos.Getpost(), "PostName");
        Common.BindCombox(this.cbxDepartment, dpts.GetDepart(), "DepName");
        this.cbxSex.SelectedIndex = 0;     //设置默认选项
        this.cbxCondition.SelectedIndex = 0;
        this.dgvUserInfo.Columns[0].Visible = false;   //设置 DataGridView 控件隐藏列
```

```
}
private void toolAdd_Click(object sender, EventArgs e)
{
    this.ControlStatus();
    this.ClearControls();
    i = 1;
}
private void toolAmend_Click(object sender, EventArgs e)
{
    this.ControlStatus();
    i = 2;
}
private void toolrefesh_Click(object sender, EventArgs e)
{
    this.BindDgv();
}
private void toolCancel_Click(object sender, EventArgs e)
{
    this.ClearControls();
    this.ControlStatus();
}
private void toolExit_Click(object sender, EventArgs e)
{
    this.Close();
}
private void toolDelete_Click(object sender, EventArgs e)
{
    int userid = int.Parse(this.dgvUserInfo[0, this.dgvUserInfo.CurrentCell
    .RowIndex].Value.ToString());
    if (uis.DeleteUserInfo(userid) > 0)
    {
        MessageBox.Show("数据删除成功！");
        this.BindDgv();
    }
    else
    {
        MessageBox.Show("数据删除失败！");
    }
}
private void txtOK_Click(object sender, EventArgs e)// “查询”按钮的 Click 响应事件
{
    string condition = this.cbxCondition.Items[this.cbxCondition
.SelectedIndex].ToString();
    string value = this.txtKeyWord.Text;
    this.dgvUserInfo.DataSource = uis.GetUserInfoByCondition(condition,
value).Tables[0];
}
private void toolSave_Click(object sender, EventArgs e)
{
    switch (i)
    {
        case 1:
```

```
        {
            if (this.txtName.Text == "")
            {
                MessageBox.Show("员工姓名不能为空！", "提示对话框",
                MessageBoxButtons.OK, MessageBoxIcon.Information);
                return;
            }
            else
            {
                UserInfo user = new UserInfo();
                user.Name = this.txtName.Text;
                user.Sex = this.cbxSex.Items[this.cbxSex.
                SelectedIndex].ToString();
                user.Birthday = Convert.ToDateTime(this.dtBirthday.Value.
                ToString("yyyy-MM-dd"));
                user.Address = this.txtAddress.Text;
                if (uis.AddUserInfo(user) > 0)
                {
                    MessageBox.Show("数据添加成功！");
                    this.ControlStatus();
                    this.BindDgv();
                }
                else
                {
                    MessageBox.Show("数据添加失败！");
                }
            }
            break;
        }
    case 2:
        {
            UserInfo user = new UserInfo();
            user.Name = this.txtName.Text;
            user.Sex = this.cbxSex.Items[this.cbxSex.SelectedIndex].ToString();
            user.Birthday = Convert.ToDateTime(this.dtBirthday.Value.
            ToString("yyyy-MM-dd"));
            user.Department = this.cbxDepartment.SelectedValue.ToString();
            user.Post = this.cbxPost.SelectedValue.ToString();
            user.PhoneH = this.txtPhoneH.Text;
            user.PhoneM = this.txtPhoneM.Text;
            user.Address = this.txtAddress.Text;
            user.UserID = int.Parse(this.dgvUserInfo[0,
            this.dgvUserInfo.CurrentCell.RowIndex].Value.ToString());
            if (uis.UpdateUserInfo(user) > 0)
            {
                MessageBox.Show("数据更新成功！");
                this.ControlStatus();
                this.BindDgv();
            }
            else
            {
                MessageBox.Show("数据更新失败！");
```

```
                }
                break;
            }
        default:
            break;
    }
}
```

（2）客户和供应商信息管理设计。客户信息管理和供应商信息管理模块主要是实现对客户信息和供应商信息的增加、删除、修改及查询操作，其程序结构与员工信息管理模块大体上是一样的，不同之处在于它们访问的表不一样，读者可以根据员工信息管理模块的代码编写方式自主完成这两个模块的设计，客户信息管理和供应商信息管理的窗体界面如图 10-23 和图 10-24 所示。

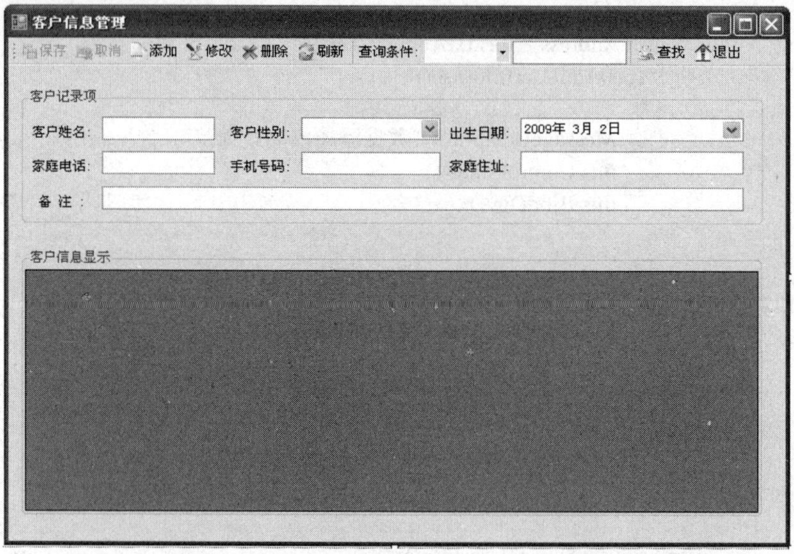

图 10-23 “客户信息管理”窗体界面

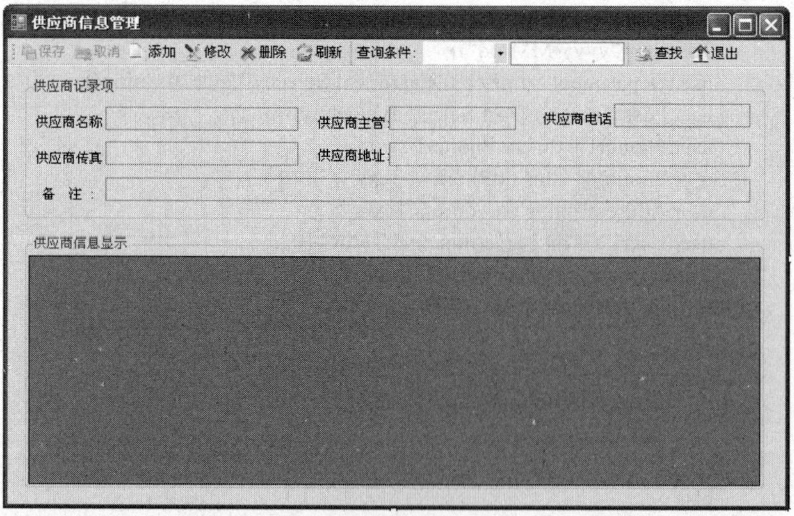

图 10-24 “供应商信息管理”窗体界面

分析描述

在本任务中设计实现了基本信息管理模块的三个基本功能，实现了对数据的增、删、改、查操作，由于其代码分布在多个层，因此在代码编写前必须合理设计各层类的类，同时注意使用实体类层来减少各层间参数传递的个数。

10.5　采购管理和销售管理模块设计

采购管理和销售管理是企业进销存系统的两大主体功能模块，采购管理模块主要包括采购进货、采购退货和采购信息查询三个子功能，销售管理模块主要包括商品销售、客户退货和销售信息查询三个子功能。

任务五　“企业进销存管理系统”项目——采购和销售模块设计

任务描述

在 UI 层创建 6 个窗体，分别对应采购进货、采购退货、采购查询、商品销售、客户退货和销售信息查询，在业务逻辑层、数据访问层和实体类层分别编写代码，实现对相应信息的增加、删除、修改以及按条件查询等功能。

任务解决方案

（1）采购进货模块设计。

①在 UI 层添加一个文件夹，命名为“GoodsManage”，在该文件夹下添加一个窗体，命名为“GoodsIn.cs”，窗体的控件布局如图 10-25 所示。

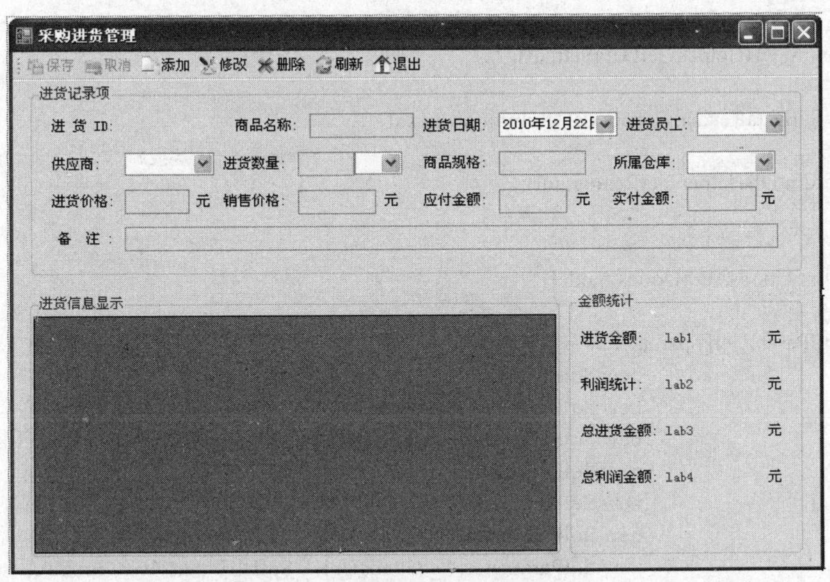

图 10-25　“采购进货管理”窗体界面

采购进货模块主要是实现对数据库中 Goods 表的增加、删除、修改操作，同时还要实现对进货金额和利润的统计。进货 ID 不能由用户自主填写，而是根据数据库中进货记录的情况和当前的访问日期自动生成，当用户输入商品的进货数量和进货价格时系统首先自动识别用户输入的是否为数字，如果输入有错则通过消息框的形式提示错误，否则自动计算应付金额。当用户单击 DataGridView 控件中的一行数据时，该进货记录的详细信息将显示在窗体对应的控件上，同时在右侧显示该记录的金额统计信息。

②实体类层代码编写。在实体类层添加一个类，命名为"Goods.cs"，由于采购进货窗体主要是访问数据库中的 Goods 表，因而只需根据 Goods 表的字段名称和字段数据类型来编写 Goods.cs 实体类的属性即可，Goods.cs 实体类的属性如图 10-26 所示，参考代码略。

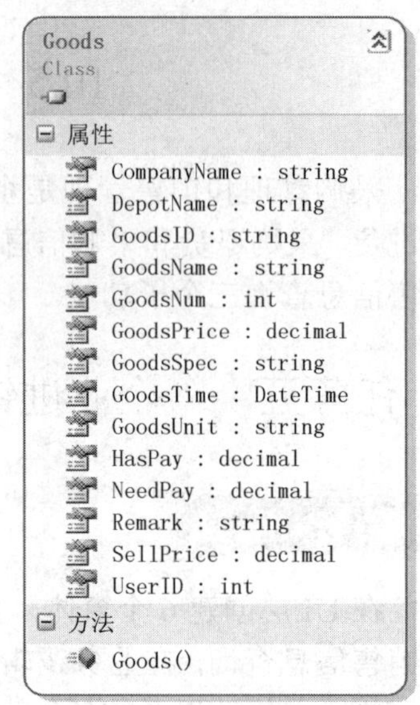

图 10-26　Goods.cs 实体类

③数据访问层代码编写。在数据访问层添加一个类，命名为"GoodsDB.cs"，在该类中设计 6 个方法，各方法的名称与返回值类型如图 10-27 所示。其中 GetGoodsInfo()方法的功能是获取所有进货记录，GetGoodsInMoney()方法的功能是统计进货金额，GetGoodsUserInfo()方法的功能是获取进货员工信息，其他三个方法分别用来实现进货信息的添加、删除和修改功能。该类的部分代码如下：

```
public class GoodsDB
{
    public DataTable GetGoodsInfo(string sql)
    {
        return DBHelper.GetDataSet(sql).Tables[0];
    }
    public DataSet GetGoodsInMoney(string sql)
    {
        return DBHelper.GetDataSet(sql);
    }
    public SqlDataReader GetGoodsUserInfo(string sql)
    {
        return DBHelper.GetReader(sql);
    }

    public int GoodsAdd(Goods model)
    {
        SqlParameter[] parameters = {
                        new SqlParameter("@GoodsID", SqlDbType.NVarChar,20),
                        new SqlParameter("@UserID", SqlDbType.Int,4),
                        new SqlParameter("@CompanyName", SqlDbType.NVarChar,100),
                        new SqlParameter("@DepotName", SqlDbType.NVarChar,20),
                        new SqlParameter("@GoodsName", SqlDbType.NVarChar,50),
                        new SqlParameter("@GoodsNum", SqlDbType.Int,4),
                        new SqlParameter("@GoodsUnit", SqlDbType.NVarChar,20),
                        new SqlParameter("@GoodsTime", SqlDbType.DateTime),
                        new SqlParameter("@GoodsSpec", SqlDbType.NVarChar,20),
```

```
                        new SqlParameter("@GoodsPrice", SqlDbType.Money,8),
                        new SqlParameter("@SellPrice", SqlDbType.Money,8),
                        new SqlParameter("@NeedPay", SqlDbType.Money,8),
                        new SqlParameter("@HasPay", SqlDbType.Money,8),
                        new SqlParameter("@Remark", SqlDbType.NVarChar,200)};
        parameters[0].Value = model.GoodsID;
        parameters[1].Value = model.UserID;
        parameters[2].Value = model.CompanyName;
        parameters[3].Value = model.DepotName;
        parameters[4].Value = model.GoodsName;
        parameters[5].Value = model.GoodsNum;
        parameters[6].Value = model.GoodsUnit;
        parameters[7].Value = model.GoodsTime;
        parameters[8].Value = model.GoodsSpec;
        parameters[9].Value = model.GoodsPrice;
        parameters[10].Value = model.SellPrice;
        parameters[11].Value = model.NeedPay;
        parameters[12].Value = model.HasPay;
        parameters[13].Value = model.Remark;
        return DBHelper.ExecuteCommand("Goods_ADD", parameters);
    }
    //删除和修改的功能代码读者可参考上面所述的方法自主完成
}
```

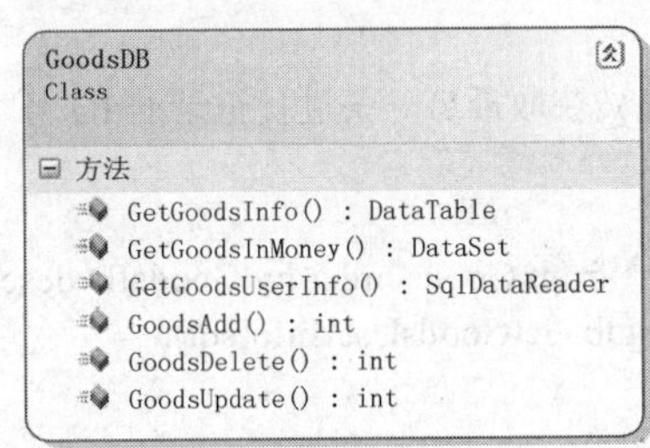

图 10-27　GoodsDB.cs 数据访问层类

④业务逻辑层代码编写。在业务逻辑层添加一个类，命名为“GoodsService.cs”，该类包含 8 个方法，其代码如下：

```
public class GoodsService
{
    GoodsDB gdb = new GoodsDB();
    public DataTable GetGoodsByCondition()//该方法用于获取所有进货记录信息
    {
        string sql = "SELECT GoodsID as 商品 ID,GoodsName as 商品名称,GoodsTime as 进货日
        期,CompanyName as 供应商名称";
        sql += ",GoodsNum as 进货数量,GoodsUnit as 商品单位,GoodsPrice as 商品进价,
        DepotName as 所属仓库,GoodsSpec as 商品规格";
        sql += ",SellPrice as 销售价格,NeedPay as 应付金额,HasPay as 实付金额,Remark as 备
        注 FROM Goods order by GoodsID desc";
        return gdb.GetGoodsInfo(sql);
    }
    public DataSet GetGoodsInMoney(string goodsid)//根据进货 ID 统计该次进货的总金额信息
```

```
{
    string sql = "SELECT GoodsNum*GoodsPrice AS 商品进价金额,GoodsNum*
     (SellPrice-GoodsPrice) AS 商品盈利额";
    sql += " FROM Goods WHERE GoodsID = '" + goodsid + "'";
    return gdb.GetGoodsInMoney(sql);
}
public DataSet GetGoodsTotalMoney()//统计所有进货的总利润信息
{
    string sql = "SELECT SUM(商品进价金额),SUM(商品盈利额) FROM (SELECT GoodsNum*
    GoodsPrice AS 商品进价金额,GoodsNum*(SellPrice-GoodsPrice) AS 商品盈利额 FROM
    Goods) DERIVEDTBL";
    return gdb.GetGoodsInMoney(sql);
}
public string GetGoodsUserNameById(string goodsid)//根据记录 ID 获取进货用户信息
{
    string username = "";
    string sql = "select * from GoodsUserView where GoodsID='" + goodsid + "'";
    SqlDataReader mysdr = gdb.GetGoodsUserInfo(sql);
    mysdr.Read();
    if (mysdr.HasRows)
    {
        username = mysdr["Name"].ToString();
    }
    mysdr.Close();
    return username;
}
public string GetLastGoodsId()//获取最后一条进货记录的 ID 号
{
    string goodsid = "";
    string sql = "select top 1 * from Goods order by GoodsID desc";
    SqlDataReader mysdr = gdb.GetGoodsUserInfo(sql);
    mysdr.Read();
    if (mysdr.HasRows)
    {
        goodsid = mysdr["GoodsID"].ToString();
    }
    mysdr.Close();
    return goodsid;
}
public int AddGoods(Goods gd)
{
    return gdb.GoodsAdd(gd);
}
public int UpdateGoods(Goods gd)
{
    return gdb.GoodsUpdate(gd);
}
public int DeleteGoods(string goodsid)
{
    return gdb.GoodsDelete(goodsid);
}
}
```

⑤UI 层代码编写。在 UI 层的后台代码中需要编写自定义函数，用于实现自动生成进货记录 ID、计算统计信息等功能。

其中检验用户输入是否合法，需要在 UI 层的公共类 Common.cs 中添加方法 IsNumeric()，代码如下：

```
public static bool IsNumeric(string strCode)
{
    if (strCode == null || strCode.Length == 0)
    {
        return false;
    }
    ASCIIEncoding ascii = new ASCIIEncoding();
    byte[] byteStr = ascii.GetBytes(strCode);
    foreach (byte code in byteStr)
    {
        if (code < 48 || code > 57)
        return false;
    }
    return true;
}
```

自动生成进货记录 ID 的代码如下：

```
private void toolAdd_Click(object sender, EventArgs e)
{
    ControlStatus();
    ClearControls();
    i = 1;
    int goodsnub = 0;
    string goodsidtemp = goods.GetLastGoodsId();
    if (goodsidtemp != "")
    {
        goodsnub = Convert.ToInt16(goodsidtemp.Substring(11)) + 1;
        this.labGoodsID.Text = "JH" + DateTime.Now.ToString("yyyyMMdd") + "-" +
        goodsnub.ToString();

    }
    else
    {
        this.labGoodsID.Text = "JH" + DateTime.Now.ToString("yyyyMMdd") + "-" + "1000";
    }
}
```

计算金额统计信息的代码如下：

```
private void CalcGoodsMoney()
{
    string goodsid = this.dgvGoodsInfo[0, this.dgvGoodsInfo.CurrentCell.RowIndex].
    Value.ToString();
    this.labGoodsIn.Text = goods.GetGoodsInMoney(goodsid).Tables[0].Rows[0][0];
    this.labGain.Text = goods.GetGoodsInMoney(goodsid).Tables[0].Rows[0][1].ToString();
    this.labInTotalM.Text = goods.GetGoodsTotalMoney().Tables[0].Rows[0][0].ToString();
    this.lalTotalG.Text = goods.GetGoodsTotalMoney().Tables[0].Rows[0][1].ToString();
}
```

检验用户输入和自动计算应付金额的代码如下：

```
private void txtNum_TextChanged(object sender, EventArgs e)
{
    if (this.txtNum.Text != "" && this.txtGoodsInPrice.Text != "")
    {
        if (Common.IsNumeric(this.txtNum.Text) && Common.IsNumeric
         (this.txtGoodsInPrice.Text))
            {
                this.txtNeedPay.Text = Convert.ToString(Convert.ToInt32
                 (this.txtGoodsInPrice.Text) * Convert.ToInt32(this.txtNum.Text)); }
    }
}
private void txtGoodsInPrice_TextChanged(object sender, EventArgs e)
{
    if (this.txtNum.Text != "" && this.txtGoodsInPrice.Text != "")
    {
        if (Common.IsNumeric(this.txtNum.Text) && Common.IsNumeric
         (this.txtGoodsInPrice.Text))
        {
            this.txtNeedPay.Text = Convert.ToString(Convert.ToInt32
             (this.txtGoodsInPrice.Text) * Convert.ToInt32(this.txtNum.Text)); }
    }
}
```

（2）退货管理模块设计。在 UI 层的“GoodsManage”文件夹下添加一个窗体，命名为“frmReGoods.cs”，窗体的控件布局如图 10-28 所示。

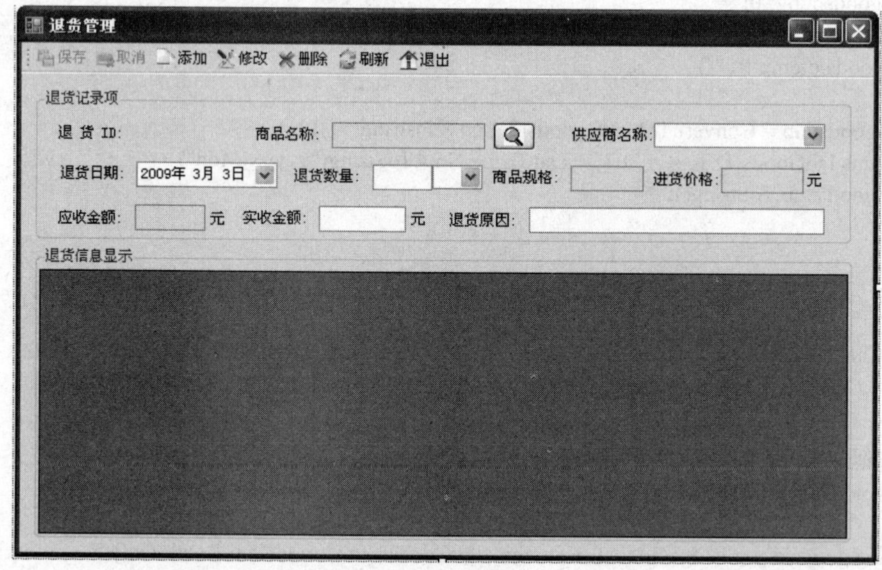

图 10-28 “退货管理”窗体界面

退货模块主要是实现对数据库中 ReGoods 表的增加、删除、修改操作，其基本功能与进货管理类似，读者可以参考进货管理的代码来完成该窗体功能代码的设计，在这里不再给出详细的代码。

（3）采购查询模块设计。在 UI 层的“GoodsManage”文件夹下添加一个窗体，命名为

“frmGoodsFind.cs”，窗体的控件布局如图 10-29 所示。

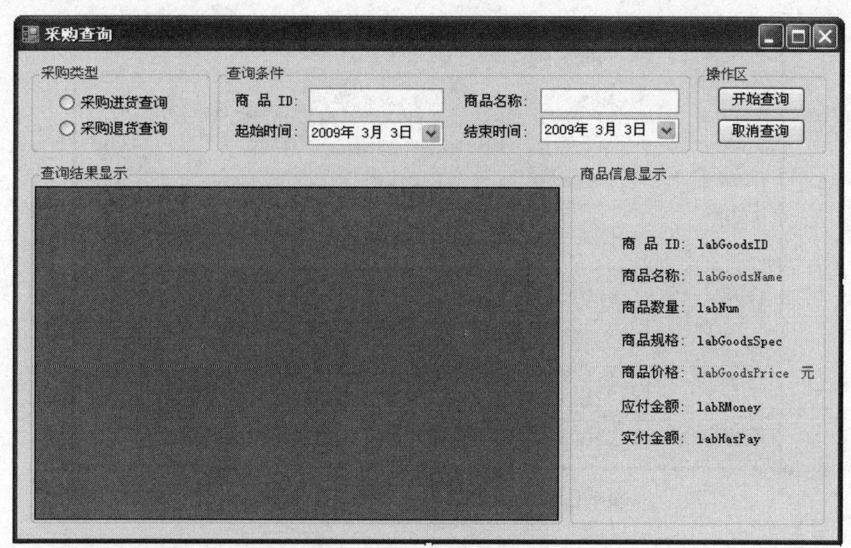

图 10-29　“采购查询”窗体界面

采购查询的主要功能是根据查询条件向 Goods 表或 ReGoods 表查询满足条件的记录信息并显示在 DataGridView 控件中。当用户单击 DataGridView 控件中的一行数据时，该行的数据信息会显示在右侧的商品信息显示栏对应的 Lable 控件中。该窗体的功能代码设计非常简单，不需要在三层中添加新的类，只需要在 Goods 表和 ReGoods 表对应的数据访问层类和业务逻辑层类中添加一个返回值为 DataTable 的方法即可。例如，在 Goods 表对应的业务逻辑层类 GoodsService.cs 中添加 GetGoodsByCondition()方法，其代码如下：

```
public DataTable GetGoodsByCondition(string condition)
{
    string sql = "SELECT GoodsID as 商品 ID,GoodsName as 商品名称,GoodsTime as 进货日
    期,CompanyName as 供应商名称";
    sql += ",GoodsNum as 进货数量,GoodsUnit as 商品单位,GoodsPrice as 商品进
    价,DepotName as 所属仓库,GoodsSpec as 商品规格";
    sql += ",SellPrice as 销售价格,NeedPay as 应付金额,HasPay as 实付金额,Remark as 备
    注 FROM tb_Goods";
    sql += " WHERE " + condition + "";
    return gdb.GetGoodsInfo(sql);
}
```

该窗体的其他代码读者可以参考上述方法自主完成，在这里不再给出详细的代码。

（4）销售管理模块设计。销售管理模块包括商品销售、客户退货和销售查询三个子功能，因此首先在 UI 层添加一个文件夹，命名为“GoodsSellManage”，然后在该文件夹下添加三个窗体，分别命名为“frmGoodsSell.cs”、“frmCustomerReGoods.cs”和“GoodsSellFind.cs”，各窗体的控件布局如图 10-30～图 10-32 所示。该模块在功能上与采购管理模块非常相似，因此在业务逻辑层、数据访问层和实体类层上的功能代码也很相似，不同的是销售管理模块主要访问的是数据库中的 Sell 表。在编写商品销售管理窗体的代码时，需要注意判断用户输入的销售数量是否小于 Goods 表中商品的数量，否则会出现商品销售数据异常。由于此模块的代码与采购模块的代码非常相似，在此就不再给出该模块的详细代码，读者可以根据上面所讲述的

方法自己完成该模块代码的编写。

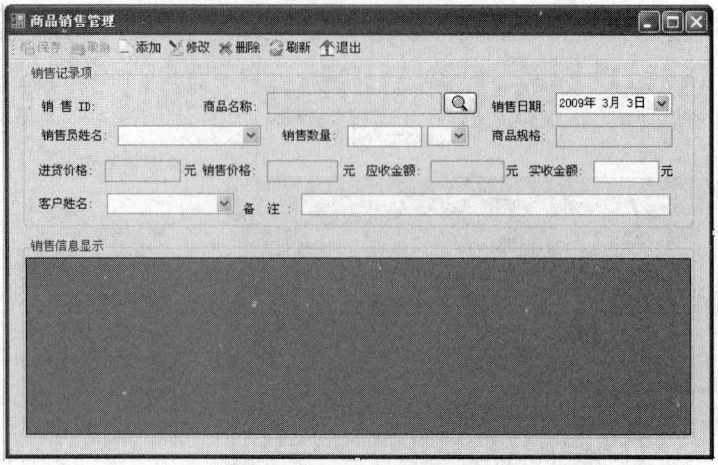

图 10-30 “商品销售管理”窗体界面

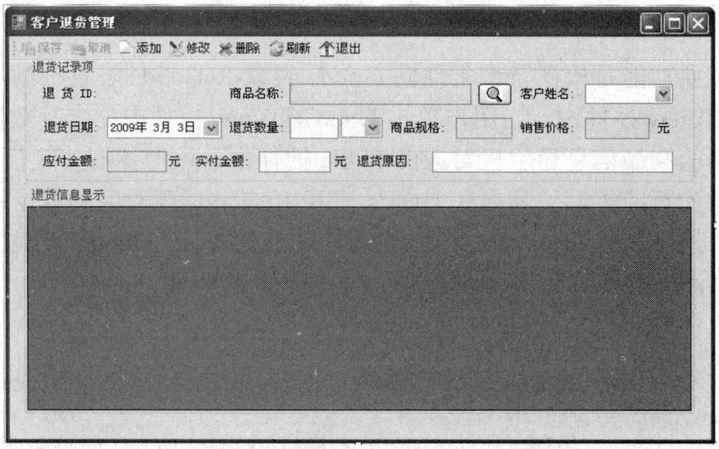

图 10-31 “客户退货管理”窗体界面

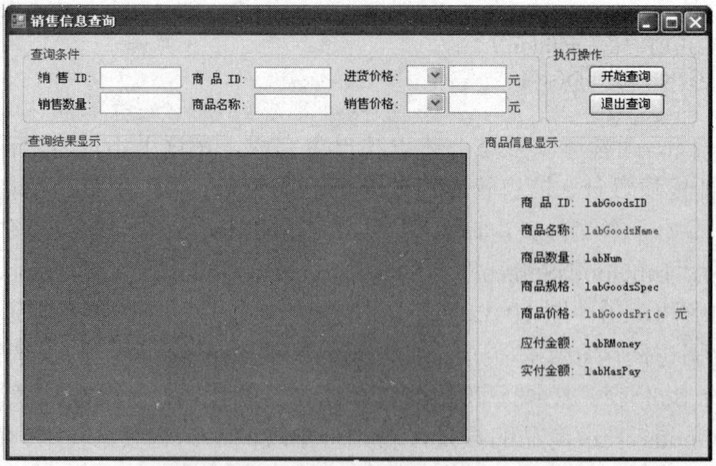

图 10-32 “销售信息查询”窗体界面

分析描述

在本任务中设计实现了企业进销存管理系统的两大主体功能模块的设计，在代码编写过程中一定要综合考虑不同的业务对数据产生的影响，否则容易造成数据记录出现逻辑错误。例如在采购进货业务中每增加一次进货记录，则 Goods 表中的对应商品的数量应该同步更新；采购退货业务增加记录则会造成 Goods 表中对应商品数量的减少；商品销售业务每增加一项记录会造成 Goods 表中对应商品数量的减少，同时还需要保证商品的销售量一定要小于商品的存货数量；而销售退货业务每增加一项记录会导致 Goods 表中对应商品数量的增加，同时还需要保证退货数量一定要小于该客户对此商品的购买数量。在系统设计中如果不考虑这些业务规则，系统在使用过程中所产生的数据就会不准确，从而失去了实用价值。

10.6　存货管理和报表管理模块设计

存货管理模块主要包括库存调拨、库存报警设置和库存量查询三个子功能，报表管理模块则是使用水晶报表技术，生成一些常规报表，例如，员工信息报表、采购信息报表和库存报表等。

任务六　“企业进销存管理系统”项目——存货和报表模块设计

任务描述

在 UI 层创建三个窗体，分别对应库存调拨、库存报警设置和库存查询三个子功能，创建 7 个“ReportDocument”水晶报表文档和 7 个报表生成窗体，在业务逻辑层、数据访问层和实体类层分别编写代码，实现对库存的设置以及根据查询条件自动生成相应报表的功能。

任务解决方案

（1）库存调拨模块设计。在 UI 层添加一个文件夹，命名为“GoodsStockManage”，在该文件夹下添加一个窗体，命名为“frmChangeGoodsStock.cs”，窗体的控件布局如图 10-33 所示。

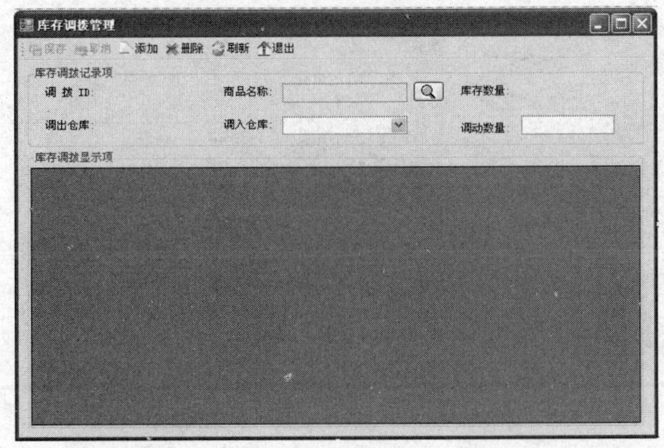

图 10-33　“库存调拨管理”窗体界面

库存调拨管理是将调出仓库的商品数量减少，调入仓库的商品库存量相应增加。因此在窗体加载时要将 Stock 表中的所有数据显示在窗体的 DataGridView 控件中。在增加调拨记录时，调拨 ID 号由系统自动生成，商品的名称必须通过查询来获取，不允许用户手工输入，同时自动将商品所在仓库作为调出仓库，用户通过下拉列表框选择调入仓库，输入的调动数量必须小于该商品的当前库存量。根据这些功能描述，库存调拨管理窗体只是对 Stock 表进行数据的查询、添加和修改功能，其代码编写读者可以根据上述的功能要求自主完成，在此不给出详细的功能代码。

（2）库存报警和库存查询模块设计。在 UI 层的“GoodsStockManage”文件夹下创建两个窗体，分别命名为“frmSetGoodsAlarm.cs”和“GoodsStockFind.cs”，窗体的界面如图 10-34 和图 10-35 所示。

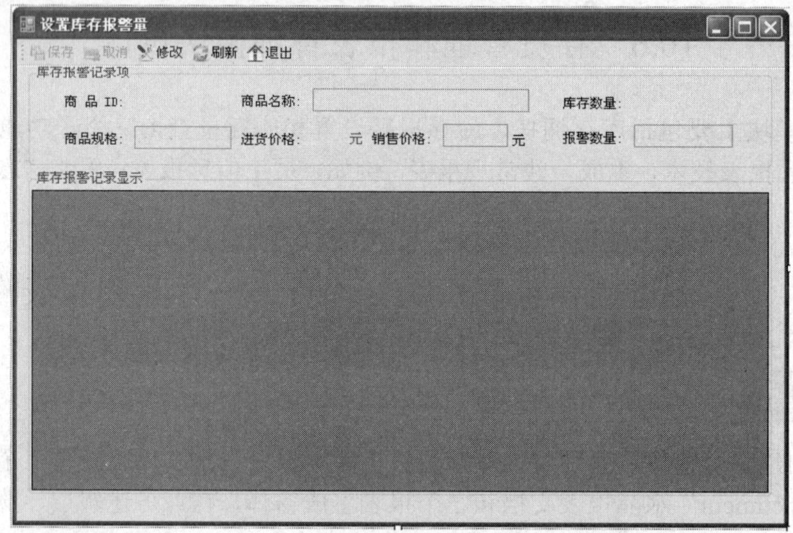

图 10-34 “设置库存报警量”窗体界面

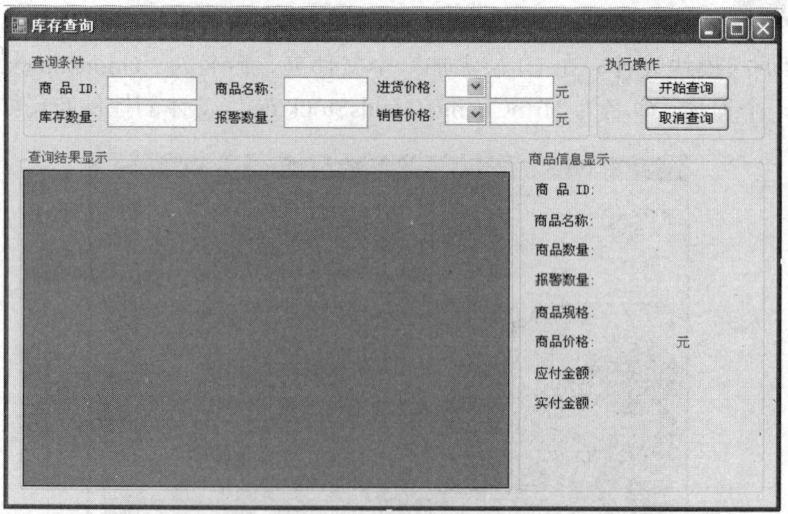

图 10-35 “库存查询”窗体界面

设置库存报警量窗体在加载时，将获取 Stock 表中所有满足当前库存量小于报警库存量的产品信息，并显示在 DataGridView 控件中，当用户点击 DataGridView 控件中的一行数据时，其信息将自动显示在窗体上对应的控件中，单击工具栏上的“修改”按钮时，可以输入新的库存报警量，并将更新的信息写入到 Stock 表中。库存查询窗体则是根据用户输入的查询条件，从 Stock 表中获取满足条件的信息并显示在 DataGridView 控件中。由于这两个功能模块只涉及到对 Stock 表的修改和查询操作，所以代码量不多，读者可以根据功能自主完成。

（3）报表模块设计。

①在 UI 层添加一个文件夹，命名为“Report”，在该文件夹下添加一个窗体，命名为“EmployeeReport.cs”，窗体的控件布局如图 10-36 所示。

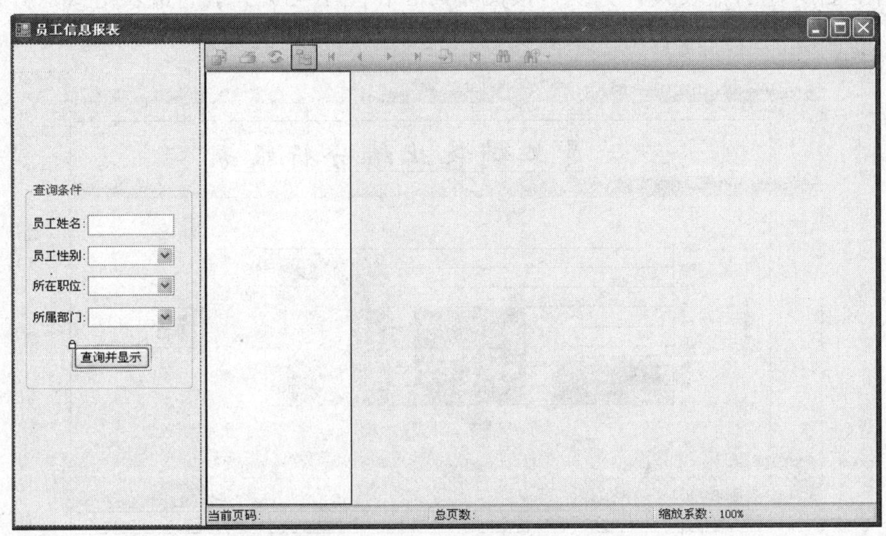

图 10-36 “员工信息报表”窗体界面

②在 UI 层的“Report”文件夹下再创建一个文件夹，命名为“CrystalDoc”，在该文件夹下添加一个水晶报表文档，命名为“CrystalEmployeeReport.rpt”，设计报表文档的格式如图 10-37 所示。

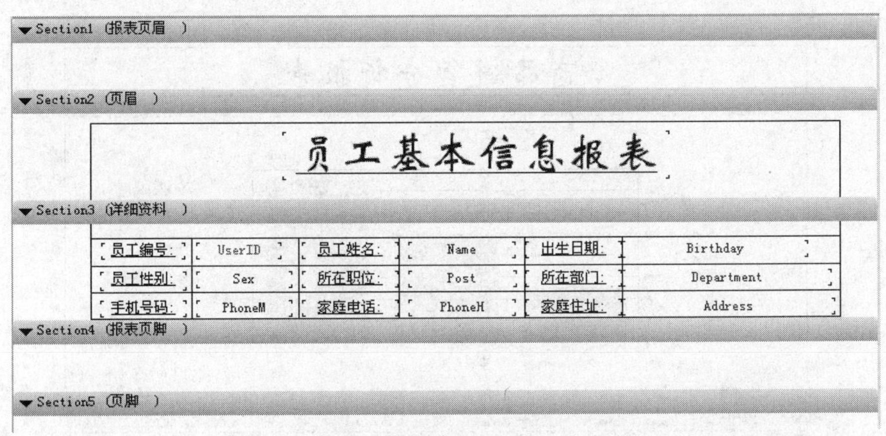

图 10-37 员工信息报表文档格式

③在 UI 层的公共类 Common.cs 中添加方法“GetCrystalDoc()”，用以实现对报表文档的动态加载，代码如下：

```
public ReportDocument GetCrystalDoc(string crystalreportname , string selectionFormula)
{
    ReportDocument crstaldoc = new ReportDocument();
    string reportPath = Application.StartupPath.Substring(0, Application.StartupPath.
    Substring(0,Application.StartupPath.LastIndexOf("\\")).LastIndexOf("\\"));
    reportPath += @"\Report\CrystalDoc\" + crystalreportname;     //获取报表路径
    crstaldoc.Load(reportPath);     //加载报表
    crstaldoc.DataDefinition.RecordSelectionFormula = selectionFormula;
    return crstaldoc;
}
```

④根据上面所述的报表设计方法，按图 10-38 和图 10-39 所示的报表格式，分别设计员工业绩报表、商品进货分析报表两个报表文档，完成报表模块的设计。

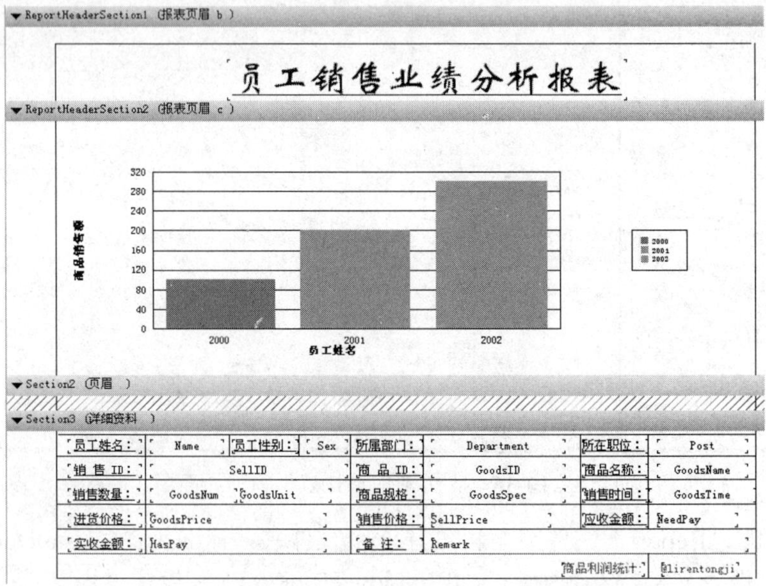

图 10-38　员工销售业绩报表文档

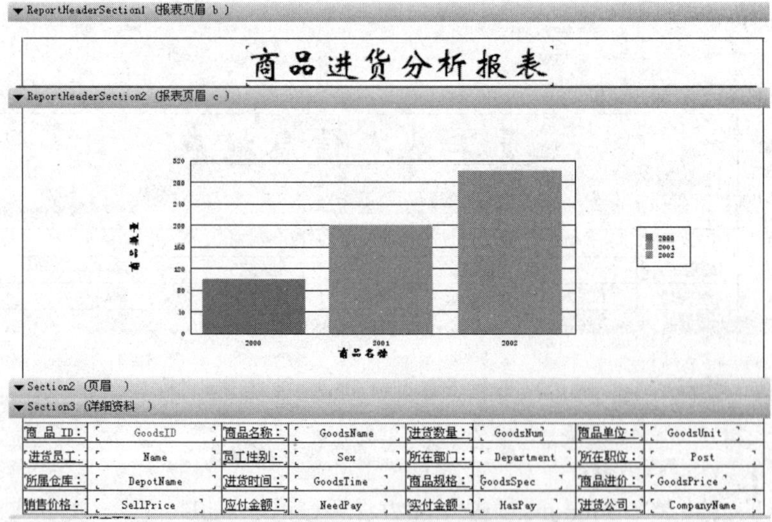

图 10-39　商品进货分析报表文档

分析描述

在本任务中设计实现了进销存管理系统的存货管理和报表管理两个模块的功能。存货管理模块主要是对数据库中 Stock 表数据的添加、查询和修改来实现存货查询、库存调拨等功能。报表管理模块则是使用 Crystal 技术生成企业日常所使用的各种报表。

习题十

1．按本章所述的方法，完成企业进销存系统用户权限管理模块的设计，“用户信息及权限管理”窗体界面如图 10-40 所示。其功能要求如下：

①系统所有未授权用户的信息要显示在左侧的“待设置用户列表”栏的 ListBox 控件中。

②使用 TreeView 控件，在窗体上的“权限设置”栏显示系统所有的功能模块，通过选择的方式为用户授权。

③在窗体右侧的“用户设置”栏，可以设置用户的登录身份、登录用户名及登录密码，当用户单击“设置/修改”按钮时，相应的授权信息要保存到数据库对应的表中。

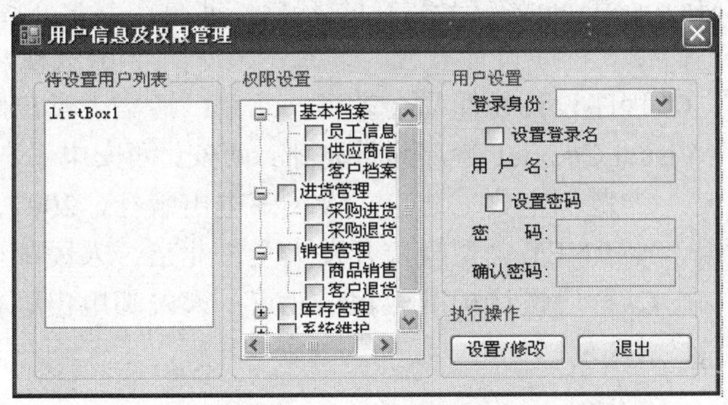

图 10-40　“用户信息及权限管理”窗体界面

2．设计如图 10-41 所示的“数据备份/还原”窗体，实现对系统数据库的备份及还原操作。

图 10-41　“数据备份/还原”窗体界面

参考文献

[1] 刘甫迎，刘光会等主编．C#程序设计教程．北京：电子工业出版社，2008.

[2] 美国微软公司．Visual C# 2008 帮助信息．2008.

[3] Karli Watson，Christian Nagel 等编著．C# 入门经典．奇立波译．北京：清华大学出版社，2008.

[4] 邵鹏鸣主编．C#面向对象程序设计．北京：清华大学出版社，2008.

[5] Nagel.C等编著．C#高级编程．李铭译．北京：清华大学出版社，2008.

[6] 特罗尔森编著．C#与.NET 3.5 高级程序设计．朱晔等译．北京：人民邮电出版社，2009.

[7] WeiMeng Li 编著．C# 2008 编程参考手册．薛莹译．北京：清华大学出版社，2008.

[8] 李容等编著．完全手册 Visual C# 2008 开发技术详解．北京：电子工业出版社，2008.

[9] 沉舟等著．Microsoft .Net 编程语言 C#教程．北京：北京希望电子出版社，2001.

[10] 郑宇军编著．C# 2.0 程序设计教程．北京：清华大学出版社，2005.

[11] 袁开鸿主编．C#程序设计易懂易会教程．北京：清华大学出版社，2008.

[12] 曾文权编著．Visual C#.NET 程序设计基础．西安：西安电子科技大学出版社，2008.

[13] 明日科技主编．C#范例宝典．北京：人民邮电出版社，2007.

[14] 明日科技主编．ASP.NET 典型模块开发大全．北京：人民邮电出版社，2008.

[15] 明日科技主编．C#程序设计标准教程．北京：人民邮电出版社，2009.